"十三五"国家重点图书出版规划项目

航天先进技术研究与应用系列

MODERN HIGH FREQUENCY SWITCHING POWER SUPPLY TECHNOLOGY AND ITS APPLICATION

现代高频开关电源技术与应用

● 贲洪奇 孟 涛 杨 威 等编著

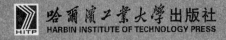

哈尔滨工业大学出版社
HARBIN INSTITUTE OF TECHNOLOGY PRESS

内容简介

本书结合电力电子技术的发展现状,对高频开关电源技术进行了较为全面的论述,主要内容包括高频开关电源的主要技术规范、系统构成、典型电路、电源中的典型磁性器件及其设计方法、控制技术、开关电源中的有源功率因数校正技术、开关电源的并联均流技术、可靠性设计与热设计,以及高频开关电源设计方法的应用实例等。

本书侧重于现代高频开关电源设计及相关技术的实际应用,便于读者掌握现代高频开关电源的设计方法,可以作为高校电力电子与电力传动等有关学科或专业研究生、本科生的教材或参考书,也可供有关专业科研人员及从事高频开关电源研发设计、生产的工程技术人员阅读使用。

图书在版编目(CIP)数据

现代高频开关电源技术与应用/贲洪奇等编著. —
哈尔滨:哈尔滨工业大学出版社,2018.3
ISBN 978 - 7 - 5603 - 7226 - 6

Ⅰ.①现⋯　Ⅱ.①贲⋯　Ⅲ.①开关电源
Ⅳ.①TN86

中国版本图书馆 CIP 数据核字(2018)第 018887 号

策划编辑　王桂芝
责任编辑　李长波
出版发行　哈尔滨工业大学出版社
社　　址　哈尔滨市南岗区复华四道街 10 号　邮编 150006
传　　真　0451 - 86414749
网　　址　http://hitpress.hit.edu.cn
印　　刷　哈尔滨市工大节能印刷厂
开　　本　787mm×1092mm　1/16　印张 17.75　字数 420 千字
版　　次　2018 年 3 月第 1 版　2018 年 3 月第 1 次印刷
书　　号　ISBN 978 - 7 - 5603 - 7226 - 6
定　　价　38.00 元

前　言

随着电力电子技术的不断进步及社会发展的需要,高频开关电源因其具有体积小、效率高、质量轻、动态响应特性好等诸多优点,在工业加工(如焊接、电镀、水处理等)、航空航天、通信、计算机和家用电子设备等领域逐步取代了线性电源和相控电源,并在电源领域占据了主导地位,获得了广泛应用。高频开关电源也由此成为各种电子设备或电子系统高效率、低功耗、安全可靠运行的关键,高频开关电源技术也成为电力电子学科中备受关注的领域。

作者在查阅了大量高频开关电源方面的论文、资料和书籍的基础上,集多年来从事电源方面教学工作的体会以及从事电源方面科研工作的经验,并结合国内外电力电子技术的发展状况及高频开关电源方面的相关研究成果,全面系统地介绍了高频开关电源的系统构成、技术规范、工作原理、典型电路和控制技术等内容,并注重高频开关电源设计及相关技术的实际应用。为便于读者在高频开关电源设计实践中的应用和理解,书中增加了"开关电源设计实例与调试"一章。全书主要包括以下几方面内容:

(1)开关电源及其技术指标;

(2)开关电源典型电路设计;

(3)开关电源中磁性器件设计;

(4)开关电源中的控制技术;

(5)开关电源中的有源功率因数校正技术;

(6)开关电源中的热设计;

(7)开关电源的并联均流技术;

(8)开关电源的可靠性设计;

(9)开关电源设计实例与调试。

考虑到目前开关电源的控制技术正由模拟控制方式向数字控制方式发展,在开关电源控制技术部分从数字控制电源的定义与构成、实现方式及特点等方面对开关电源数字控制技术做了简要介绍;在开关电源的并联均流技术部分对数字均流方法的基本原理、实现途径等方面进行了介绍。本书第1章、第6章由贲洪奇撰写,第2章、第9章由杨威撰写,第3章、第5章5.4节和5.5节由孟涛撰写,第4章、第5章5.1~5.3节由吕观顺撰写,第7章、第8章由孙绍华撰写。

本书可以作为高校电力电子与电力传动等有关学科或专业研究生、本科生的教材或参考书,也可以供有关专业科研人员及从事高频开关电源研发设计、生产的工程技术人员

1

阅读使用。

　　在撰写本书过程中,参考了国内外有关单位和学者的著作或文章,在此对文献作者表示衷心的感谢!

　　由于高频开关电源所涉及技术领域非常广泛,其技术发展和应用日新月异,还有许多有价值的研究成果无法在本书中逐一介绍;同时由于作者知识和能力的局限,书中存在疏漏和不足之处也在所难免,敬请各位同行和广大读者批评指正。

作者
2018 年 1 月

目　　录

第1章　开关电源及其技术指标 ··· 1

　1.1　开关电源的定义与结构形式 ··· 1

　1.2　开关电源分类 ··· 4

　1.3　开关电源的主要技术指标 ··· 5

　1.4　对开关电源的使用要求 ··· 11

第2章　开关电源典型电路设计 ··· 13

　2.1　输入回路设计及其应用 ··· 13

　2.2　功率变换电路的设计 ··· 24

　2.3　新型整流电路及其应用 ··· 37

　2.4　保护电路 ··· 44

　2.5　隔离式反馈电路 ·· 50

　2.6　驱动电路 ··· 52

　2.7　开关电源中的吸收电路 ··· 58

第3章　开关电源中磁性器件设计 ··· 64

　3.1　磁性器件设计基础 ··· 64

　3.2　磁性材料和磁芯结构 ··· 76

　3.3　电感 ··· 80

　3.4　高频变压器 ··· 86

　3.5　高频变压器的设计方法 ··· 94

　3.6　电感的设计方法 ·· 107

　3.7　电流互感器的设计 ··· 113

第4章　开关电源控制技术 ··· 118

　4.1　开关电源控制基础 ··· 118

　4.2　电压型PWM控制技术 ·· 122

　4.3　电流型PWM控制技术 ·· 125

　4.4　峰值电流型控制模式的理论分析 ·· 128

　4.5　反馈补偿网络设计 ··· 136

　4.6　开关电源数字控制技术 ··· 148

第5章　开关电源中的有源功率因数校正技术 ······························ 156

　5.1　提高功率因数的必要性 ··· 156

　5.2　典型的单相Boost APFC变换器 ··· 162

　5.3　APFC的控制策略 ··· 166

1

5.4　典型单相 Boost APFC 变换器的改进 ……………………………… 174

5.5　典型的三相 APFC 变换器 …………………………………………… 187

第6章　开关电源中的热设计 ……………………………………………… 199

6.1　功率半导体器件结温与损耗 ………………………………………… 199

6.2　热的传输方式 ………………………………………………………… 203

6.3　功率半导体器件散热系统的等效 …………………………………… 205

6.4　功率半导体器件的散热设计 ………………………………………… 208

6.5　强制风冷设计 ………………………………………………………… 214

第7章　开关电源并联均流技术 …………………………………………… 217

7.1　并联电源系统概述 …………………………………………………… 217

7.2　并联时采取均流技术的目的 ………………………………………… 220

7.3　常用均流方法 ………………………………………………………… 222

7.4　常用均流方法比较 …………………………………………………… 227

7.5　数字均流方法及实现 ………………………………………………… 228

第8章　开关电源的可靠性设计 …………………………………………… 232

8.1　可靠性定义、衡量指标及影响因素 ………………………………… 232

8.2　提高可靠性的途径与设计原则 ……………………………………… 234

8.3　开关电源电气可靠性设计 …………………………………………… 237

8.4　开关电源可靠性热设计 ……………………………………………… 240

8.5　开关电源的安全性设计与三防设计 ………………………………… 243

第9章　开关电源设计实例与调试 ………………………………………… 245

9.1　技术指标与系统结构 ………………………………………………… 245

9.2　有源功率因数校正电路设计 ………………………………………… 246

9.3　DC/DC 功率变换电路设计 …………………………………………… 251

9.4　整机调试与电性能实验 ……………………………………………… 267

参考文献 ……………………………………………………………………… 271

第 1 章　　开关电源及其技术指标

由于开关电源与线性电源相比具有效率高、体积小、质量轻等诸多优良性能,自20世纪60年代出现至今,已应用到需要电源赋能的各种电子设备和电气控制系统中,其相关技术也伴随着电力电子技术的发展而不断发展。同时,人们对各种电子设备小型化、轻量化的要求不断提高,迫切需要体积小、质量轻、效率高、性能好的新型电源,这成为促进开关电源技术不断发展、进步的又一强大动力。

1.1　　开关电源的定义与结构形式

在说明开关电源之前,有必要先对"电源"做一说明。我们通常所说的电源,按其功能可分为产生电能的电源和变换电能的电源两大类。其中,产生电能的电源,能够把机械能、热能、化学能等其他形式的能转换成电能,比如发电机、光伏电池等,一般称这种电源为一次电源(即供电电源);变换电能的电源,则能够在供电电源与负载之间对电能的形态进行变换和稳定控制,比如将交流电转换成直流电或将直流电转换成交流电,对电压或电流幅值进行变换或提高其稳定度,对交流电的频率或相数进行变换,等等,一般称这种电源为二次电源。可见,产生电能的电源的输出是电能而输入则不是,而变换电能的电源的输入输出均是电能,这是它们的显著区别。

1.1.1　　开关电源的定义

变换电能的电源,按其构成和工作原理可分为线性电源、相控电源和开关电源3种。

在开关电源出现之前,线性电源已经应用了很长时间且获得了大量应用。典型线性电源电路如图1.1所示,电路中的关键元件是调整三极管T。工作时,将输出电压检测值与给定电压(或参考电压)进行比较,用其误差对调整三极管T的基极电流进行负反馈控制。这样,当输入电压发生变化或负载变化引起输出电压变化时,就可以通过改变调整三极管T管压降来使输出电压稳定。由于调整三极管T必须工作在线性放大状态,并保持一定的管压降才能发挥足够的调节、稳定作用,这类电源才被称为线性稳压电源(简称线性电源)。

由于大部分直流电能都是由交流电网得到的,因此在图1.1中设置了变压器,其作用有两个:一是通过对变压器变比的合理设计,确保调整三极管T工作在放大状态,并使调整三极管T的管压降工作在一个适当的范围;另一个作用是使输出直流电压与交流输入之间实现电气隔离。

人们在使用过程中发现,这类线性电源虽然可以满足所需直流电压大小和供电质量

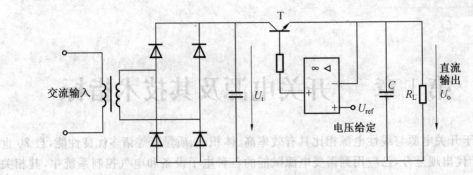

图 1.1　线性电源电路

要求(如纹波、精度),但有以下缺点:① 调整三极管 T 工作在线性放大状态,损耗很大,导致效率很低;② 由交流电网供电时存在一个工频变压器,导致电源体积、质量大;③ 电路自身只能进行降压,不能升压;④ 因效率问题,很难在要求输出电流大于 5 A 的场合使用。

随着技术的发展与进步,人们对各种电子设备小型化、轻量化的要求也越来越严格。为了克服线性电源的这些缺点,产生了开关电源。与线性电源相比,开关电源中的调整器件均工作在"开关"状态,而非线性放大状态,所以其损耗很小,电源效率得以提高;开关电源中起电气隔离和电压变换作用的变压器是高频变压器(其工作频率一般都大于 20 kHz,相比工频变压器其体积、质量都大大减小),而非工频变压器,同时因工作频率高、输入输出滤波器的体积也大为减小,这些都使得开关电源的体积得以大为缩小,质量也大大减轻。

虽然相控电源中的调整器件和开关电源中的一样,也是工作在开关状态,但其工作频率是工频,不是高频。相控电源相比开关电源,最大优点是电路简单、控制方便;缺点是直流相控电源输出电压纹波频率仅是工频的几倍(单相全控桥为 2 倍,三相全控桥为 6 倍),需要较大的滤波器才能有较好的滤波效果。另外,由于相控电源的工作频率低,对控制的响应速度也比开关电源慢。

按之前的习惯,开关电源专指功率调整器件工作在高频开关状态下的直流电源。因此,开关电源也常被称为高频开关电源,相控电源显然不应该包括在开关电源的范围内。可见,开关电源也可以看作是高频直流开关电源的简称,其中"高频"排除了相控电源,"直流"排除了交流电源(如 UPS)。

就电源而言,除输出直流电能的电源(即直流电源)外,还有一大类输出交流电能的电源(即交流电源)。例如,UPS 电源提供的是恒频恒压的交流电能,变频器提供的是变频变压的交流电能,其中的功率调整器件也都工作在高频开关状态,但它们均不属于传统意义上定义的"开关电源"。

综上所述,开关电源是作为线性稳压电源的一种替代产品而出现的,开关电源这一称谓也是相对于线性稳压电源而产生的。顾名思义,开关电源就是电路中的功率调整器件工作在高频开关状态的电源。这样一来,如果把 4 类基本电力电子电路(AC/DC 电路、DC/AC 电路、AC/AC 电路、DC/DC 电路)都看成电源电路,则所有的电力电子电路也都可以看成开关电源电路。但是在实际应用中开关电源所涵盖的范围比这个范围要小得多,因为传统意义上定义的开关电源需要同时具备以下 3 个条件:① 开关,电路中的功率调整器件工作在开关状态而不是线性状态;② 高频,电路中的功率调整器件工作在高频而不是接近工频的低频;③ 直流,电源的输出是直流而不是交流。

随着电力电子技术的发展和大量应用,人们对开关电源的定义也有了新的认识,已不局限于传统意义上对开关电源的定义,由此产生了一种新的定义方式,即:凡是采用半导体功率开关器件作为开关管,通过对开关管的高频开通与关断控制,将一种电能形态转换成另一种电能形态的装置,称为开关变换器;以开关变换器为主要组成部分,用闭环自动控制来稳定输出(如输出电压或输出电流等),并在电路中加入保护环节的电源,就称为开关电源(Switching Power Supply)。可见,这样定义开关电源后,它也包含输出交流电能的电源,比如前面提到的 UPS、变频器等。

1.1.2　开关电源的结构形式

由前面的开关电源定义可知,开关电源通常是指功率调整器件工作在开关状态的AC/DC 或 DC/DC 变换器、有负反馈闭环控制和必要的保护环节,且满足负载使用要求的电源系统。其结构形式可以用如图 1.2 所示的开关电源基本构成框图来说明。

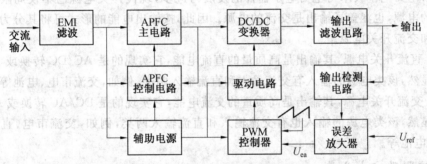

图 1.2　开关电源基本构成框图

由图 1.2 所示的高频开关电源框图可知,开关电源主要是由输入侧的 APFC 电路、DC/DC 变换器、检测与控制电路和保护电路等部分组成的。

(1) 输入侧的 APFC 电路,其作用是将市电输入的交流电压转换成纹波较小的直流电压(如果开关电源的输入是直流电,则不需要此环节),同时利用该环节对输入交流电流进行控制、使其跟踪输入电压,以提高网侧功率因数、减少谐波污染。

(2) DC/DC 变换器,是开关电源的主要组成部分,也是开关电源的核心,其作用是将市电输入经过 APFC 电路输出的直流电压,进行 PWM 控制和 DC/DC 转换,得到另一种数值的直流稳定电压输出。实际上,各种 PWM DC/DC 变换器都可以作为高频开关电源主电路的主要组成部分。在设计时可以根据不同的使用场合和具体使用要求,选用合适的 PWM DC/DC 变换器作为开关电源的主要组成部分或转换核心。

(3) 检测与控制电路,其作用是通过输出检测电路检测输出电压的值,并通过误差放大器与参考电压 U_{ref} 进行比较,得到误差值 u_c,将 u_c 通过脉宽调制器(即 PWM 控制器)与锯齿波电压进行比较,得到 PWM 矩形波脉冲列,此脉冲列通过驱动电路对 DC/DC 变换器进行 PWM 控制,进而达到稳定输出电压的目的(图 1.2 中以采用电压型 PWM 控制技术为例)。

(4) 开关电源的保护电路(在图 1.2 中未画出来),其作用是保护开关电源安全稳定地工作。

另外,如果考虑电磁干扰(EMI),可以在开关电源输入端加入 EMI 滤波器。当然,不同用途的开关电源的构成会有所不同。比如,在小功率电源中,输入部分没有 APFC 环节,仅是整流加电容滤波;而装在其他印制电路板上的 DC/DC 电源,只有 DC/DC 变换一级,甚至没有独立的辅助电源和外壳。

1.2 开关电源分类

开关电源的构成方式、控制方法有多种,导致其分类方法也有很多种,下面介绍几种分类方法供读者参考。

1. 按输出电能形式分类

随着电力电子技术与电力电子器件的发展与进步,现代开关电源已不仅局限于输出是直流的电源,也涵盖了输出是交流的电源。因此,按输出电能的形式可将其分为直流开关电源和交流开关电源。

(1) 直流开关电源,其输出是高质量的直流电能,它实现的是 AC/DC 转换或 DC/DC 转换。显然,该类电源的输入有交流输入和直流输入两类,例如,交流市电、电池等。

(2) 交流开关电源,其输出是高质量的交流电能,它实现的是 DC/AC 转换或 AC/AC 转换。显然,该类电源的输入也有交流输入和直流输入两类,例如,交流市电、直流发电机、光伏电池等。

2. 按驱动方式分类

(1) 自激式开关电源,它是借助于变换器自身的正反馈控制信号,实现开关管的自持周期性开关。开关管起着振荡器件和功率开关的作用,如单管振铃扼流圈变换器(也称 RCC 变换器)。

(2) 他激式开关电源,电源内部的开关控制信号是由另外设置的控制电路产生的,如图 1.2 中所示的电源。

3. 按输入输出是否隔离分类

(1) 隔离式开关电源,是利用高频变压器将变换器的输入侧与输出侧隔离的。这类电源选用的变换器结构主要有单端正激式变换器、单端反激式变换器、推挽变换器、半桥式变换器和全桥式变换器。

(2) 非隔离式开关电源,在电气上输入与输出不隔离,输入与输出共用一个公共端。这种变换器结构主要有 Buck 变换器、Boost 变换器、Buck—Boost 变换器以及它们的组合变形电路,如 Cuk 变换器、Zeta 变换器、Sepic 变换器等。

4. 按功率开关管关断和开通条件分类

(1) 开关管是硬开关的开关电源,功率开关管是在承受电压或电流应力的情况下接通或关断的,不但产生开关损耗,而且形成开关尖峰干扰噪声,需要附加屏蔽、滤波等措施,才能满足高精度、高性能用电设备的要求。

(2) 开关管是软开关的开关电源,功率开关管是在不承受电压或电流应力的情况下接通或关断的。因开关过程中无电压、电流重叠(理想情况),开关损耗大大降低,而且开关噪声电压小,有利于开关变换器的高频化和小型化。

5. 按能量传输方式分类

(1) 能量单向传输的电源,电能只能从电源输入侧传递到负载侧。

(2) 能量双向传输的电源,为了提高电能利用效率、节约能源,在一些应用领域(如电动汽车、电能存储等)要求电源具有能量双向传输功能,既可以从电源的输入侧向负载侧(输出侧)传输功率,又可以从负载侧向电源的输入侧传输功率。

6. 按调制方式分类

按开关电源中的转换核心 —— DC/DC 变换器的调制方式,可以将开关电源分为脉冲宽度调制方式和脉冲频率调制方式两类。

(1) 脉冲宽度调制方式,简称脉宽调制(Pulse Width Modulation,PWM)。其主要特点是固定开关频率,通过改变脉冲宽度来调节占空比,进而实现稳定输出的目的,其核心是脉宽调制器。开关周期的固定为设计滤波电路提供了方便。它的缺点是受功率开关最小导通时间的限制,对输出电压不能进行宽范围调节;此外,输出端一般要接假负载(亦称死负载),以防止空载时输出电压升高。目前,大多数开关电源采用 PWM 调制方式。

(2) 脉冲频率调制方式,简称脉频调制(Pulse Frequency Modulation,PFM)。其特点是将脉冲宽度固定,通过改变开关频率来调节占空比,进而实现稳定输出的目的,其核心是脉频调制器。在电路设计上要用固定脉宽发生器来代替脉宽调制器中的锯齿波发生器,并利用电压/频率变换器(例如压控振荡器 VCO)改变频率。采用 PFM 调制方式的开关电源,其输出电压调节范围很宽,输出端可不接假负载。但由于是变频调节方式,其输入输出滤波器设计困难。

有时,也可以把 PWM 调制方式和 PFM 调制方式组合起来使用,以满足对开关电源的某些特殊要求,如较宽的输出电压调节范围、降低开关电源的轻载损耗或提高待机效率等。

1.3　开关电源的主要技术指标

开关电源技术指标明确了待设计电源的实际使用要求,所以开关电源的设计工作应从深入分析和理解待设计电源的技术指标开始,而且设计工作也应以满足技术指标的要求为目的。

从使用者的角度看,若要合理选用或使用一台开关电源也需要正确理解开关电源的各项技术指标。

1.3.1　输入侧技术指标

开关电源输入侧的技术指标主要包括输入电压、输入频率、输入相数、输入电流、启动冲击电流、输入功率因数和谐波等参数。

（1）输入电压。国内应用的民用交流电源电压单相为220 V、三相为380 V；出口到国外的电源需要参照出口国电压标准，例如：美国的为110 V、欧洲为220 ~ 240 V、日本为100 V及200 V等。目前便携式设备的开关电源流行采用国际通用电压范围，即单相交流85 ~ 265 V，这一范围覆盖了全球各种民用电源标准所限定的电压，但对电源的设计提出了较高的要求。

输入电压为直流时情况较复杂，一般在24 ~ 600 V范围内。当然，个别场合也有低于24 V和高于600 V的时候，比如有的变频器中的直流母线电压超过1 000 V，以此为输入的内部辅助电源的输入电压也将超过1 000 V。

输入电压这一指标通常包含额定值和变化范围两方面内容，输入电压的变化范围一般为±10%。输入电压范围的下限影响变压器的变比，而上限决定了主电路元器件的电压等级。如果要求输入电压变化范围过宽，就必须在设计时留较大裕量而造成浪费，因此输入电压的变化范围应在满足实际要求的前提下尽量小，而不是越大越好。

（2）输入频率。我国民用和工业用电的频率均为50 Hz（有的国家电网频率为60 Hz），其变化范围一般为48 ~ 63 Hz，对开关电源的特性影响不大。航空及船舶用的电源经常采用交流400 Hz输入（这时的输入电压通常为单相或三相115 V），整流后的脉动频率远高于工频，因此整流电路所连接的滤波电容可以比频率50 Hz时减小很多。

（3）输入相数。三相输入的情况下，整流后直流电压大约是单相输入时的1.7倍。当开关电源的功率小于5 kW时，可以选单相输入，以降低主电路器件的电压等级，从而可以降低成本；当功率大于5 kW时应选三相输入，以避免引起电网三相间的不平衡，同时也可以减小主电路中的电流以降低损耗。

当然，有些特定场合使用的电源，要根据现场的实际供电情况来决定电源是由三相供电还是单相供电。

（4）输入电流。通常包含额定输入电流和最大输入电流两项，是输入开关、接线端子、熔断器和整流桥等元器件的设计依据。

额定输入电流是指输入电压和输出电压、输出电流均为额定值时对应的输出电流，最大输入电流是指在输入电压下限和输出电压上限、输出电流上限时对应的输出电流。

三相输入时，各相电流有时会发生失衡现象，应取平均值。

（5）启动冲击电流。指输入电压按规定时间间隔接通或断开时，输入电流达到稳定状态前所通过的最大瞬时电流。

为防止冲击电流给电源输入回路带来的不利影响，在电源输入回路中均要设置启动冲击电流抑制电路。

（6）输入功率因数和谐波。目前，对保护电网环境、降低谐波污染的要求越来越高，许多国家和地区都已出台相应的标准（如IEC61000 － 3系列），对用电装置的输入谐波电流和功率因数做出较严格的限制，因此输入谐波电流和功率因数成为开关电源的重要指标。

目前,单相有源功率因数校正(APFC)技术已经基本成熟,附加的成本也较低,可以很容易地使输入功率因数达到 0.99 以上,输入总谐波电流小于 5%。三相 APFC 技术尚不尽人意,如果功率因数要求很高,如高于 0.99,则需要采用复杂的 6 开关 PWM 整流电路,而且其成本很可能会高于后级 DC/DC 变换器的成本;如果不能允许成本增加很多,则只能采用单开关三相 PFC 技术,其功率因数通常只能达到 0.95 左右,而且具体电路还存在很多问题,或采用无源 PFC 技术,通常其功率因数只能达到 0.9 左右。这是制定指标时必须考虑的。

关于功率因数和谐波方面的技术指标及有关的功率因数校正电路,可以参见第 5 章。

1.3.2　输出侧技术指标

开关电源输出侧的技术指标主要有输出电压、输出电流、稳压(稳流)精度、纹波等参数。

(1)输出电压。通常给出额定值和调节范围两项内容。输出电压的调节范围是指在保证电压稳定精度条件下,由外部可能调整的输出电压范围,一般为输出电压的 ±5% 或 ±10%(大多数输出可调电源的输出电压调节范围都是根据用户的实际使用要求而设计的),条件是在输入电压的下限时能输出电压的最大值,在输入电压的上限时能输出电压的最小值。

由于输出电压的上限关系到变压器设计中变压器变比的计算,过高的上限要求会导致过大的设计裕量和额定点特性变差,因此在满足实际要求的前提下,上限应尽量靠近额定点。相比之下,下限的限制比较宽松。

(2)输出电流。通常给出额定值和一定条件下的过载倍数,有稳流要求的电源还会指定调节范围。额定值是指电源输出端供给负载的最大平均电流,有的电源不允许空载,此时应给出电流下限。

(3)稳压(稳流)精度。通常以正负误差带的形式给出。影响电源稳压(稳流)精度的因素有很多,主要有输入电压变化、负载变化、环境温度变化及器件老化等因素。

通常该项指标可以分成 3 个项目考核:① 输入电压调整率;② 负载调整率;③ 温度系数。输入电压调整率是指开关电源在输入电压变化、负载电流不变时,提供其稳定输出电压的能力;负载调整率是指开关电源在输入电压不变、负载电流变化时,提供其稳定输出电压的能力;当环境温度变化时,输出电压(或输出电流)也会发生变化,这是由于电子元器件的温度特性造成的。温度每变化一度,输出电压(或输出电流)的相对变化量称为温度系数。

同精度密切相关的因素有基准源精度、检测元件精度、控制电路中运算放大器精度等,设计或选用开关电源时,满足实际使用要求即可。过高的精度要求,不仅增加设计难度,还会影响电源成本。

(4)纹波。开关电源的输出电压纹波成分较为复杂,典型的输出电压纹波波形如图 1.3 所示,通常按频带可以分为 3 类:① 高频噪声,即图 1.3 中频率远高于开关频率 f_s 的尖刺;② 开关频率纹波,指开关频率 f_s 附近的频率成分,即图 1.3 中锯齿状成分;③ 低频纹波,指频率低于 f_s 的成分,即低频波动,如图 1.3 所示。

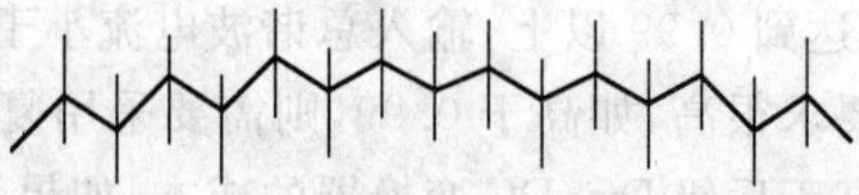

图 1.3　输出纹波示意图

对纹波有多种量化方法,常用的有:

① 纹波系数:取输出电压中交流成分总有效值与直流成分的比值定义为纹波系数。这是最常用的量化方法,但不能反映幅值很高、有效值却很小的尖峰噪声的含量及其影响。而且由于纹波包含的频率成分从 1 Hz 以下直到数十 MHz,频带极宽,用常规仪表很难精确计量其总有效值。

② 峰－峰电压值:该方法计量了纹波电压的峰－峰值,可以反映出幅值很高、有效值却很小的尖峰噪声的含量,但不能反映纹波有效值的大小,不够全面。

③ 按 3 种频率成分分别计量幅值:方法最为直观、详细,也容易用示波器直接测量。

(5) 漏电流。

流经输入侧地线的电流,在开关电源中主要是通过静噪滤波器(或称 EMI 滤波器)的旁路电容泄漏的电流。

为防止发生触电危险,目前包括 IEC 在内的国际安全标准中,均针对设备等级以及使用数量等规定了适当的标准,一般所规定的泄漏值是在 0.5 ～ 1 mA。当然,应用于不同领域的开关电源,对这一指标的要求也不一样。例如,对人体容易接触到的医疗电子设备和便携式电子设备中使用的电源的要求就更高一些,设计时要注意符合相关标准的要求。

(6) 效率。效率是开关电源的重要指标,它通常定义为

$$\eta = \frac{P_\text{o}}{P_\text{in}} \times 100\%$$ (1.1)

式中,P_in 为输入有功功率;P_o 为输出功率。

通常给出在额定输入电压和额定输出电压、额定输出电流条件下的效率。

对于开关电源来说,提高效率就意味着损耗功率的下降,从而可降低电源温升,提高可靠性。同时,节能效果也很明显,所以应尽量提高电源效率。开关电源中产生的各种损耗可以分为以下 3 种:

① 与开关频率有关的损耗,包括开关器件的开关损耗、变压器的铁损、电感的铁损以及吸收电路的损耗。

② 电路中的通态损耗,包括开关器件的导通损耗、变压器的铜损、电感的铜损以及线路损耗。

③ 其他损耗,包括控制电路损耗、冷却系统的损耗等。

在这众多的损耗中,有些损耗是较难大幅度降低的,如通态损耗;而有些损耗则可以通过采用软开关技术或无损吸收技术,使其大幅度降低,如开关器件的开关损耗和吸收电路的损耗。

一般来说,输出电压较高的电源效率高于输出电压较低的电源,这同电源输出侧整流二极管的通态压降与输出电压的比值相关。通常输出电压较高(> 100 V)的电源效率可达 $90\% \sim 95\%$。

1.3.3　电源的输出特性

电源的输出特性同其应用领域的工艺要求有关,不同领域对电源输出特性的要求差别很大,设计中必须根据对电源输出特性的实际要求来确定主电路和控制电路的形式。

1. 恒压源的特性

理想恒压源是一种电源内阻 R_0 为零、端电压保持规定值,且与负载大小及方向无关的电压源;实际的恒压源是有一定的内阻 R_0 及输出功率有限的电压源,其外特性如图 1.4 所示。

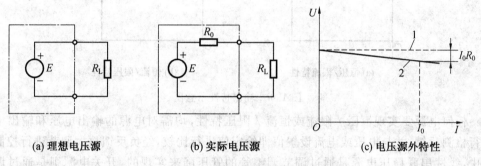

(a) 理想电压源　　　　　(b) 实际电压源　　　　　(c) 电压源外特性

图 1.4　电压源及其外特性

理想恒压源的外特性是一条与横坐标电流轴平行的直线,实际的恒压源外特性是一条向电流轴倾斜的直线,如图 1.4(c) 所示。

2. 恒流源的特性

理想的恒流源是一种内阻为无穷大、输出电流始终保持在规定值,且与端电压的大小和极性无关的电流源;实际的电流源是存在内阻 R_0 和功率都有限的电流源,其外特性如图 1.5(c) 所示。

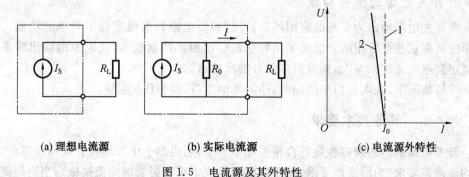

(a) 理想电流源　　　　　(b) 实际电流源　　　　　(c) 电流源外特性

图 1.5　电流源及其外特性

理想恒流源的外特性是一条垂直于横坐标电流轴的直线,实际恒流源因内阻 R_o 不可能无穷大,其外特性是一条向电压轴倾斜的直线,如图 1.5(c) 所示。

3. 开关电源的恒压 / 限流、恒流 / 限压特性

恒压 / 限流的输出特性要求,如图 1.6(a) 所示。具备这种特性的电源在负载电流未达到限流值时工作在恒压状态,随着负载的加重,输出电流达到限流值,输出电压开始下降,电源处于恒流工作状态。

恒流 / 限压的输出特性要求,如图 1.6(b) 所示。具备这种特性的电源在输出电压未达到限压值时工作在恒流状态,随着负载的加重,输出电压达到限定值,输出电流开始下降,电源处于恒压工作状态。

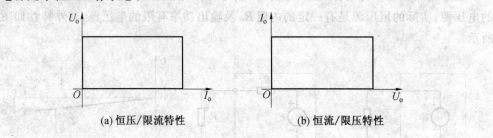

(a) 恒压/限流特性　　　　　　　　(b) 恒流/限压特性

图 1.6　输出特性示意图

任何电源要实现恒压 / 限流或恒流 / 限压特性,均需对电源的输出电压和输出电流进行检测反馈,并与电压或电流设置值即给定值进行比较,经负反馈放大调节进行控制。其中,线性串联稳压电源是通过调节调整管的管压降来实现的,开关电源则是通过调节 PWM 变换器的驱动脉宽(或占空比)来实现控制的。

4. 开关电源的恒功率功能

开关电源最常用的是恒压或恒流功能,在某些具体应用场合,有时也需要开关电源具有恒功率输出功能。

电源的恒功率控制通常采用的方法是对电源的输出电压和输出电流进行检测取样,经乘法器变成电压、电流的乘积信号,再与功率基准进行比较,经调节器控制变换器的工作状态,因控制信号含有电压、电流乘积(即功率)的信息,可达到恒功率控制的目的。

5. 开关电源的恒频功能

在开关电源输出为交流的应用场合,有时需要电源具有恒定输出频率的功能。电源的恒定频率控制最常用的方法是采用频率跟踪锁相环控制技术,使电源的输出频率锁定在规定要求的基准频率上,实现恒频信号输出的目的。

一般情况下,在实现恒频的同时,还需要恒幅值(即恒压)控制。

1.3.4　其他技术要求

开关电源的电磁兼容性应符合相关标准要求,当由多个电源模块并联构成系统时,应有均流偏差要求(为满足此要求,需要在电源系统中采取必要的均流措施);当远距离操作时,用计算机可实现遥控、遥测、遥信等功能。

开关电源的电气绝缘是安全指标要求中的重要内容,出厂的开关电源必须经过电气绝缘实验(一般有绝缘电阻和绝缘耐压两项指标要求,绝缘耐压因输入电压不同而异),要符合相关标准要求,才能投入运行。

为保证电源的可靠工作,一般还要求在电源中设置各种保护功能。典型的保护功能有输出电流过流保护、短路保护、输出电压过欠压保护、功率器件的过热保护及输入电压的过欠压保护等。

开关电源的体积和质量是密切相关的,减小电源的体积通常也意味着电源质量的下降。除合理的结构设计外,减小电源体积和质量的最有效途径是提高电源的开关频率。由于受到开关损耗的限制,采用软开关技术可以有效降低开关损耗,进而提高开关频率。目前,小功率开关电源的开关频率为数百千赫至数兆赫,大功率开关电源一般为 20 ~ 100 kHz。

环境温度指标与开关电源的热设计关系很大,从散热的角度来看,环境温度上限是最恶劣的工况。如果环境温度的下限低于 − 40 ℃,则要考虑风扇、液晶显示器等器件的防冻问题。规定的使用温度范围随使用场所或使用领域的不同而不同,通常民用电源的环境温度范围是 0 ~ 40 ℃,工业用电源的环境温度范围是 −10 ~ 50 ℃,军用、航空航天及舰船用电源的环境温度范围则可能达到 −55 ~ 105 ℃。其他环境指标还有湿度以及根据设备使用环境所规定的耐尘埃、耐腐蚀性气体、耐药性等,这些条件除特殊用途的设备外一般不做限制。

随着海拔高度的升高,大气越来越稀薄,容易击穿形成放电。因此,在高海拔(2 000 m 以上)地区使用的开关电源,在设计过程中应该注意加大绝缘距离。另外,开关电源中的许多元器件采用密封封装,由于大气压随着海拔高度增加而降低,海拔过高时会形成器件壳内壳外较大的压力差,严重时可产生变形或爆裂而损坏元器件。

机械结构方面的要求有:机箱的形状、外形尺寸与公差、装配位置、装配孔及螺钉的长度等,电源箱体的材料及表面处理,冷却条件(如强制风冷还是自然冷却)、通风方向与风量及开口尺寸,接口位置及显示,操作部件(如开关、调节旋钮、保护指示灯等)位置及文字显示的位置等。

总之,电源设计者必须充分理解与所研制开关电源相关的各种技术条件,设计过程自始至终贯彻相应的技术规范,并且充分考虑研制电源的生产成本和制造方法,所设计的电源才能最终获得成功。

1.4　对开关电源的使用要求

开关电源是各种电子设备和电气控制系统正常工作的动力和心脏,也是电子设备的基础部件。因此,对开关电源有很高的要求,这些要求包括使用要求和电气性能要求。

开关电源的电气性能一般包括输入特性、输出特性、附加功能、电磁兼容性和噪声容限等,由于表征这些特性的大部分技术指标已经在 1.3 节中有所介绍,本节仅对开关电源的使用要求进行介绍。开关电源的使用要求主要有:可靠性要高、可维修性要好、体积小、质量轻、价格便宜、使用费用低等。

（1）高的可靠性。平均故障间隔时间 MTBF 是衡量电源可靠性的重要指标，在通用电源的标准中规定，可靠性指标 MTBF ≥ 3 000 h 是最低要求。某些领域，如通信电源、航空航天电源、电力操作电源要求可靠性指标较高，否则无法满足用户的使用要求。目前由于元器件制造技术与工艺的不断成熟，设计技术的完善与进步，电源模块的平均故障间隔时间 MTBF 可达到 500 000 h 以上。

减小开关电源的损耗，提高开关电源的效率和改善散热条件，从而减小开关电源的温升，是提高开关电源可靠性的基本方法。加强生产过程中的质量控制，保证开关电源具有良好的电气绝缘和机械强度等对提高开关电源可靠性也是十分重要的。

（2）高的安全性。设计制造出的开关电源应符合相关标准或规范中规定的安全性指标要求，如绝缘要求、抗电强度要求、防人身触电要求等，以防止在极限状态或恶劣环境条件下，出现电源故障并危及人身和设备安全。

（3）好的可维修性。可维修性包括现场维修和工厂维修两个方面，现场维修要求在电源运行的情况下快速拆下有故障的电源模块，更换上新的模块，并使新模块方便地投入运行；工厂维修是指对故障电源本身的修理，对于小功率电源模块一般不做修理。

对于中大功率的电源，改善可维修性是相当重要的，能及时诊断出故障现象及部位，无需使用专用工具就能在较短的时间内排除故障、替换故障部件或模块是衡量可维修性好坏的标志，因此最好在这些中大功率的电源中设置故障检测、保护、诊断、故障记忆与报警电路。

除了要求电源有故障自诊断功能外，采用先进的设计、制造技术和工艺，如标准化、模块化、电力电子集成等设计制造工艺，对提高电源的可维修性也是十分有利的。

（4）高的功率密度。提高电源单位体积的功率容量（W/cm³）及单位质量的功率容量（W/g），减少电源的体积和质量，便于用户安装、集成、移动及使用。

提高开关电源的开关频率是减小开关电源体积、质量的基本措施，因为变压器和电感、电容等滤波元件的体积、质量是随频率的提高而减小的。提高开关频率需要发展高速电力电子开关器件和高速低损耗的磁芯及电容器，发展高强度、高导热、高绝缘性能的绝缘材料，应用软开关技术。

（5）高性价比、低使用维修费用。高性价比是电源制造商和用户双方都追求的目标，更是市场经济条件下竞争的主要条件。低使用与维修费用，是用户投资与回报必须关注的问题。

（6）环境适宜性要求。环境适宜性要求包括工作温度、储存温度范围、环境湿度及周围环境净化程度等。高品质的电源对环境的适应能力强，要求比较宽松，这些要求应以符合相关标准或满足合同要求为前提。

第 2 章　　开关电源典型电路设计

2.1　输入回路设计及其应用

输入回路是离线开关电源与电网的接口,为功率变换级提供平滑、稳定的功率流,因此滤波是输入回路的主要功能之一。此外,网侧的各种瞬变、谐波和开关电源功率级产生的高次谐波会彼此互相干扰,导致不利影响甚至产生危害,所以抑制冲击与干扰也是设计输入回路时要考虑的问题。

2.1.1　输入滤波电路的设计

离线开关电源中桥式整流配合电容滤波是最为典型的输入滤波电路,如图 2.1 所示,图 2.2 为其主要的电压电流典型波形。

输入滤波电路将交流电转换为脉动直流电,为给开关电源功率变换级提供更好的工作条件,需要将其直流输出电压纹波限定在一定范围内。滤波电容是滤波电路中的关键器件,所选取的滤波电容不仅决定了滤波电路输出电压

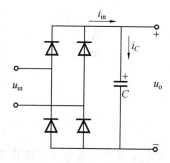

图 2.1　桥式整流滤波电路

的纹波,也决定了流过整流器件的电流峰值,更决定了其自身的工作条件及其使用寿命。

输入滤波电容一般都采用容量较大的电解电容,其主要参数包括容量、耐压、纹波电流、工作温度及使用寿命等。电解电容可以等效为一个理想电容、一个等效电感 ESL 和一个等效电阻 ESR 组成的串联电路,其等效电阻 ESR 是需要特别注意的,当电容纹波电流流经 ESR 时,所产生的电压会影响整个滤波电路的输出电压纹波,所产生的功率主要转化为损耗性发热,是引起电容温升的主要原因。电解电容的使用寿命和其工作温度密切相关,因此给出的参数都是在一定温度条件下(多为 85 ℃ 或 105 ℃)的最低使用寿命。如果电解电容工作温度低于给定温度条件,其使用寿命会增加,一般遵循"10 ℃ 加倍"原则,可具体表示为

$$T = T_0 2^{\frac{t_0 - t}{10}}$$

(2.1)

式中,T_0 和 t_0 是电解电容的给定参数,t_0 是给定温度;T_0 是该温度下的最低使用寿命;t 是实际工作温度;T 为实际的最低使用寿命。如某型号电容的最低使用寿命 T_0 在 t_0 为 85 ℃ 时为 2 000 h,如果其实际工作温度 t 为 50 ℃,则其实际最低使用寿命 T 可达 16 000 h,为原条件下的 8 倍,因此在使用时要尽量改善电容的工作条件或降温使用,以延长其使用寿命。

选取电解电容时,主要需确定其耐压和容量。电解电容的耐压选取较为简单,其耐压

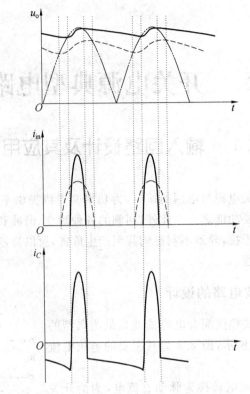

图 2.2　桥式整流滤波电路典型波形

水平不低于交流电压可能出现的最大幅值的 1.5 倍即可。电解电容的容量选取则要相对复杂一些。电容容量与其电流有效值、峰值以及输出电压纹波等参数密切相关,而这些参数之间又存在相互影响而且都是输入功率的函数,如果给出各个量之间严格的数学关系,将是非常烦琐的。因此,更为常见的方法是以满足输入滤波电路的某些指标或某些要求作为限定条件,确定电容的容量,由于考虑的角度不同,选取原则和方法也有所不同。

一般对于单相整流滤波电路,允许的输出电压纹波 ΔU_r 推荐值为输入交流电压幅值的 $15\% \sim 25\%$,对于三相整流滤波电路,推荐值为幅值的 $7\% \sim 10\%$,如果以满足电容放电期间电压纹波不超过推荐值为条件,所需的电容容量为

$$C = \frac{I_{davg} T_p}{\Delta U_r} = \frac{P_o T_p}{\sqrt{2} U_{imin} \eta \Delta U_r} \tag{2.2}$$

式中,I_{davg} 为整流滤波电路的输出直流电流平均值;P_o 为开关电源输出功率;η 为开关电源效率;U_{imin} 为交流电压允许的最小值;T_p 为电容放电时间,对单相交流电而言约为 2.2 ms,对三相交流电而言约为 6.7 ms。

如果根据功率平衡原则,即电容在一个周期内提供的能量,也就是其平均功率应该与开关电源功率变换级的输入平均功率相等,则所需的电容容量为

$$C = \frac{P_o / (\eta f A)}{(\sqrt{2} U_{imin})^2 - (\sqrt{2} U_{imin} - \Delta U_r)^2} \tag{2.3}$$

式中,f 为交流电源频率;A 为电源相数,单相交流电 $A=1$,三相交流电 $A=3$,分子部分为

开关电源功率变换级在一个电容充放电周期内消耗的能量。

上述方法主要从电压纹波的角度来考虑问题,但忽略了等效电阻 ESR 对电压纹波的影响,因此在整流电流较大的场合,计算所得的电容容量可能偏小。

电解电容厂商都会给出电容允许的纹波电流,也就是电容电流的有效值,一般而言,电容允许的纹波电流和等效阻抗(即 ESL 和 ESR)成反比,即等效阻抗越小其允许的纹波电流越大,在规定频率和温度下,两者的乘积几乎为常数。

如果限制了电容的纹波电流,由 ESR 产生的纹波电压就得到限制,则总的纹波电压也会得到一定程度的限制。此外,以电容允许的纹波电流来作为限定条件,也可保证电容不会因电流过大导致过高温升影响其使用寿命。流过电容的纹波电流包括两部分,一是由整流器件通断引起的低频纹波电流,另一是由开关电源功率变换级中功率开关管高速通断引起的高频纹波电流,因此总的纹波电流可以近似表示为

$$I_{Crms} = \frac{P_o}{\eta U_d} \sqrt{\left(\frac{I_{avg} r}{\sqrt{2} U_i}\right)^{-0.388} - 1 + \left(\frac{I_{rms}}{I_{avg}}\right)^2} \qquad (2.4)$$

式中,U_d 为整流滤波电路输出直流电压;U_i 为交流电压有效值;I_{rms}、I_{avg} 分别为开关电源功率变换级的输入电流有效值和平均值。由于功率变换级输入电流波形各异,需根据具体波形分析计算相应的有效值和平均值,这里就不一一展开。

一般产品手册中都会给出不同容量、耐压的电容在规定频率下的允许纹波电流,以及在其他频率下工作时所对应的修正系数等信息,所以根据求得的电容纹波电流和要求的耐压等级,就可以选取到合适的电容。

除采用公式来计算电容允许纹波电流外,还可以采用文献[13]中介绍的利用图表的方法得到纹波电流。考虑到交流电源的内阻、整流滤波电路中的限流电阻以及整流滤波电路的输入功率对电容电流纹波的影响,先引入电阻因数 R_{sf} 和等效输入电流 I_e,电阻因数为

$$R_{sf} = R_s \times P_{in} \qquad (2.5)$$

式中,P_{in} 为整流滤波电路的输入功率;R_s 为交流电源和整流滤波电路中所有内阻、限流电阻及杂散电阻都折算到整流桥直流侧的等效串联电阻,其中交流电源内阻常见值在 $20 \sim 600 \ \text{m}\Omega$,整流滤波电路的电阻主要取决于下一小节将要介绍的限流电阻和负温度系数热敏电阻。等效输入电流 I_e 为

$$I_e = \frac{P_{in}}{U_{imin}} \qquad (2.6)$$

式中,U_{imin} 为交流电压允许的最小值。

文献[13]中分别给出了在不同电阻因数 R_{sf} 下,输入电流有效值 I_{in}、电容电流有效值 I_{Crms}、电容电流峰值 I_{Cpeak} 与等效输入电流 I_e 的比值随输入功率变化的情况,如图 2.3 ～ 2.5 所示。

由上述各图可知,在满功率条件下,R_{sf} 在 $50 \sim 500 \ \Omega \cdot \text{W}$ 范围内时,输入电流有效值 I_{in} 为等效输入电流 I_e 的 1.4 ～ 1.6 倍,电容电流有效值 I_{Crms} 为 I_e 的 1.25 ～ 1.35 倍,电容电流峰值 I_{Cpeak} 为 I_e 的 4 ～ 5 倍。这里的 I_{Crms} 就是电容的纹波电流值,可以据此选取适合标称纹波电流不低于该值的电容。输入电流有效值 I_{in} 用于选取熔断器、滤波器中电感

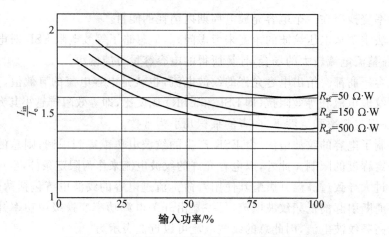

图 2.3　输入电流有效值 I_{in} 随输入功率变化的情况

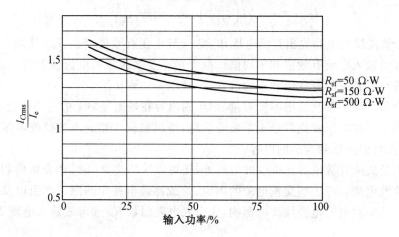

图 2.4　电容电流有效值 I_{Crms} 随输入功率变化的情况

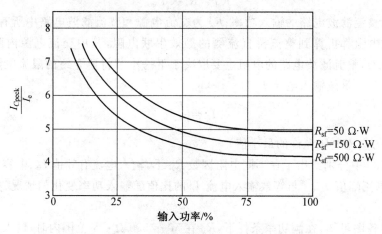

图 2.5　电容电流峰值 I_{Cpeak} 随输入功率变化的情况

以及整流器件,此外整流器件的重复电流峰值不能低于电容电流峰值 I_{Cpeak}。

有研究表明,当电容满足 $\omega CR_L > 50$ 时,整流滤波电路相当于阻性负载,其直流输出电压主要由串联等效电阻 R_s 和负载电阻 R_L 决定。当直流输出电压纹波较小时,对于具有非线性的开关电源功率变换级而言也是适用的。由上述条件可以推出电容不应低于 $1.5\ \mu\mathrm{F/W}$,该值可以作为一般情况下选取电容的经验公式。

上述各种方法考虑角度各异,加之实际电路的工作条件、工作要求千差万别,因此很难断定各种方法的优劣。比较稳妥的方法是先根据经验公式或某种方法估算来初选电容,再根据实际要求的电压纹波、电容保持时间、环境温度以及电容的允许纹波电流、工作寿命等条件采用其他方法来校核,最后确定合适的电容。

2.1.2　启动冲击电流抑制电路设计

开关电源启动时,交流电接入到输入回路中,由于初始储能为零的滤波电容相当于短路,在供电开关、供电线路、整流器件、滤波电容上会流过很大的浪涌电流,这一冲击性的高电流应力会威胁到这些部件的安全工作,也会对使用相同供电线路的其他设备造成干扰。此外,断路器很有可能因此而动作,启动过程会被终止。

为抑制冲击电流,在交流电与滤波电容之间的线路上加入限流器件或电路是直接而有效的方法。加入的限流器件一般采用限流电阻和负温度系数(Negative Temperature Coefficient,NTC)热敏电阻,加入的电路一般为有源抑制电路。

在小功率电路中,多采用直接串联电阻限流的方法,电阻多串联在整流桥的交流侧线路中,也可串联在直流侧的线路中,如图 2.6 所示。开关电源启动的瞬间,是限流电阻工作条件最为恶劣的时刻,所选电阻应能承受该瞬间的高电压和大电流。该时刻电阻承受最大瞬时功率,之后瞬时功率衰减较快,电阻的允许耗散功率要大于其在滤波电容充电时间内的平均功率。为应对启动瞬时的高电压、大电流以及瞬变热压力,常用耐高压冲击、耐热性好、散热快、短时过载性能好的绕线型电阻(RX 系列),或采用专用的电流浪涌抑制电阻。

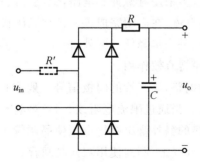

图 2.6　采用限流电阻的电路

启动完成后,串联在回路中的限流电阻仍然消耗功率,为减小此功率损耗,可考虑使用负温度系数(NTC)热敏电阻。NTC 热敏电阻的材料主要是以锰、铜、铁、钴、镍等金属的氧化物为主,利用这些具有类似半导体性质的材料,经陶瓷工艺烧结而成。NTC 热敏电阻的阻值随温度升高而降低,即与温度呈反比关系。用一个功率型 NTC 热敏电阻代替限流电阻,利用其在常温处于冷态时的较大阻值,同样可有效地抑制启动时的浪涌电流。由于在启动中和启动完成后持续的电流作用,NTC 热敏电阻耗散的功率导致温升,使其自身的阻值会在毫秒级的时间内迅速下降到非常小的值,一般只有零点几欧到几欧的大小,这样在正常工作时其消耗的功率显著降低。

电源关机后,NTC 热敏电阻开始冷却,其阻值也随之逐渐恢复到冷态时的值。恢复时间一般需要几十秒至几分钟,期间如果马上再开机,较低阻值的 NTC 热敏电阻将失去抑制能力而出现较大的浪涌电流,这就是很多电源要求关机后必须间隔一定时间再开机的主要原因。

NTC 热敏电阻的主要参数有标称阻值、最大稳态电流、耗散系数、热时间常数等。标称阻值是 25 ℃ 常温下的阻值,一般允许有 ±20% 的误差;最大稳态电流是在正常工作状态下的规定电流值;耗散系数是指热敏电阻器的温度每增加 1 ℃ 所耗散的功率;热时间常数是热敏电阻自热后冷却到其温升的 63.2% 所需要的时间(单位:s)。某型 NTC 热敏电阻部分型号的参数见表 2.1。

表 2.1　某型 NTC 热敏电阻部分型号的参数

型号	标称阻值 /Ω(25 ℃)	最大稳态电流 /A	最大电流时近似电阻值 /Ω	耗散系数 /(mW·℃⁻¹)	热时间常数 /s
SC－30D13	30	2.5	0.517	16	65
SC－47D13	47	2	0.810	17	65
SC－3D15	3	7	0.075	18	76
SC－5D15	5	6	0.112	20	76

限流电阻和 NTC 热敏电阻的选择主要取决于交流供电额定电压和整流滤波电容容量。首先,根据交流电压峰值和允许的浪涌电流值选择所需的最小电阻值,并选定合适的阻值,之后,根据额定电压和电容容量计算电容储能,根据已选定的阻值和电容容量计算电容充电时间常数,可大致估算电阻的平均功率,作为选择电阻功率的参考。

在一些要求更高的场合,多采用有源抑制电路,这类方法仍利用限流电阻或 NTC 热敏电阻来限制启动时的浪涌电流,在启动完成进入正常工作状态后,利用双向晶闸管或继电器将电阻短路,使功率损耗进一步降低。此外,由于 NTC 热敏电阻在启动后可保持冷态,在频繁开关机场合也能保持有效作用。

图 2.7 为采用晶闸管的电路,晶闸管的门极信号一般取自开关电源功率变换级中高频变压器所增加的额外绕组。当通过限流电阻或 NTC 对电容充电完成后,功率变换级中的开关管开始动作,门极所接的额外绕组获得电压使晶闸管导通,将限流电阻或 NTC 短路。限流电阻如果在交流输入线上,则需使用双向晶闸管。

图 2.8 为采用继电器的电路。如采用交流继电器,其线圈可以直接接在交流供电线路上,由于继电器动作有延时,在该段时延时间内已经通过限流电阻或 NTC 热敏电阻将电容充至一定电压值。如果开关电源中有直流辅助电源,也可采用直流继电器,当电容充电到一定值时,辅助电源开始工作并给直流继电器供电,继电器触点将限流电阻或 NTC 热敏电阻短路。

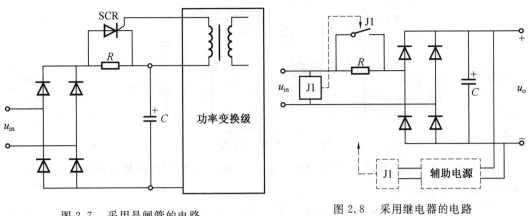

图 2.7　采用晶闸管的电路　　　　　图 2.8　采用继电器的电路

此外,可以选择在交流供电电压过零点处启动电路,则浪涌电流也会相应减小,其主要缺点是电路复杂,需要和整流滤波电路相独立的供电电路以及相应的交流电压检测电路。

2.1.3　输入 EMI 滤波器设计

电磁干扰(Electro Magnetic Interference,EMI) 是指某一电气电子元件或设备所产生的电磁波与其他电气电子元件或设备作用后而产生的干扰现象。一般也用 EMI 来描述某一设备对周围同一电气环境内的其他设备的电磁干扰程度,以及是否会影响其他设备的正常工作。电磁干扰有传导干扰和辐射干扰两种。传导干扰是指信号通过导电介质进行耦合(干扰),辐射干扰是指信号通过空间进行耦合(干扰)。

对于开关电源而言,MOSFET、IGBT、输出整流二极管等开关器件和整流器件工作在高频通断状态用以操作快速矩形波,快速的电压电流变化导致了较高的 du/dt、di/dt,会产生较宽频谱的电磁干扰。一般来说,由于频率因素,开关电源产生的干扰更多地体现为以传导干扰为主,而以传导干扰最小化为目标的技术往往也会使辐射干扰得以减少。

开关电源的传导干扰主要通过输入线路传导出电源并进入电网,与此同时,电网中的各种由瞬变、谐波等现象所引发的干扰也会通过输入线路传导进电源,因此输入线路上的 EMI 滤波器具有双重作用,要分别滤除电网、开关电源各自产生的电磁干扰,防止产生相互影响。

传导干扰主要有两方面,即差模传导噪声和共模传导噪声。对于离线开关电源而言,差模干扰通常是存在于交流供电线中相线和中线之间的干扰,干扰电压与供电输入电压串联而起作用,共模干扰是存在于相线、中线和公共地平面(公共地线、机壳)之间的干扰。EMI 滤波器要有效滤除上述两种干扰,其典型电路如图 2.9 所示。

典型的 EMI 滤波器是由串联电抗器和并联电容器组成的低通滤波电路,能在阻带范围内衰减共模、差模干扰的高频能量,而对正常频率工作信号几乎无衰减作用。

EMI 滤波器中的电容分为差模电容和共模电容,差模电容又称为 X 电容,接于相线和中线之间,主要抑制差模干扰;共模电容又称为 Y 电容,接于相线或中线与地线之间,

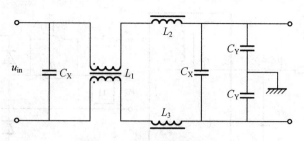

图 2.9　典型 EMI 滤波器

主要抑制共模干扰。X 电容和 Y 电容必须使用安规电容,以保证即使电容失效,也不会造成电击危及人身安全。

　　X 电容一般为 μF 级,多选用聚酯薄膜类电容,此类电容体积较大,但内阻较小、纹波电流较大,其允许瞬间充放电的电流也很大。X 电容要承受电源相线与中线的电压,一般都标有安全认证标志和耐压 AC 250 V 或 AC 275 V 字样,但其真正耐压可达数千伏,主要原因是其还要承受相线与中线之间各种瞬态干扰的峰值电压。干扰电压可能击穿电容,虽然击穿不会造成人身伤害,而且局部击穿的部分也可恢复原来的绝缘状态,但会使得滤波器的功能下降或丧失,因此 X 电容耐压等级是需要着重关注的参数。X 电容具体的安全等级及耐压水平见表 2.2。通常 X 电容必须能通过 1 500 ～ 1 700 V 直流电压 1 min 耐压测试。

表 2.2　X 电容具体的安全等级及耐压水平

安全等级	允许的峰值脉冲电压(耐压)	过电压等级(IEC664)
X1	2.5 kV < X1 ≤ 4 kV	Ⅲ
X2	X2 ≤ 2.5 kV	Ⅱ
X3	X3 ≤ 1.2 kV	—

　　Y 电容接于相线或中线与地线之间,流过其中的电流就是接地漏电电流,其大小取决于交流供电电压、频率和 Y 电容容值。如果地线及与之相连的机壳没有可靠接地,则机壳相当于通过 Y 电容接到相线上而带电,当人体接触机壳时,人体中将流过接地漏电电流。因为漏电电流的大小对于人身安全至关重要,所以对电子设备接地漏电电流有严格的规定。一般情况下,工作在亚热带的电子设备,规定对地漏电电流不能超过 0.7 mA;工作在温带的机器,规定对地漏电电流不能超过 0.35 mA。在工频 220 V 条件下,按最大漏电流 0.35 mA 计算,可得所使用的 Y 电容的容量之和不能超过 4 700 pF。

　　由于 Y 电容处于相线和地线、机壳之间,一旦其绝缘失效,将危及人身安全,因此 Y 电容的绝缘等级是需要着重关注的参数。Y 电容除符合相应的电网电压耐压外,还要求电容在电气和机械安全方面有足够的裕量,避免在极端恶劣的条件下出现击穿短路的现象。Y 电容具体的安全等级及耐压水平见表 2.3。通常 Y 电容必须能通过 1 500 ～ 1 700 V 交流电压 1 min 耐压测试。Y 电容多为橙色或蓝色,都标有安全认证标志和耐压 AC 250 V 或 AC 275 V 字样,其真正耐压可达数千伏,因此不能使用标称耐压 AC 250 V 或 DC 400 V 的普通电容代替。

表 2.3　Y 电容具体的安全等级及耐压水平

安全等级	绝缘类型	额定电压范围	测试电压,耐压
Y1	双重绝缘或加强绝缘	$U_{Y1} \geqslant 250$ V	4 kV, > 8 kV
Y2	基本绝缘或附加绝缘	150 V $\leqslant U_{Y2} \leqslant 250$ V	1.5 kV, > 5 kV
Y4	基本绝缘或附加绝缘	$U_{Y4} < 150$ V	0.9 kV, > 2.5 kV

注:Y3 等级已被替代

EMI 滤波器中的共模电感(也称为共模扼流圈)实质上是一个双向滤波器,一方面要滤除交流供电线上的共模干扰,另一方面又要抑制开关电源向外发出的电磁干扰。共模电感的两个绕组按相同方向绕在铁芯上,如图 2.10 所示,当接入绕组的交流供电线的相线和中线上有共模信号时,其在共模电感上产生的磁场会相加,因此有较大的阻抗,会衰减共模干扰信号。当线路中有差模信号时,其在共模电感上产生的磁场会相互抵消,因此阻抗很小,对差模信号几乎没有影响。

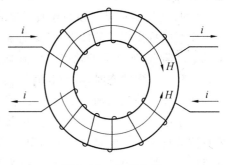

图 2.10　共模电感

在大部分关于 EMI 的标准中,传导干扰的测试频率范围为 150 ～ 30 MHz,一般开关电源的开关频率多在几十至几百 kHz,因此滤波器的截止频率一般多选为 10 ～ 30 kHz,考虑到共模电容为 μF 级,共模电感需要到达 mH 级。为取得较大的电感量,同时采用较小磁芯以减小体积,需要选用高初始磁导率的磁芯。为了滤除各种高频共模干扰,要求共模电感在很宽的频率范围内保持比较稳定的电感量,因此要求磁导率保持稳定。此外,由于共模电感中流过电流较大,选用的磁芯要有较高的饱和磁感应强度。

一般情况下,多选用铁氧体作为共模电感的磁芯材料。根据材料不同,铁氧体可分镍锌铁氧体和锰锌铁氧体。镍锌材料的初始磁导率低(< 1 000),但是可在非常高的频率(> 100 MHz)下保持磁导率不变。锰锌材料在低频时磁导率非常大(5 000 ～ 15 000),适用于抑制 10 kHz 到 50 MHz 范围内的电磁干扰,因此应用更为广泛。锰锌材料的高磁导率铁氧体磁芯多采用 E 型、RM 型、罐型、环形等,除环形外,其他形状的磁芯都是对称分体结构,拼装时难免留有气隙,会降低有效磁导率,而环形为整体结构,有效磁导率不会减小,其优势更为明显。环形磁芯的主要缺点是绕制成本很高,因此常用于较大功率的滤波器中,而在对成本比较敏感的小功率场合更多地采用其他形状的磁芯。

共模电感的两个绕组不可避免地会产生磁通泄漏,由此形成的漏感就相当于差模电感,所以共模电感一般也具有一定的差模干扰抑制能力。有时可以人为地增加共模扼流圈的漏感,提高差模电感量,这样就可不另外加装差模电感,当然若为更好地抑制差模噪声,也可考虑增加差模电感,或是各相线上加装各自的滤波电感。

商品化的通用 EMI 滤波器在性能、稳定性、安全性、集成度等方面有比较明显的优势,应用十分广泛。EMI 电源滤波器选型时,除要考虑额定电压、额定电流外,还需考虑插入损耗、阻抗搭配、工作环境等因素。

插入损耗是指在无、有 EMI 滤波器两种情况下,从干扰噪声源传递到负载的功率的比值,插入损耗是频率的函数,单位为 dB(分贝)。插入损耗描述了滤波器对干扰噪声的抑制能力,在使用滤波器时希望其保持高插入损耗值。一般滤波器所给出的插入损耗是在室温条件下,滤波器输入、输出端的阻抗均为 50 Ω 时测得的,因此在实际使用时要考虑温度、阻抗对滤波器的影响。如果滤波器电流过大会引起过高温升,可能导致磁性器件出现饱和,引起性能变坏。实际应用中,滤波器输入、输出端的阻抗情况各异,如果滤波器参数不合理、安装不当,有可能无法得到好的应用效果,难以达到滤波器给定的插入损耗。

EMI 滤波器是以工频为导通对象的低通滤波器,为更好地衰减高频干扰噪声,希望其工作在阻抗失配的条件下,具体而言,即滤波器的输入阻抗值应远离其输入侧的交流供电端电源阻抗,滤波器的输出阻抗值应远离其输出侧的负载阻抗。当 EMI 滤波器两端阻抗处于阻抗失配状态时,会在其输入、输出端口对高频干扰信号产生很强的反射,即在原有的插入损耗外又增加了反射损耗,使高频干扰噪声得到更有效的抑制。

由于电源阻抗、负载阻抗会随负载及功率变化而变化,因此为获得理想的抑制效果,要具体分析所接入电路的阻抗情况,要选用阻抗能与之搭配合适的滤波器。例如,如果负载阻抗为感性高阻,则选择输出阻抗为容性低阻的滤波器;如果负载阻抗为容性低阻,则选择输出阻抗为感性高阻的滤波器。同样,对于滤波器的输入阻抗和电源阻抗,也要符合阻抗失配原则。

EMI 滤波器在安装和使用时要注意一些细节问题,以免降低滤波器效果甚至使其失效。EMI 滤波器要保证可靠接地,接地线要尽量短,如果滤波器带有金属壳,要保证与机箱壳有良好的面接触;EMI 滤波器连接线要尽量短,尽量选用双绞线,输入线、输出线要保持距离,避免并行走线或捆扎在一起。

2.1.4 防浪涌电压电路设计

交流供电线中不可避免地存在浪涌电压,其应力大小取决于电气电子设备的应用场合。IEEE 587—1980 标准将小于 600 V 的低压交流供电场合归为 3 个类别,其中 A 类别为户内、远离主馈电的长分支电路,电压应力可达 6 kV,电流应力为 200 A,为应力最低类别。开关电源一般均工作于 A 类别场合,一年内预期出现 5 kV 浪涌电压的次数为一次,但 1 ~ 2 kV 范围的浪涌电压可能会用几百次,因此必须考虑抑制浪涌电压。常用的瞬变抑制器件有金属氧化物压敏电阻(Metal Oxide Varistor,MOV)和瞬变抑制二极管(Transient Voltage Suppressors,TVS),装设于交流输入线路中,如图 2.11 所示。

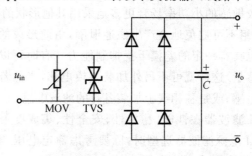

图 2.11　交流输入线路中装设 MOV 和 TVS

金属氧化物压敏电阻是一种具有非线性伏安特性的电阻器件,其阻值随其端电压变化而变化,在正常标称电压下,具有高阻值,当端电压超过标称值时,电阻急剧减小,通过吸收多余的电流来钳位端电压。压敏电阻成本低并具有很高的瞬变能量吸收能力,但在使用时需要注意其在反复过压作用下会逐渐老化。此外,由于压敏电阻的动态电阻较大,在大电流瞬变情况下的钳位作用很小。

金属氧化物压敏电阻主要参数包括标称压敏电压、最大限制电压、通流容量等。标称压敏电压是指通过规定持续时间的脉冲电流时(一般为 1 mA)压敏电阻两端的电压值,考虑到参数的离散性,一般也会同时给出标称压敏电压的波动范围,输入直流电压和交流电压有效值要小于标称压敏电压并留有一定的裕量。最大限制电压是指在能承受的最大脉冲峰值电流及规定波形下压敏电阻两端的电压峰值。通流容量是指在规定的条件(规定的时间间隔和次数,施加标准的冲击电流)下,允许通过压敏电阻器上的最大脉冲(峰值)电流值。压敏电阻多采用直插封装,其直径尺寸有 5 mm、7 mm、10 mm、14 mm、20 mm、25 mm、32 mm、34 mm、40 mm、53 mm 等多种规格,尺寸越大,其通流容量越大。部分压敏电阻参数见表 2.4。

表 2.4　部分压敏电阻参数

型号	最大连续工作电压		标称压敏电压	最大限制电压	通流容量(8/20 μs)	
	AC/V	DC/V	$U/V(I = 0.1 \text{ mA})$	$U_p/V(I_p = 200 \text{ A})$	1 次 /kA	2 次 /kA
MYG－32D391K	250	320	390(351 ~ 429)	650	25	20
MYG－32D431K	275	350	430(387 ~ 473)	710	25	20
MYG－40D361K	230	300	360(324 ~ 396)	595	40	25
MYG－40D391K	250	320	390(351 ~ 429)	650	40	25

瞬变抑制二极管(TVS)是为抑制瞬态电压浪涌而特别设计的二极管,其正向特性与普通二极管相同,反向特性为典型的 PN 结雪崩器件。当 TVS 管承受的瞬变电压超过其反向击穿电压时,会在几纳秒甚至几皮秒内产生雪崩击穿,使其阻抗骤然降低,通过吸收多余的电流将其两端电压钳位在预定值上,其吸收的浪涌功率可达数千瓦。在 TVS 管反向击穿期间,其动态电阻很低,因此钳位效果好。瞬变抑制二极管的主要参数有额定反向关断电压、最小击穿电压、最大钳拉电压、最大峰值脉冲功耗等。

额定反向关断电压 U_{WM} 是 TVS 处于反向关断状态时最大连续工作的直流或脉冲电压。最小击穿电压 U_{BR} 是指当流过规定的 1 mA 电流时,TVS 两极间的电压。最大钳位电压 U_C 是指流过规定的 20 μs 的脉冲峰值电流时,TVS 两极间出现的最大峰值电压,U_C 反映了 TVS 的浪涌抑制能力。U_C 与 U_{BR} 之比称为钳位因子,一般在 1.2 ~ 1.4。最大峰值脉冲功耗 P_M 和最大钳拉电压 U_C 都反映了 TVS 浪涌电流的承受能力,在给定 U_C 下,P_M 越大,其浪涌电流的承受能力越大;在给定 P_M 下,U_C 越低,其浪涌电流的承受能力越大。常用的 TVS 有 SA 系列(500 W)、P6KE 和 SMBJ 系列(600 W)、1N5629 ~ 1N6389 和 1.5KE 系列(1 500 W)、5 KP 系列(5 kW)、15KAP 系列(15 kW)。

2.2 功率变换电路的设计

DC/DC 功率变换级是开关电源的核心部分。在设计开关电源时,首要任务就是要根据电源的要求和技术指标来选择合适的 DC/DC 变换器拓扑,只有选定拓扑后才能进行功率器件选择、磁性器件设计、控制器设计等后续工作。DC/DC 变换器类别很多,有隔离与非隔离之分,也有硬开关与软开关之分,这里主要介绍各类常用拓扑的特点、适用范围以及使用注意事项。

2.2.1 非隔离型硬开关变换器

非隔离变换器主要有6种,即 Buck、Boost、Buckboost、Cuk、Sepic 和 Zeta,其中 Buck、Boost、Buckboost 被认为是最基本的 DC/DC 拓扑,后3种实际上可以认为是基本 DC\DC拓扑级联,同时采用相同驱动信号驱动各拓扑中的开关管并进行一定的等效而得到的拓扑,而各种隔离变换器也都是在基本 DC\DC 拓扑上发展起来的。由于 Cuk、Sepic 和 Zeta 3 种变换器在商品化开关电源中应用极少,这里就不再讨论。Buck、Boost、Buckboost 3 种基本变换器在电感电流连续情况下的主要波形和参数,见表 2.5。

表 2.5 基本变换器的主要波形和参数(电感电流连续)

拓扑	Buck	Boost	Buckboost
电路结构			
典型波形			

续表 2.5

拓扑	Buck	Boost	Buckboost
U_o	DU_{in}　$(D=t_{on}/T)$	$\dfrac{1}{1-D}U_{in}$	$\dfrac{D}{1-D}U_{in}$
I_{iavg}	DI_o	$\dfrac{1}{1-D}I_o$	$\dfrac{D}{1-D}I_o$
U_{VFmax}	U_{in}	U_o	$U_{in}+U_o$
U_{Dmax}	U_{in}	U_o	$U_{in}+U_o$
I_{VFmax}	I_o	$\dfrac{1}{1-D}I_o$	$\dfrac{1}{1-D}I_o$
I_{VFavg}	$DI_{VFmax}=DI_o$	$DI_{VFmax}=\dfrac{D}{1-D}I_o$	$DI_{VFmax}=\dfrac{D}{1-D}I_o$
I_{Dmax}	I_o	$\dfrac{1}{1-D}I_o$	$\dfrac{1}{1-D}I_o$
I_{Davg}	$(1-D)I_{Dmax}=(1-D)I_o$	$(1-D)I_{Dmax}=I_o$	$(1-D)I_{Dmax}=I_o$
I_{Lavg}	I_o	$\dfrac{1}{1-D}I_o$	$\dfrac{1}{1-D}I_o$
ΔI_L	$\dfrac{U_o(1-D)T}{L}$	$\dfrac{U_oD(1-D)T}{L}$	$\dfrac{U_o(1-D)T}{L}$
$\Delta U_o{}^*$	$\dfrac{\Delta I_L T}{8C}=\dfrac{U_o(1-D)}{8LCf^2}$	$\dfrac{\Delta I_L T}{8C}=\dfrac{U_oD(1-D)}{8LCf^2}$	$\dfrac{\Delta I_L T}{8C}=\dfrac{U_o(1-D)}{8LCf^2}$

$$^*\ \Delta U_o=\frac{\Delta Q}{C}=\frac{1}{C}\cdot\frac{1}{2}\cdot\frac{\Delta I_L}{2}\cdot\frac{T}{2}=\frac{\Delta I_L T}{8C}$$

（1）主要特点。

Buck 变换器只能实现降压；电感在输出侧，输出电流波动小，输入电流断续、波动大，需要更大的 EMI 滤波器；需要隔离驱动；电感电流连续或断续时都易于控制。

Boost 变换器只能实现升压，升压比一般不超过 10；电感在输入侧，输入电流波动小，输出侧电流断续、波动大，需要纹波电流更大的输出滤波电容；不允许空载；在电感电流断续模式（DCM）下，可以充分利用电感的储能，且易于控制。

Buckboost 变换器既能实现降压也能实现升压，但输出和输入电压极性相反；输入侧、输出侧电流都断续，对输入 EMI 滤波器和输出滤波电容要求较高；不允许空载；需要隔离驱动；DCM 模式下控制效果要好于电感电流连续（CCM）模式。

（2）功率器件选择。

开关电源中均采用快恢复或超快恢复二极管，选取时要保证其工作在安全工作区，即其电压、电流以及功率损耗不能超过其允许限值，主要需考虑如下参数：正向平均电流、正向峰值电流、正向导通压降、反向重复峰值电压、反向恢复时间。二极管标称的正向平均电流一般为壳温为 25 ℃ 时允许通过的一定频率的方波电流平均值，考虑到实际工作频率与厂家测试频率的差异以及温升导致的允许电流值的降低，通常需在计算出二极管平均电流后，按 2～3 倍的裕量来选择器件。选定二极管后，还需核对峰值电流是否超过限值。正向导通压降主要影响通态损耗，所以应尽量选择低导通压降二极管。二极管电压应力应低于反向重复峰值电压，考虑到漏感等杂散参数以及电压波动等因素，在计算出二极管电压应力后，需留有 20% 或更高比例的裕量。在一些拓扑（如 Buck）中，如果二极管反向恢复时间长,会导致短时直通而造成较大损耗,严重时直接导致损坏,因此应根据实际拓扑需要尽量选恢复时间短的二极管。

开关管选取时同样要保证其工作在安全工作区,即其电压、电流以及功率损耗不能超过其允许限值,主要需考虑如下参数:正向重复峰值电压、漏极连续电流、漏源导通电阻(仅 MOSFET)、耗散功率、体二极管反向恢复时间。其中正向重复峰值电压、体二极管反向恢复时间的选取原则和二极管类似。开关管标称的漏极连续电流一般为一定壳温下(通常有 25 ℃ 和 100 ℃ 两种情况)允许通过的连续直流电流有效值,由于没有开关动作而带来的开关损耗,因此该标称值只能作为大致的参考。实际中更多地是以开关管允许的耗散功率作为限制条件,由于开关损耗是损耗的主要部分,因此如果开关频率较低,则能允许通过更大有效值的电流,如果开关频率较高,则只能减小电流。因此计算出开关管的电流后,需要根据实际工作频率以及产生的损耗来确定需要留出的裕量,一般可选为 $3 \sim 5$ 倍。厂家给出的 MOSFET 的漏源导通电阻也可以作为估算损耗、选择器件的参考,导通电阻小的开关管可以允许更大的电流。

综上可见,选择开关管和二极管的关键是确定其电压应力和电流应力。

Buck 变换器中,开关管和二极管串联于输入侧,最大电压均为 U_{in};Boost 变换器中,开关管和二极管串联于输出侧,最大电压均为 U_o;Buckboost 变换器中,开关管和二极管串联于输入正极和输出负极间,最大电压均为 $U_{in} + U_o$。

3 种变换器中,开关管和二极管都是完全互补导通,分时承担电感电流。Buck 变换器中,输出电流 I_o 等于电感电流平均值 I_{Lavg},因此开关管和二极管最大电流为 I_o;Boost 和 Buckboost 变换器中,输出电流 I_o 等于 $(1-D)T$ 时间内电感电流的平均值,即电感电流平均值 $I_{Lavg} = \frac{1}{1-D} I_o$,因此开关管和二极管最大电流为 $\frac{1}{1-D} I_o$。如果考虑电感电流的波动,则电感电流峰值为 $I_{Lavg} + \frac{1}{2} \Delta I_L$,需要注意的是 Boost 变换器中当 $D = 0.5$ 时,ΔI_L 最大。

(3) 应用场合。

Buck 变换器多用于中小功率单路输出场合,广泛应用于电压调节模组(Voltage Regulator Module,VRM)和负载点电源(Point-of-Load,POL)中,为适应不断增加的电流需求,也多采用多相 Buck 交错并联变换器。

Boost 变换器多用于一些升压比在 10 以内、电源多为电池等低电压输入源的 DC/DC 变换中,除 DC/DC 变换外,Boost 变换器更多应用于单相有源功率因数校正电路中。

由于输入和输出电压极性相反,在开关电源中 Buckboost 变换器的使用并不是十分广泛,只是在串联电池组均衡中较为常见。虽然 Buckboost 变换器本身使用较少,但在其基础上派生出的反激变换器却是开关电源最为常用的拓扑之一。

2.2.2　隔离型硬开关变换器

隔离变换器就是在基本的 DC/DC 变换器基础上加入高频变压器而派生出来的,而高频变压器的加入也使得升降压变得更为灵活,不再受原型拓扑的约束。隔离变换器主要包括正激变换器、反激变换器、推挽变换器、半桥变换器和全桥变换器几类。除反激变换器源于 Buckboost 变换器外,其他几种变换器都由 Buck 变换器衍生而来。

1. 正激、反激变换器

正激、反激变换器的磁芯工作于单向磁化状态,磁芯利用率不高,为了保证磁芯可靠复位,一般占空比不大于 0.5。当电感电流连续时,反激、正激、双管正激变换器的主要波形和参数见表 2.6。表中 N 为变压器匝比,$N = N_p / N_s$。

表 2.6　反激、正激、双管正激变换器的主要波形和参数(电感电流连续)

拓扑	反激	正激	双管正激
电路结构			
典型波形	 电感电流断续 $I_{pk} = \dfrac{U_{in}DT}{L}$		
U_o	$\dfrac{U_{in}^2 D^2 T}{2 I_o L} = U_{in} D \sqrt{\dfrac{T R_L}{2L}}$ *	$D U_{in}(N_s/N_p) = D U_{in}/N$	$D U_{in}/N$
I_{iavg}	$D I_{pk}/2$	$D I_o(N_s/N_p) = D I_o/N$	$D I_o/N$
U_{VFmax}	$U_{in} + N U_o$	$2U_{in}$	U_{in}
$U_{D3,4max}$		$2U_{in}$	U_{in}
U_{D1max}	$U_{in}/N + U_o$	U_{in}/N **	U_{in}/N **
U_{D2max}		U_{in}/N	U_{in}/N
I_{VFmax}	I_{pk}	I_o/N	I_o/N
$I_{D1,2max}$	$N I_{pk}$	I_o	I_o
I_{Lavg}		I_o	I_o

* 由能量守恒 $\dfrac{1}{2} L I_{pk}^2 = U_o I_o T$,以及 $I_{pk} = \dfrac{U_{in} D T}{L}$,可求得 U_o,R_L 为负载,$R_L = U_o / I_o$。

** 电感电流连续时为 U_{in}/N;电感电流断续时,如断续期间去磁未完成,则为 $U_{in}/N + U_o$。

（1）主要特点。

反激变换器利用耦合电感储能和释能,不能空载,耦合电感的设计方法不同于其他隔离变换器中的高频变压器。开关管关断后,耦合电感漏感能量需要吸收,同时也会造成较大的电压尖峰,开关管电压应力较大。反激变换器多工作在 DCM 模式下。

正激变换器必须要考虑去磁问题,一般要求辅助去磁绕组和原边绕组进行并绕以减小漏感,同时要求匝数相同,因此其开关管承受反向电压为输入电压的 2 倍,应力较大。

双管正激变换器采用二极管钳位,开关管承受的反向电压为输入电压,电压应力小;桥臂中有两个开关管,但不存在直通问题,可靠性高。

（2）功率器件选择。

反激变换器中,开关管承受最大电压为输入电压 U_{in}、反射到原边的 NU_o 以及漏感产生的电压尖峰之和,开关管最大电流为 I_{pk};整流二极管承受最大电压为输出电压 U_o、反射到副边的 U_{in}/N 之和,整流二极管最大电流为 NI_{pk}。

正激变换器中,开关管承受最大电压为 $2U_{in}$,最大电流为 $(I_{Lavg} + \frac{1}{2}\Delta I_L)/N$,输出侧两个二极管最大电流为 $I_{Lavg} + \frac{1}{2}\Delta I_L$,续流二极管承受最大电压为 U_{in}/N,整流二极管承受最大电压为 $U_{in}/N + U_o$(出现在电感电流断续期间,且去磁未完成时)。双管正激变换器中,开关管承受最大电压为 U_{in},其余与正激变换器相同。

（3）应用场合。

反激变换器的功率不大、效率不高,但由于适于多路输出,因此主要用于要求多路输出的小功率辅助电源。

双管正激变换器的开关管电压应力小,因而更适于高输入电压场合,变换器可靠性较高,在大中功率开关电源中应用较多。

2.推挽、桥式变换器

推挽、半桥、全桥变换器的变压器工作在双向磁化状态,磁芯利用率较高,开关管采用对称互补驱动,占空比不大于 0.5,输出整流侧的正向脉冲频率为开关频率的 2 倍,等效占空比为开关管占空比的 2 倍。电感电流连续时,推挽、半桥、全桥变换器的主要波形和参数见表 2.7。

（1）主要特点。

推挽变换器绕组数量多,电压应力高,变压器出现偏磁的可能性较小,为稳妥起见也可以考虑采用电流控制方式。

半桥、全桥变换器电压应力较小,而且由于输入电压的钳位作用,电压尖峰很小。桥臂中高、低端开关管驱动难以保证完全一致,有偏磁的可能,同时桥臂存在直通的危险。为抑制偏磁,半桥变换器宜采用电压控制方式,全桥宜采用电流控制方式。半桥变换器开关管数量少,但电压利用率低,全桥变换器正好相反。

（2）功率器件选择。

推挽变换器开关管承受最大电压为 $2U_{in}$,半桥、全桥变换器为 U_{in};半桥变换器整流管承受最大电压为 U_{in}/N,推挽、全桥变换器为 $2U_{in}/N$。三种变换器开关管最大电流为

表 2.7　推挽、半桥、全桥变换器的主要波形和参数(电感电流连续)

拓扑	推挽	半桥	全桥
电路结构			
典型波形			
U_o	$2DU_{in}/N$	DU_{in}/N	$2DU_{in}/N$
I_{iavg}	$2DI_oN$	$2DI_o/N$	$2DI_o/N$
U_{VFmax}	$2U_{in}$	U_{in}	U_{in}
$U_{D1,2max}$	$2U_{in}/N$	U_{in}/N	$2U_{in}/N$
I_{VFmax}	I_o/N	I_o/N	I_o/N
$I_{D1,2max}$	I_o	I_o	I_o
$I_{D1,2avg}$	$DI_o+(1-2D)I_o/2$	$DI_o+(1-2D)I_o/2$	$DI_o+(1-2D)I_o/2$
I_{Lavg}	I_o	I_o	I_o

$(I_{Lavg} + \frac{1}{2}\Delta I_L)/N$，整流管最大电流为 $I_{Lavg} + \frac{1}{2}\Delta I_L$，由于存在整流管同时续流，其平均电流为 $DI_o + (1-2D)I_o/2$。

（3）应用场合。

推挽变换器开关管电压应力高，多用于低电压输入的中大功率场合。

全桥变换器输出功率最大，因此多用于中、大功率的开关电源中。

2.2.3　软开关变换器

上述变换器均为硬开关变换器，其开关管在开关过程中，均会出现电压和电流的交叠而产生开通损耗和关断损耗，随开关频率升高这些损耗就变得相当可观，因此硬开关变换器的开关频率难以进一步提高。

软开关变换器和谐振变换器都是利用谐振，使开关管在开关时不再出现电压和电流交叠，从而大幅度降低开关管的损耗，所不同的是软开关变换器只是在开关管开通或关断前的某段时间内使电压或电流产生谐振，而谐振变换器中的电压和电流则一直处于谐振状态。

在开通过程中，电流必然从零开始上升，在开关管开通之前先将电压变为零，则可避免电压电流交叠，因此在开通过程中希望可以实现零电压开通。在关断过程中，电压必然从零开始上升，在开关管关断之前先将电流变为零，则可避免电压电流交叠，因此在关断过程中希望可以实现零电流关断。有时为方便起见，不再特意说明是开通还是关断，而只称为零电压开关、零电流开关。

软开关变换器主要包括 3 种类型，分别是：

（1）零电压／零电流开关准谐振变换器（Zero Voltage Switching Quasi-Resonant Converter，ZVS QRC/Zero Current Switching Quasi-Resonant Converter，ZCS QRC）。

（2）零电压／零电流开关 PWM 变换器（Zero Voltage Switching PWM Converter，ZVS PWM/Zero Current Switching PWM Converter，ZCS PWM）。

（3）零电压／零电流转换 PWM 变换器（Zero Voltage Transition PWM Converter，ZVT PWM/Zero Current Transition PWM Converter，ZCT PWM）。

1. 零电压开关变换器

零电压开关电路和零电流开关电路有一定的对偶关系，这里主要介绍零电压开关变换器，以 Buck 电路为例的 3 种零电压开关变换器及典型波形见表 2.8。表中 Z_r 为特征阻抗，$Z_r = \sqrt{L_r/C_r}$。

（1）主要特点。

在 ZVS QRC 中，开关管关断时间要受制于谐振周期，不能使用 PWM 控制；ZVS PWM 中，可通过控制辅助开关的通断来控制产生谐振的时机，可以使用 PWM 控制。

在 ZVS QRC 和 ZVS PWM 中，开关管电压应力大，且随负载电流增大而增大，续流二极管电流应力大，当 L_r 较大时占空比丢失严重，当 L_r 较小时，在高输入电压或轻载条件下时不易实现 ZVS。

表 2.8　3 种零电压开关变换器及典型波形(忽略电感电流纹波)

拓扑	ZVS QRC	ZVS PWM	ZVT PWM
电路结构			
典型波形			
U_{VFmax}	$U_{in}+Z_rI_o$	$U_{in}+Z_rI_o$	U_{in}
U_{Dmax}	U_{in}	U_{in}	U_{in}
I_{VFmax}	I_o	I_o	I_o
I_{Dmax}	$2I_o$	$2I_o$	I_o
U_{VF1max}		U_{in}	U_{in}
U_{D1max}		$Z_rI_o-U_{in}$	U_{in}
I_{VF1max}		I_o	I_o+U_{in}/Z_r
I_{D1max}		I_o	I_o+U_{in}/Z_r

在 ZVT PWM 中,开关管电压电流应力较小,L_r 通过一个辅助开关与主开关相并联,整个谐振网络与主开关并联,无占空比丢失情况,在宽范围负载电流下都可实现 ZVS。辅助开关管和二极管电流应力随输入电压增大而增大。

(2)功率器件选择。

在 ZVS QRC 和 ZVS PWM 中,开关管最大电流为 I_o,开关管最大电压为 $U_{in}+Z_rI_o$,满载时应力最大;二极管最大电流为 $2I_o$,最大电压为 U_{in}。ZVS PWM 中的辅助开关电压应力 $Z_rI_o-U_{in}$,满载时应力最大。

在 ZVT PWM 中,开关管、二极管的最大电流都为 I_o,开关管、二极管最大电压都为 U_{in},应力较小,但辅助开关管、辅助二极管的电流应力较大,最大电流为 I_o+U_{in}/Z_r。

（3）应用场合。

ZVS QRC、ZVS PWM 几种变换器的电压电流应力较大，实现 ZVS 或 ZCS 受电源电压、负载电流影响较大，因此多用于低电压、小功率、电源或负载变化不大、质量体积要求高的场合。

ZVT PWM 变换器的辅助电路较为复杂，在商品化的开关电源中应用较少。

2. 零电流开关电路

以 Buck 电路为例的 3 种零电流开关变换器见表 2.9。其基本分析与零电压开关变换器相类似，需要注意的是，在零电流开关变换器中，主开关管自身输出电容被排除在谐振网络之外，因此在关断时会出现寄生振荡，也导致在开通时产生较大的导通损耗。

表 2.9　3 种零电流开关变换器

3. 实用 ZVS—PWM 变换器

在某些拓扑中，由于通路的限制，开关管的电压、电流基本为方波，应力较小，如有源钳位正激变换器，而有些拓扑除具备上述优点外，还无须辅助开关管，如不对称半桥变换器和移相全桥变换器。下面仅就上述比较实用的几种变换器进行说明，具体电路见表 2.10。

表 2.10　几种实用 ZVS—PWM 变换器及典型波形

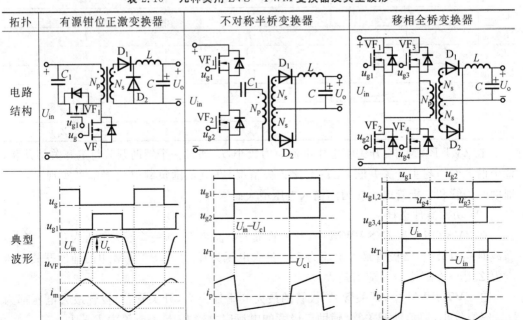

（1）有源钳位正激变换器。

有源钳位正激变换器中的钳位电容容量较大，电容电压 $U_c = DU_{in}/(1-D)$，可以等效为一个恒压源。主开关管、辅助开关管各自关断时，变压器励磁电感 L_m 和两个开关管结电容将会产生谐振，会为对方创造零电压开通的条件。

有源钳位正激变换器的变压器工作于双向磁化状态，磁芯利用率高；虽然占空比可以大于 0.5，但考虑到占空比过大时，电容电压较高，实际应用时一般最大占空比为 0.6 ~ 0.7；主开关管电压应力较大，多用于低输入电压的中小功率开关电源中。

（2）不对称半桥变换器。

不对称半桥变换器采用的是完全互补驱动。变压器原边绕组上串联的电容 C_1 容量较大，电容电压 $U_{C1} = DU_{in}$，可以等效为一个恒压源。桥臂中两个开关管各自关断时，都会产生谐振，会为对方创造零电压开通的条件。变换器输出电压为 $U_o = \dfrac{2D(1-D)}{N}U_{in}$，式中，$D$ 为高端开关管 T_1 的占空比；N 为变压器变比。

当占空比大于 0.5 时，输出电压随占空比增大而减小，所以要求占空比小于 0.5；开关管承受电压均为输入电压，但其电流应力有差异，同时副边的两个二极管流通的正向电流和承受的反向电压也是有差异的，并均受占空比的影响，因此不适用于输入电压变化范围较大的场合；变压器有直流励磁分量，所以磁芯一般都开有气隙以防饱和；轻载时电流较小，不易实现零电压开通；原边开关管完全互补，因此变压器副边绕组电压波形没有死区，适合采用自驱动型的同步整流电路。不对称半桥变换器多用于输入电压范围较小（如前级有 PFC）、低压大电流的中小功率开关电源中。

（3）移相全桥变换器。

移相全桥变换器的主电路与全桥变换器完全相同，4 个开关管的占空比均为 0.5，同一桥臂中两个开关管的驱动互补，不同桥臂开关管的驱动有相位差。当相位相差为 0° 时，对角位置开关管驱动相同，两桥臂中点间得到正负各占一半的电压方波，随相位差增大，电压方波占空比逐渐减小，当超前角度为 180° 时，无电压输出。移相全桥变换器也属于 Buck 衍生拓扑。当桥臂中两个开关管各自关断时，均会产生谐振，会为对方创造零电压开通的条件。

由于母线电压的钳位作用，电压应力不高；由于漏感的存在，原边绕组电流极性变化需要时间，该段时间内输出整流侧二极管均导通，造成占空比丢失；超前臂开关管易实现 ZVS，滞后臂开关管轻载时难以实现 ZVS。移相全桥变换器电压电流应力小、变换效率高，是应用最多的桥式变换器之一，主要应用于中、大功率的开关电源中。

2.2.4　谐振变换器

与软开关变换器不同，谐振变换器的电压和电流一直处于谐振状态。根据谐振网络中谐振元件的串并联关系，谐振变换器可以分为串联负载谐振变换器、并联负载谐振变换器和串并联谐振变换器，较为常用的是串联负载谐振变换器和串并联谐振变换器。

1. 串联负载谐振变换器

串联负载谐振变换器可以采用半桥结构，也可采用如图 2.12 所示的全桥结构，开关管采用对角相同、同桥臂对称互补的驱动方式。谐振网络中的谐振电容和谐振电感串联，同时负载又相当于和谐振网络串联。若认为输出滤波电容足够大，则可将其视为一个恒压源。当开关管开通时，谐振电感、谐振电容相当于和一个等效恒压源（电压值为输入电压和输出电压的各种组合）相串联，这样就会产生谐振，为开关管软开关创造条件。一般情况下，谐振频率 f_r 是固定的，可以选择不同的开关频率 f。

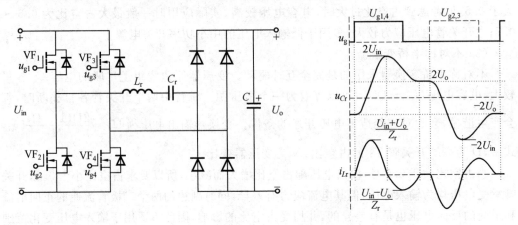

图 2.12　串联负载谐振变换器及典型波形

串联负载串联谐振变换器的主要特点如下：

(1) 开关管实现软开关是有条件的，取决于开关频率以及开关管的关断时机：① 当 $f < \dfrac{1}{2}f_r, \dfrac{1}{f_r} > t_{on} > \dfrac{1}{2f_r}$ 时，零电流开通，零电压、零电流关断；② 当 $f_r > f > \dfrac{1}{2}f_r$，$\dfrac{1}{f_r} > t_{on} > \dfrac{1}{2f_r}$ 时，零电压、零电流关断；③ 当 $f > f_r$ 时，零电压、零电流开通。

(2) 变换器有一定的抗负载短路能力，但不能空载或开路运行。

(3) 在 $f < \dfrac{1}{2}f_r$ 条件下，变换器有类似电流源的恒流输出特性。

在 $f < \dfrac{1}{2}f_r$ 条件下，变换器相当于可短路运行的恒流源，因此多用于电容恒流充电，特别是高压大容量的电容充电。

2. 串并联谐振变换器

将串联谐振网络和并联谐振网络组合，即可得到多元件的串并联谐振网络，常见的如 LLC 谐振变换器。LLC 谐振变换器的谐振元件为并联谐振电感 L_p、串联谐振电感 L_r 和串联谐振电容 C_r。

LLC 谐振变换器可以采用全桥结构，但更为常见的是采用如图 2.13 所示的半桥结构，开关管采用占空比为 0.5 的完全互补驱动方式。变换器中存在两个谐振频率，分别为由 L_r 和 C_r 产生的串联谐振频率 $f_r = \dfrac{1}{2\pi\sqrt{L_rC_r}}$，和由 L_r、C_r 和 L_p 产生的串并联谐振频率 $f_m = \dfrac{1}{2\pi\sqrt{(L_r + L_p)C_r}}$，$L_p$ 一般使用变压器励磁电感，L_r 多利用变压器漏感或其他杂散电感,因此 f_m 要远小于 f_r。

当开关频率 $f_r > f > f_m$ 时,利用谐振可实现开关管的零电压开通,整流二极管的零电流开关,如果开关频率 $f > f_r$,仍可实现开关管零电压开通,但整流二极管不再是零电流开关,而且由于二极管电流是连续的,L_p 一直都被钳位,因此变换器特性与普遍串联谐振变换器相似。

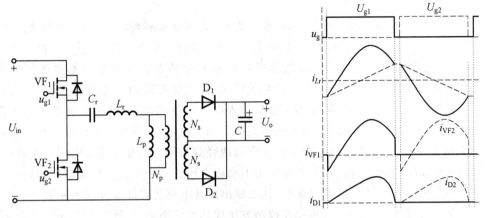

图 2.13 *LLC* 谐振变换器及典型波形

LLC 谐振变换器主要特点如下:

(1) 变换器软开关是有条件的,$f > f_m$ 的条件很容易满足,此时开关管可实现零电压开通,只有当 $f_r > f > f_m$ 时,整流二极管才能实现零电流开关。

(2) 变换器无须输出滤波电感,可以利用变压器的励磁电感、漏感,开关管输出等效电容等构成谐振元件,充分利用杂散参数,且易于集成。

(3) 采用 PFM 控制,占空比不随输入电压变化,适用于输入电压变化范围大的场合。

(4) 通过相对较小的频率变化,即可满足在负载大范围变化时的输出调节要求,可以空载运行。

LLC 谐振变换器因结构简单、磁性器件易于实现磁集成、变换效率高、输入电压范围大等优点,在要求高功率密度、高变换效率的大中功率开关电源中应用广泛,是比较热门的拓扑之一。

2.2.5　功率变换电路的选择

选择功率变换器拓扑时,需要考虑的限制因素有很多,有一类是开关电源要求的指标所限定的,如功率等级、变换效率、隔离、升降压、多路输出、输入电压变化范围、输出电压变化范围、负载变化范围、功率密度等,还有一类是从设计、实现、优化角度出发需要考虑的问题,如拓扑复杂度、器件应力、拓扑及控制方法成熟度等。

小功率变换器一般要求结构简单、成本低,因此可以选择非隔离基本拓扑、正激、反激、推挽。如果要求较高的变换效率,可以考虑采用软开关拓扑,如 ZVS(ZCS) — QRC 非隔离基本拓扑、ZVS(ZCS)－PWM非隔离基本拓扑、有源钳位正激等,但是需要注意后两类拓扑中增加了辅助器件,结构变得复杂。如果要求多路输出,一般选择反激。如果输入电压变化范围大、输入电压高,在选择正激、推挽或软开关类非隔离拓扑时要注意器件的电压应力,一般来说上述拓扑更适用于输入电压较低的场合。如果要求功率密度较高,可以考虑采用ZVS(ZCS)－QRC非隔离基本拓扑,其可以工作在很高的频率,优势较为明显。

大中功率变换器一般要求效率高、安全性好,大多要求隔离,因此多选择双管正激、推挽、半桥和全桥。双管正激电压应力小,不存在直通问题,可靠性高;半桥和全桥易于实现软开关,不对称半桥(包括LLC谐振变换器)、移相全桥在大功率变换器中使用较为普遍。如果输入电压变化范围大、负载变化范围大,可考虑采用LLC谐振变换器,在占空比不变的情况下通过小幅调整频率即可适应输入电压和负载的变化;不对称半桥由于开关管之间电流应力有差异,不适合输入电压变化范围大的场合;不对称半桥和移相全桥在轻载时不易实现软开关,不适合经常工作在空载或轻载的场合。如果输出电压变化范围大,则不适合用LLC谐振变换器,而更多采用不对称半桥或移相全桥。如果要求较高的功率密度,可以考虑采用LLC谐振变换器,其无输出滤波电感且磁性器件利于磁集成。

从拓扑复杂度、器件应力、拓扑及控制方法成熟度方面来看,硬开关变换器较为实用,其结构简单,无附加辅助电路,采用定频的PWM控制,有很多成熟的控制芯片可供选择。虽然开关损耗较大,变换效率一般不高,但在无需过高开关频率、无过高体积要求的场合或是功率不大的场合,硬开关变换器的开关损耗和变换效率也是可以接受的,应用较多的有可靠性较高的双管正激变换器和适于多路输出的反激变换器。

软开关变换器开关损耗小、变换效率高,但其软开关效果易受电源或负载的影响,其拓扑大都较为复杂,电压或电流的应力较大,且与输入电压和负载电流相关,很多拓扑都没有对应的成熟的控制芯片可供选择。目前最为常用的是几种零开关变换器,它们都或多或少地避免了上述缺点,主要包括有源钳位正激变换器(应力小、有辅助开关管但可采用与主开关互补的驱动)、不对称半桥变换器(无辅助开关管)、移相全桥变换器(应力小、无辅助开关管)。

谐振变换器较复杂,没有硬开关变换器和软开关变换器使用广泛,目前常采用的谐振变换器都因其在特定场合具有特定的优势,如串联谐振变换器因其恒流特性以及可短路工作而多用于高压电容充电,LLC谐振变换器因其结构简单、易于磁集成、变换效率高而多用于高功率密度的大功率开关电源中。

这里介绍的只是功率变换器拓扑选择的粗略原则,并不是绝对的原则,实际上也没有绝对的原则。例如,Buck变换器非常适合用于无须隔离的降压场合中,但如果输入和输出电压相差过大,往往不会再选用工作在过小占空比状态下的Buck,而会选择隔离型拓扑。因此,实际中要根据开关电源性能指标、工作条件、成本、设计周期等具体要求,综合考虑各种情况、兼顾各方面的影响因素,采取适当的折中措施来选择合适的变换器拓扑。

2.3　新型整流电路及其应用

隔离型 DC/DC 变换器均需利用整流电路将高频变压器输出的高频交流电变为直流电,常用的整流电路包括全桥整流电路和全波整流电路。采用全桥整流电路时,需要 4 个二极管,数量较多,但二极管电压应力小;采用全波整流电路时,仅需两个二极管,但二极管电压应力是全桥整流电路的两倍,而且变压器需要有中间抽头。因此,全桥整流电路适用于高压小电流输出场合,全波整流电路适用于低压大电流输出场合。除上述两种典型整流电路外,还有倍压整流、倍流整流、同步整流等整流电路。

2.3.1　倍压整流电路及应用

在需要输出高电压的场合中,如果采用普通整流电路,则需要变压器副边绕组输出高电压,这就需要增强变压器的绝缘水平,同时二极管也将承受高反向电压,给器件选型和磁性器件生产带来困难。倍压整流电路利用整流二极管和电容或变压器副边绕组的多重连接则可解决上述问题。

利用整流二极管和电容多重连接的全波倍压整流电路如图 2.14 所示,在正半周期,二极管 D_1 导通,C_1 得到正向电压,在负半周期,二极管 D_2 导通,C_2 得到正向电压,则负载上得到 2 倍的变压器副边绕组电压 U_s。电路中,二极管承受反向电压为 $2U_s$,电容电压为 U_s,由于两个电容串联,等效的滤波电容容量为单个电容的一半。

利用整流二极管和电容多重连接的半波倍压整流电路如图 2.15 所示,在负半周期,二极管 D_1 导通,C_1 得到正向电压,在正半周期,二极管 D_2 导通,C_2 得到的正向电压为副边绕组电压和 C_1 电压之和,即负载上得到 2 倍的变压器副边绕组电压 U_s。电路中,二极管承受反向电压为 $2U_s$,C_1 电容电压为 U_s,C_2 电容电压为 $2U_s$。

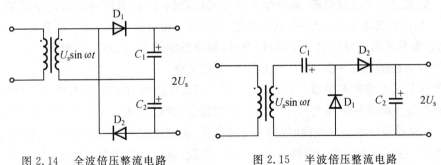

图 2.14　全波倍压整流电路　　　　　图 2.15　半波倍压整流电路

半波倍压整流电路可以继续拓展得到更高的输出电压,在图 2.16 所示电路中,可以得到 NU_s,二极管承受反向电压为 $2U_s$,除第一个电容电压为 U_s,其余电容电压均为 $2U_s$,拓展的级数越多等效的滤波电容容量越小。

利用整流二极管和变压器副边绕组多重连接的倍压整流电路如图 2.17 所示,变压器采用多个相同匝数的副边绕组。在正半周期,同名端处电压为正向电压,则标号为偶数的二极管导通,在负半周期,标号为奇数的二极管导通,图中电容上得到的电压为变压器副边绕组电压U_s的3倍。电路中,二极管承受的反向电压为U_s,较前面电路小,滤波电容电压高,由于相当于多个副边绕组串联,变压器端仍会出现高电压,因此对变压器绝缘要求高。

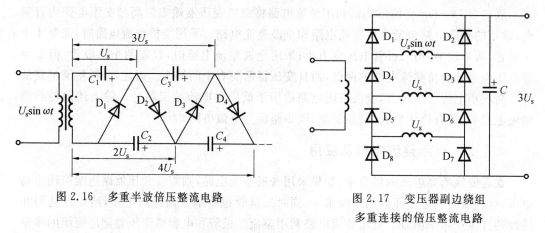

图 2.16　多重半波倍压整流电路

图 2.17　变压器副边绕组
多重连接的倍压整流电路

2.3.2　倍流整流电路及应用

在低压大电流场合,二极管的导通损耗较大。如果采用二极管数量较少的全波整流,可以减少损耗,但二极管电压应力大,其变压器需要两个并没有充分利用的副边绕组,而且由于带中间抽头,在副边匝数较少、线径较粗时会给设计和制造带来困难。全桥整流电路中,副边绕组只有一个且利用充分,二极管电压应力小,但其二极管数量较多,损耗相应变大。可见,两种常规整流电路各有优劣。

负载电流由滤波电感维持,因此倍流整流电路采用两个电感来增加输出电流,适应大电流输出的需要。倍流整流电路实际是将全桥整流电路中的两个二极管替换为电感,并取消了原有的输出滤波电感,如根据替换电感位置的不同,有两种形式的倍流整流电路,如图 2.18(a)、图 2.18(b) 所示,其功能是一致的。和全桥整流相比,都只有一个副边绕组,但倍流整流的二极管数量少,损耗更低;和全波整流相比,都只有两个二极管,但倍流整流的副边绕组只有一个,无中间抽头,且利用充分。

倍流整流电路的典型波形如图 2.18(c) 所示,在副边绕组电压为正时,二极管 D_1 导通,电感 L_2 上的正向电压为 $U_s - U_o$,L_2 开始储能,此时电感 L_1 通过 D_1 续流,其负向电压为 $-U_o$。这样两个电感电流同时经 D_1 流过负载;在副边绕组电压为负时,二极管 D_2 导通,情况类似,也是两个电感电流同时经 D_2 流过负载;在副边绕组电压为零时,二极管 D_1 和 D_2 同时导通,两个电感的负向电压均为 $-U_o$。电感电流分别经 D_1、D_2 续流,并流过负载。可见,两个电感电流均流经负载,起到了倍流作用。

以电感 L_2 为例,仅在副边电压为正、D_1 导通期间电压为正并储能,其余时间均处于续流状态。设 DT 为正向电压持续时间,则根据电感伏秒平衡可知 $(U_s - U_o)D = U_o(1 - D)$,即 $U_o = DU_s$。而全桥整流和全波整流中,由于电感电压变化的频率是副边绕组电压变化频率的两倍,即 $U_o = 2DU_s$。

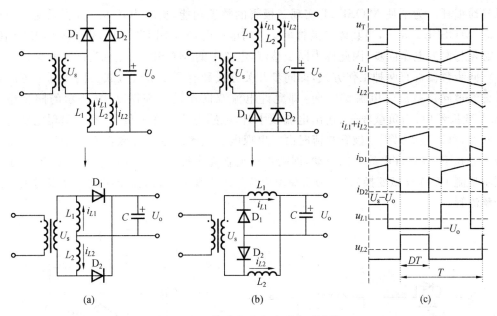

图 2.18　倍流整流电路及典型波形

全桥整流、全波整流和倍流整流的对比情况见表 2.11，表中 U_s 为副边绕组电压幅值，D 为变压器输出正向电压的占空比，f 为变压器频率。倍流整流电路的整流输出电压为全桥整流、全波整流的一半，因此为得到相同电压，其副边绕组匝数应为全桥整流的 2 倍，为全波整流两个副边绕组匝数之和。全波整流有两个副边绕组，倍流整流副边绕组电压高，因此这两种整流电路中的二极管反向电压高，为全桥整流的 2 倍。倍流整流电感电流的频率等于变压器频率，其总电流频率与全桥整流、全波整流中的电感电流频率相同，为变压器频率的 2 倍。相同情况下，倍流整流总电流纹波更大。

表 2.11　三种整流电路的对比

电路类型	全桥整流	全波整流	倍流整流
副边绕组数量	1	2	1
整流输出电压 U_o	$2DU_s$	$2DU_s$	DU_s
二极管平均电流 I_{Davg}	$I_o/2$	$I_o/2$	$I_o/2$
二极管反向电压 U_{Dr}	$U_s = U_o/(2D)$	$2U_s = U_o/D$	$U_s = U_o/D$
电感电流频率 f_{IL}	$2f$	$2f$	f
总电流频率 f_{Iz}			$2f$
电感电流纹波 ΔI_L	$U_o(1-2D)/(2fL)$	$U_o(1-2D)/(2fL)$	$U_o(1-D)/(fL)$
总电流纹波 ΔI_z			$U_o(1-2D)/(fL)$

2.3.3　同步整流电路及应用

在几伏或十几伏的低电压大电流输出场合，电流可达几十至数百安培，前述的各种整流电路，整流二极管导通损耗较大的问题都十分突出，即使采用肖特基二极管，其导通压降也有 $0.3 \sim 0.6\,V$，仍有较大损耗。低压 MOSFET 的导通电阻一般较小，经过优化设计后可达到 $1\,m\Omega$ 甚至更低，因此如利用 MOSFET 替代二极管作为整流器件即可大大降低导通损耗。为了使 MOSFET 实现二极管的整流功能,要求当其体二极管承受正向电压时,MOSFET 导通,当其体二极管承受负向电压时,MOSFET 关断,即 MOSFET 的驱动必须与漏源电压同步,因此称为同步整流,电路中的 MOSFET 被称为同步整流管。

同步整流管有两种工作方式,即同步开关方式和有源二极管方式。同步开关方式不考虑流过同步整流管电流的方向,即允许电流双向流动。在图 2.19 所示的同步整流 Buck 变换器中,当负载较轻、输出电流较小时,电感电流会变为负向,不会出现电感电流的断续,可以避免采用二极管整流时由于出现电感电流断续而导致占空比变化。有源二极管方式下,只允许电流正向流动,即同步整流管完全等效为二极管。在图 2.20 所示的同步整流 DCM 反激变换器中,为避免副边绕组出现反向电流,需要在电流过零时关断同步整流管。

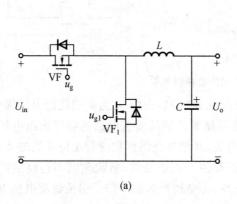
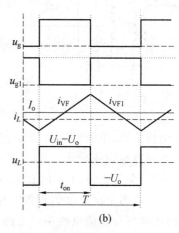

图 2.19　同步整流 Buck 变换器

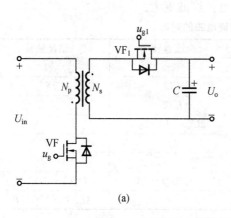
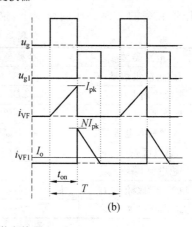

图 2.20　同步整流 DCM 反激变换器

同步整流电路中,电路性能很大程度取决于同步整流管的开通、关断时机,如果开通过早或关断过晚,将会短路正在承受反向电压、起反向阻断作用的体二极管,很可能造成整个电路的短路;如果开通过晚或关断过早,则流过同步整流管的电流会转移到其体二极管中,而体二极管一般导通压降较高,会造成较大的损耗甚至完全丧失同步整流的优势。

同步整流管的驱动与漏源电压同步是同步整流电路发挥其性能的重要保证,因此同步整流管的驱动控制是设计同步整流电路的关键。同步整流管的驱动方式有自驱动和外驱动两种。自驱动是指利用同步整流管所在回路中的电压或电流信号作为其驱动信号，包括电压自驱动和电流自驱动，前述的同步整流 DCM 反激变换器即可采用电流自驱动方式。外驱动是指利用外部的控制芯片产生驱动信号，前述的同步整流 Buck 变换器一般多采用互补的驱动控制芯片直接驱动。电流自驱动需要使用电流互感器，较为烦琐，相比较而言，电压自驱动和外驱动更易实现，应用更为广泛。

在有源钳位正激变换器的同步整流电路中，由于变压器原边主开关管 VF 和辅助开关管 VF_3 驱动信号完全互补，则同步整流管的驱动信号与变压器原边开关管的驱动信号、变压器副边绕组电压信号有对应关系，如图 2.21(a) 所示，因此可以采用电压自驱动。采用辅助绕组去磁的正激变换器的同步整流电路如图 2.21(b) 所示，变压器电压有为零的一段时间，因此同步整流管 VF_2 驱动信号与变压器副边绕组电压信号没有对应关系，不能采用电压自驱动。

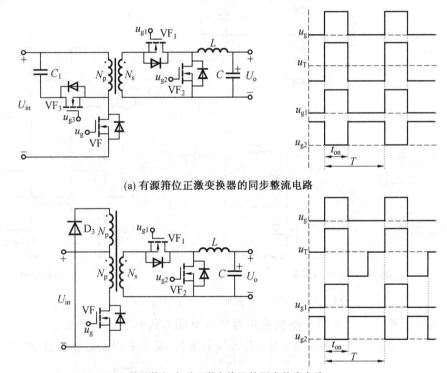

(a) 有源钳位正激变换器的同步整流电路

(b) 辅助绕组去磁正激变换器的同步整流电路

图 2.21　正激变换器中同步整流电路及时序图

电压自驱动方式中，驱动信号可以取自变压器副边绕组，也可以取自变压器额外的耦合绕组。正激变换器同步整流的两种自驱动方式的具体电路如图 2.22 所示，采用副边绕组驱动方式时，调整了 VF_1 位置，使 VF_1 和 VF_2 的源级相连。

在不对称半桥变换器中，可以采用全波同步整流或倍流同步整流电路，由于变压器原边开关管驱动信号完全互补，同步整流管的驱动信号与变压器原边开关管的驱动信号、变压器副边绕组电压信号也有对应关系，如图 2.23 所示，因此可以采用电压自驱动。

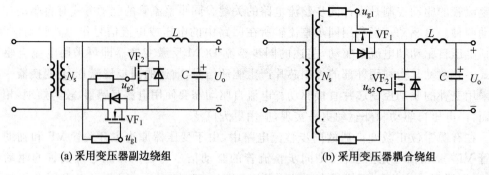

(a) 采用变压器副边绕组　　(b) 采用变压器耦合绕组

图 2.22　正激变换器中同步整流电路的电压自驱动方式

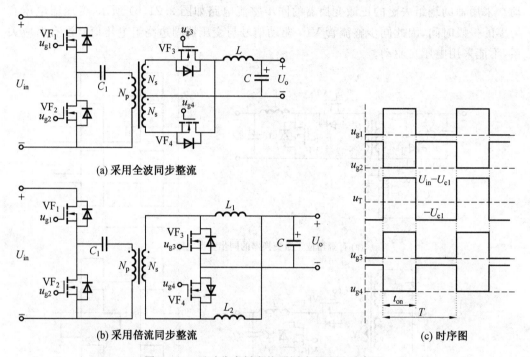

(a) 采用全波同步整流

(b) 采用倍流同步整流

(c) 时序图

图 2.23　不对称半桥变换器同步整流及时序图

全波同步整流和倍流同步整流采用两种自驱动方式的具体电路分别如图 2.24、图 2.25 所示。倍流同步整流电路中,两个开关管共源极,易于采用副边绕组驱动,而全波同

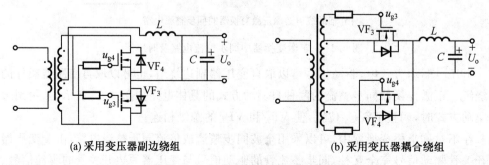

(a) 采用变压器副边绕组　　(b) 采用变压器耦合绕组

图 2.24　全波同步整流的驱动方式

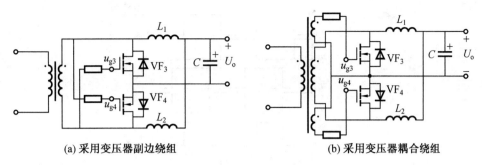

(a) 采用变压器副边绕组　　　　　　　(b) 采用变压器耦合绕组

图 2.25　倍流同步整流的驱动方式

步整流电路中,必须调整两个开关管位置,使之源极相连,因此电路结构有所变化。推挽、半桥、全桥、移相全桥变换器的全波同步整流或倍流同步整流电路中,由于变压器原边开关管驱动信号不是完全互补,同步整流管的驱动信号虽然可以找到与变压器原边开关管的驱动信号的对应关系,但与变压器副边绕组电压信号没有对应关系。从图 2.26、图 2.27 所示的驱动时序图可以看出,几种变换器都存在变压器副边绕组电压为零的时刻。因此上述几种变换器中的同步整流电路大多采用外驱动方式,一般根据原边开关管驱动信号,经过隔离后得到同步整流管驱动信号。

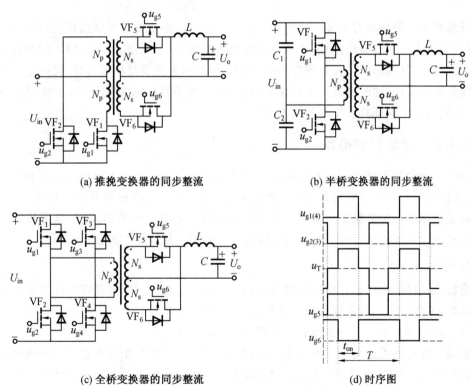

(a) 推挽变换器的同步整流　　　　　　(b) 半桥变换器的同步整流

(c) 全桥变换器的同步整流　　　　　　(d) 时序图

图 2.26　推挽、半桥、全桥变换器的同步整流及时序图

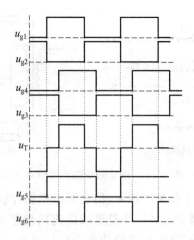

图 2.27　移相全桥变换器的同步整流时序图

2.4　保护电路

导致开关电源损坏有外部和内部两种因素。外部因素主要是可能出现的各种极端工作条件,如输入电压过高或过低、出现电压和电流浪涌、输出短路等,除在输入回路设计中采取相应的保护措施外,还需要更完善的保护。内部因素主要是功率器件、控制电路等可能出现失效或损坏,这时也需要采取保护措施,防止波及其他未失效器件、造成更大范围的损坏,同时也要保证负载不会因此而损坏。

2.4.1　过流保护电路

开关电源中超出额定值过多的电流会对功率器件等造成过大的电流应力从而导致其损坏,导致过流的原因主要包括器件失效引起的短路、桥式电路桥臂开关管出现直通、输出过载或短路等。过流保护电路中主要需考虑所保护的电流信号的采样、保护信号的处理和保护动作。下面结合几个具体的电流保护电路对上述 3 个方面做出说明。

1. 输出电流保护

输出电流保护主要防止输出过载或短路。对输出电流进行采样最常见的方法是采用采样电阻,采样电阻一般直接和参考地相连,根据采样电阻的具体位置可以选择同相或反相比例电路对电流采样信号进行放大处理,如图 2.28 所示。

如果采样电阻无法与参考地相连,而必须处于高端位置时,则可考虑采用差动放大器或电流检测放大器,如图 2.29 所示。差动放大器通过内部内置的电阻网络将输入电压衰减至可以接受的电平,因此可以处理带有高共模电压的高端电阻采样信号,由于差模的采样信号也被衰减,因此差动放大器需要大的放大倍数。电流检测放大器是利用对称性,通过三极管对电流的控制作用,使两个输入端内部电阻的电流差为零时,放大器输出也为零,这样当接入高端采样信号后,两个输入端的电流差将被转变为与采样电流成比例的电

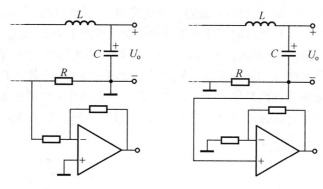

图 2.28　电阻采样电路

压信号。

　　差动放大器和电流检测放大器的相同点是都有较高的共模抑制比,适于高端电流采样,但都需注意其要求的共模电压范围。由于内部结构不同,两者的差异也较为明显:差动放大器中使用了电阻衰减网络,因此带宽较电流检测放大器小,适于检测平均电流,而在瞬时电流检测要求高的场合更适于使用电流检测放大器;差动放大器中的电阻阻值较大,因此采样电阻和差动放大器之间的滤波电路中的电阻对放大器的对称性影响很小,而电流检测放大器中的电阻阻值小,为避免外部电阻的影响,一般电流检测放大器都不经滤波器而直接接采样电阻。

　　在一些大电流输出场合,使用的采样电阻阻值可能小于 1 mΩ,此时也可以利用滤波电感中的等效直流电阻 R_{DC},通过对电感电压进行采样并经过滤波处理得到电感电流的采样值,电感电流采样电路如图 2.30 所示。采样电路与电感并联,因此其电压即为电感电压,则电容 C_1 的电压为

$$u_{C1} = \frac{1}{1 + j\omega C_1 R_1} \cdot (R_{DC} + j\omega L) \cdot i_L = R_{DC} \cdot i_L \cdot \frac{1 + j\omega L/R_{DC}}{1 + j\omega C_1 R_1}$$

式中,ω 为电感电流角频率。如果令 $L/R_{DC} = C_1 R_1$,则有 $u_{C1} = R_{DC} \cdot i_L$,即电容电压与电感电流成比例。采用该方法时,需要注意温度对 R_{DC} 的影响以及电容容差对测量误差的影响。

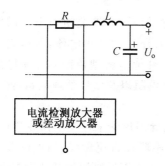

图 2.29　高端电阻采样电路

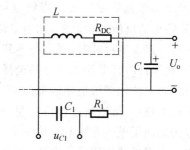

图 2.30　电感电流采样电路

　　电流采样信号经与比较限值比较后得到保护信号,用以封锁开关管驱动信号、关闭开关电源,因此保护信号必须可以自行锁定,一般可采用 555 定时器等具有保持功能的器

件,如图 2.31(a) 所示。很多时候,过流是一些偶发的、不可持续的、非故障性因素引起的(如无意的触碰造成的输出短时间短路),这时希望保护能产生动作,而且在导致过流的因素排除后可以重新工作。这时可以利用 555 定时器构成单稳态触发器,在固定延时后重新给出 PWM 信号,如图 2.31(b) 所示。如果过流故障一直存在,则保护动作;如过流信号消失,则开关电源能自行恢复输出。这种方法在小功率场合中使用较多,在大中功率场合,不希望在有真正的过流故障时反复重启,可以以过流动作次数为判定条件,如果连续出现几次过流,就彻底关闭输出。

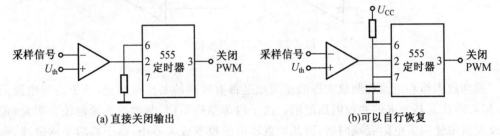

图 2.31   电流保护信号的处理

在某些应用中,可能不希望关闭输出,只需限制输出电流即可,此时可以利用控制器实现其恒流输出特性,但同样需要相应的过流保护电路以防控制器失效时出现过流。

2. 原边峰值电流保护

在采用峰值电流控制的变换器中,变压器原边的电流已经被采样,当出现输出过流时,变压器原边电流也会随之增大,因此可以通过监测变压器原边电流实现输出过流保护功能。如图 2.32 所示的反激变换器中,通过电阻采样变压器原边电流,一方面送入控制器中用以生成 PWM,一方面送入比较器中,当采样的原边峰值电流超过比较限值时,就关闭 PWM 驱动信号,而当下一个周期到来时再重新开通驱动信

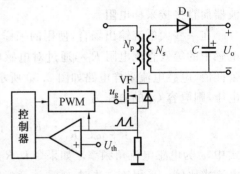

图 2.32   反激变换器的原边峰值电流保护

号,因此可以实现逐脉波限流。当然也可以锁定保护信号,直接关闭输出。需要注意的是,在多路输出的反激变换器中,原边电流反映的是各路总的输出电流,所以当各路均为轻载而只有一路发生过载时,可能得不到有效保护。峰值电流型控制芯片中已经集成了上述功能,在设计时需要注意的是要选择合适的采样电阻以及信号处理电路,使采样信号与芯片内部固定的比较限值相匹配。

在桥式电路中,可以通过检测低端 MOSFET 的导通压降采样变压器原边电流,更为常见的方法是使用电流互感器。将电流互感器原边串联在直流母线中,如图 2.33 所示,不仅可以检测变压器原边峰值电流,还可以检测桥臂发生直通时流过开关管的电流,这样可以实现逐波限流,有效保护开关管。

3. IGBT 的过流保护

当 IGBT 发生过流时,其导通饱和压降 U_{ce} 会增大,因此可以检测 U_{ce} 作为判断过流的

条件,如图 2.34 所示。IGBT 允许短时间过流,如果关断过快,集电极出现过大的 di/dt 有可能损坏 IGBT,因此当保护信号给出后,要采取慢速关断。IGBT 专用驱动芯片中已经集成了上述功能,只需外配检测用二极管即可。

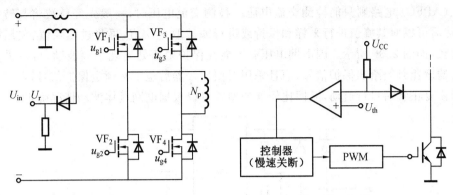

图 2.33　全桥变换器的原边峰值电流保护　　　　图 2.34　IGBT 的过流保护

4. 熔断器

上述过流保护电路和它要保护的对象一样,也存在失效的可能,因此要在开关电源输入和输出端加入熔断器,作为最后的保护手段。

2.4.2　输出过压、欠压保护电路

开关电源输出过压或欠压会影响到其负载设备的正常工作,甚至造成损坏。输出过压、欠压保护电路中,输出电压采样信号一般通过电阻分压获得,其保护信号的处理和保护动作与过流保护类似,就不再详细讨论。

需要注意的是,输出欠压保护要在正常的输出电压建立后才能启动,常采用的方法是让输出欠压保护电路延时启动,或者将输出电压达到某一限值作为输出欠压保护电路上电的条件,如图 2.35 所示。

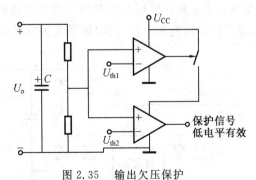

图 2.35　输出欠压保护

2.4.3　输入过压、欠压保护电路

电网电压过高时,开关电源的功率器件可能因电压应力过高而损坏,电网电压过低时,功率器件可能因重载时过大的电流导致损耗过大,严重时可能损坏。需要指出的是,一些瞬态过压主要由输入回路中的压敏电阻或瞬态抑制管来吸收,这里的输入过压保护

主要针对电网电压的波动。

下面主要说明一下电压信号的采样、保护信号的处理和保护动作 3 个方面。

可以将经过整流滤波的直流母线电压作为监测的电压,但如果采用了有源功率因数校正(APFC)电路则只能检测交流电压。检测交流电压时,一般先经整流将其转换为直流,然后可以对其峰值进行采样和保持或进行滤波取平均值,再与过压限值、欠压限值进行比较,如图 2.36 所示。因电网电压有可能在保护限值处出现小幅波动,可以采用滞回比较器避免频繁给出保护信号,而且采用滞回比较器后也不必锁定保护信号,可以在输入电压恢复正常后自行启动,滞回比较器的回差可以根据电网具体波动情况确定。

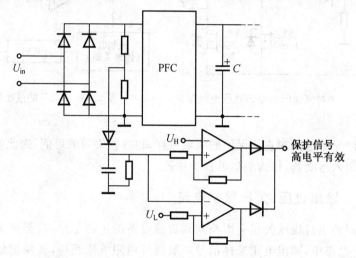

图 2.36　输入过压、欠压保护

一般情况下,电网电压出现波动超过保护限值,输入过压或欠压保护信号给出时,关闭开关管驱动即可。如果电网波动过大、输入电压过高时,仅关闭开关管驱动是不够的,还要切断输入,这时可以考虑采用继电器作为隔离手段,如图 2.37 所示。另外,为完成输入过压、欠压保护,需要独立于主拓扑的辅助电源提供控制电路的供电,而且在采用继电器时,辅助电源的输入端要接在继电器之前,同时辅助电源应可以承受已经超过保护限值的高电压。

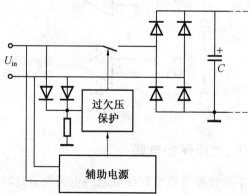

图 2.37　带隔离功能的输入过压、欠压保护

2.4.4　输入缺相保护电路

对于以三相交流电作为输入的开关电源,如果缺相运行,另外两相就要承担超过额定值的功率,长时间工作于大电流状态的器件容易损坏。常用的三相四线制缺相保护电路如图 2.38 所示,三相平衡时,H 电位很低,光耦合输出近似为零电平。当缺相时,H 点电位抬高,光耦输出高电平,经比较器进行比较,输出低电平,封锁驱动信号。

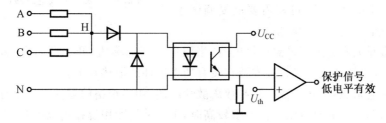

图 2.38　三相四线制缺相保护电路

三相三线制缺相保护电路如图 2.39 所示。三相正常工作时,电压最高相对应的光耦发光二极管和电压最低相对应的二极管导通,这样在整个周期内 3 个光耦会依次输出低电平,使输出端 F 一直为低电平。三相中如出现某一相缺失,则在另外两相线电压过零处,会出现所有光耦输出电平均高于比较器的反相输入端处基准电压的情况,则输出端 F 输出高电平,作为封锁驱动的信号。

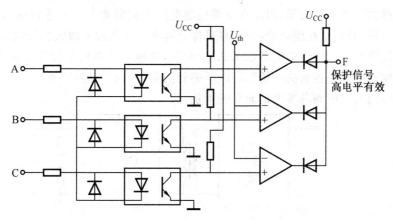

图 2.39　三相三线制缺相保护电路

2.4.5　过热保护电路

在开关电源中,各类损耗大部分以热的形式从器件内部散发出来,引起电源内部温升,而温度的升高又会对器件造成影响,进而影响电源的可靠性。功率器件的标称参数一般都是在 25 ℃ 的测试条件下得到的,其允许的连续电流会随温度升高而降低,如果使用的是 MOSFET,其导通电阻会随温度升高而增大,因此温度较高时,其损耗也大,更为重要的是,当功率器件的结温达到一定温度时,会导致不可逆转的热损伤而损坏器件。此外,过高的温度还会缩短电解电容的使用寿命。

过热保护电路中主要采用的热敏元件有热敏电阻、热敏开关、专用温控集成电路等。

采用热敏电阻的过热保护电路主要是将温度升高时热敏电阻阻值的变化转化为电压的变化,如图 2.40 所示,进而和温度保护限值进行比较。使用热敏电阻时要注意其安装的位置,一定要靠近所要保护的器件或放置于电源中温度最高处,另外需注意的是,热敏电阻有一定的非线性,可能需要反复调试才能确定一个合适的温度限值。

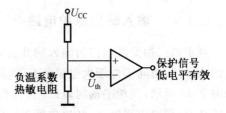

图 2.40　采用热敏电阻的过热保护电路

热敏开关实际上就是温度继电器,当温度达到标称值,开关即闭合(常开型)或断开(常闭型),热敏开关一般直接安装在装有功率器件的散热片上。

热敏电阻、热敏开关都存在参数离散性问题,相同规格的器件在使用时会出现偏离动作温度的偏差。如对过温保护要求较高时,可以采用专用温控集成电路,它们具有更好的线性度,参数离散性更小,但一般都需要供电电源。

2.5　隔离式反馈电路

在采用高频变压器隔离的 DC/DC 变换器中,反馈控制电路中的输出采样信号和驱动信号不是共参考地的信号,因此在反馈控制电路中就需要对信号进行隔离。通常的隔离方法有 3 种,分别是在驱动处隔离、在采样处隔离以及在误差放大器处隔离。

采用隔离驱动的反馈电路如图 2.41 所示,这种方法多用于桥式变换器中,采用变压器隔离驱动的同时也解决了桥臂高端开关管的驱动问题。另外,采用隔离驱动,也避免了控制电路因与主电路共参考地而易受干扰。

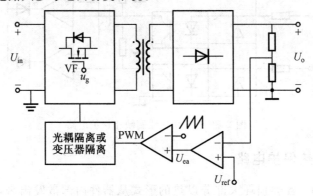

图 2.41　在驱动处隔离的反馈电路

在信号采样处隔离的反馈电路如图 2.42 所示,这里需要使用线性光耦。光耦合器件的输入输出特性有明显的非线性,线性光耦内部有两个光敏三极管,一个用于通过信号,另一个用于反馈,这样利用反馈的非线性可以抵消通路的非线性,实现信号的线性隔离。

线性光耦在较宽的范围内都有较好的线性度,适于在采样信号变化范围较大、精度要求较高的场合使用。由于线性光耦在使用过程中引入了反馈机制,因此不适用于采样信

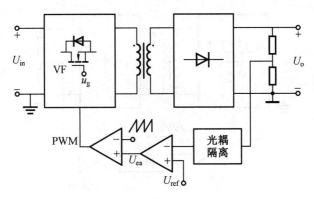

图 2.42　在信号采样处隔离的反馈电路

号变化较快或频率较高的场合。常用的线性光耦有 CLARE 公司生产的 LOC 系列线性光耦、HP 公司生产的 HCNR200/201 线性光耦等,采用 HCNR201 的线性隔离电路如图 2.43 所示。

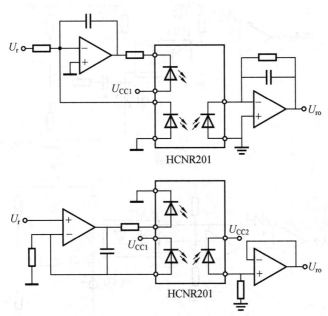

图 2.43　采用 HCNR201 的线性隔离电路

　　在误差放大器处隔离的反馈电路如图 2.44 所示,这里一般无须使用线性光耦,多采用一些在有限范围内线性度较好的普通光耦,但并非是所有的普通光耦都可胜任。一般情况下,开关电源的输出电压调整范围不大,因此通过对反馈电路参数的适当选择,就可以让光耦工作在自己线性度较好的范围内。由于线性度较好的范围有限,因此不适合用于采样信号变化范围较大、精度要求较高的场合。

　　常用于反馈的光耦有 PC817、TLP521 等,多配合电压基准芯片 TL431,构成光耦隔离反馈控制电路,如图 2.45 所示。为了保证光耦工作在线性度较好的范围内,需要根据其参数明确该范围所对应的光耦原边电流,之后再根据需要的原边电流值选择外围电路参数。图 2.45(b) 所示的电路中,将光耦输出接至运放输出端,当光耦副边电流较大时,运

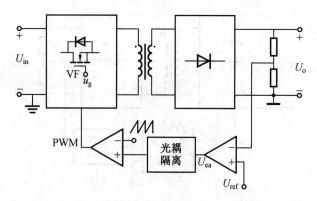

图 2.44 在误差放大器处隔离的反馈电路

放输出电流不足以支持该电流,则其输出电压会下降,进而可调节输出的 PWM 信号,该方式多用于占空比较小的反激式变换器中。

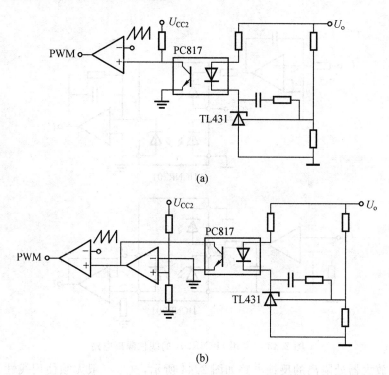

图 2.45 采用光耦隔离的反馈电路

2.6 驱动电路

驱动电路是控制器输出的弱电控制信号与变换器拓扑中控制强电功率流的开关管之间的接口,驱动电路不仅决定了开关管能否按控制器要求动作,也在一定程度上决定了开关管的工作状态和工作条件,可靠的驱动电路是开关管正常工作的重要保证。

2.6.1　对驱动电路的要求

开关电源中多采用 MOSFET 和 IGBT 作为开关管,它们都是电压驱动型的器件,其栅源端(栅射端)相当于一个电容。驱动电路就是通过对该电容的充放电,改变栅极电压,来实现对开关管的通断控制。

驱动电路需要提供合适且稳定的栅极电压。过高的栅压会损坏开关管的栅极,过低的栅压不利于稳定导通,对于 IGBT 而言,还会导致通态压降和开通损耗上升;为保证 IGBT 可靠关断,有时还需要提供负栅压。

驱动电路需要提供足够的驱动电流和驱动功率。开关管开通时,需要将栅源端等效电容充电至阈值电压,持续的大电流才能保证开关管的快速开通,避免开关管工作在放大区导致较大的开通损耗;同样,在开关管关断时,驱动电路要提供一个低阻抗的通路使电容迅速放电。

驱动电路的驱动时间要合适。开关管开通的时间主要取决于栅极电阻,栅极电阻小,则电容充电时间短,开关管开通快。开通时间慢会带来较大的开通损耗,导致开关管发热严重;开通时间短虽然可以减小开通损耗,但会引起栅极电压的振荡,同时给开关管带来较高的 du/dt 和 di/dt,会产生严重的电磁干扰。因此要根据实际情况选择合适的栅极电阻,得到合适的驱动时间。

驱动电路要安全、可靠,能够有效保护开关管。驱动电路中,可以在栅源端(栅射端)增加稳压管或瞬态抑制管,以保护栅极,同时也可以增加电阻,以防止开关管由于米勒电容影响而导致的误导通。

驱动电路要提供电气隔离功能。有些变换器拓扑开关管位置不同,没有公共参考地,因此驱动时要求相互电气隔离,同时控制器与开关管之间的电气隔离也可以减少开关管高频开关噪声对控制器的影响,在开关管损坏时可以避免损坏控制器。需要指出的是,该要求不是强制要求,在很多场合没有电气隔离的驱动电路也能安全可靠地完成驱动。

2.6.2　集成电路直接驱动

集成电路驱动芯片种类很多,一般都没有电气隔离,在无须电气隔离的直接驱动场合中应用较多,当然在已经利用其他器件完成电气隔离的场合中也可以采用集成电路驱动芯片。集成电路驱动芯片有很多优点,如芯片有较大的峰值电流输出能力、较强的抗噪声干扰能力、较短的传输延时、较高的绝缘水平,同时还有供电过压与欠压保护、高低端直通保护、过流保护等功能。

为适应不同位置上开关管的驱动需要,集成电路驱动芯片有针对低端驱动、高低端驱动的不同型号。低端驱动芯片主要用于控制器与开关管共参考地的情况,使用较为简单,这里只说明一下高低端驱动芯片。高低端驱动芯片主要用于桥式电路中相同桥臂高端和低端开关管的驱动,比较经典的芯片是 IR 公司的 IR2110,其典型应用如图 2.46 所示,在低端开关管开通时,供电电源通过自举二极管对自举电容进行充电,当低端开关管关断时,自举电容就相当于一个浮地电源,可以为高端驱动提供电流以完成高端开关管的等效电容充电。该方法不需要隔离的浮地电源,仅增加了若干器件就通过自举的方式实现了高低端驱动,简单而可靠,因此使用较为广泛。

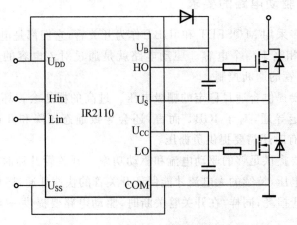

图 2.46　采用 IR2110 的高低端驱动电路

除桥式变换器外,IR2110 还可以用于同步整流 Buck 变换器和有源钳位正激变换器中,如图 2.47 所示。

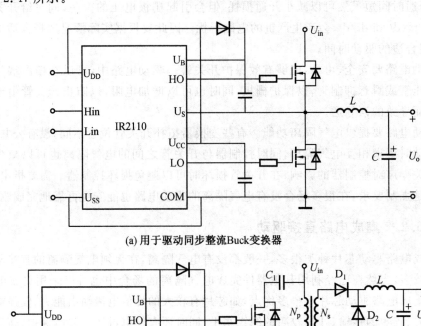

(a) 用于驱动同步整流Buck变换器

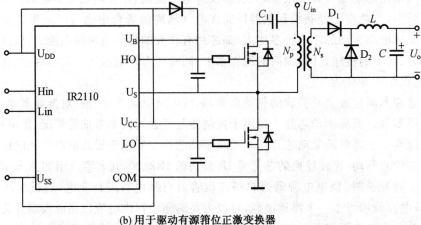

(b) 用于驱动有源箝位正激变换器

图 2.47　IR2110 的应用

对于大功率的 IGBT 器件或 IGBT 模块，还可以采用专用混合集成驱动器，比较典型的有 M57962、EXB841、2SD315A 等，它们的保护功能都较为齐全。这里之所以称为驱动器而不是驱动芯片，是因为这些驱动器都自带光电隔离或磁隔离，2SD315A 甚至还自带了驱动电源，已经是完整的驱动电路了。采用 EXB841 的驱动电路如图 2.48 所示。

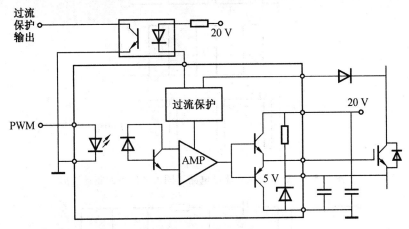

图 2.48　采用 EXB841 的驱动电路

2.6.3　用变压器耦合驱动

变压器耦合驱动是一种简单、易用的驱动方式，它是将控制器给出的 PWM 信号送入变压器原边绕组，通过变压器将信号耦合至副边绕组并送入开关管，其主要的优点有：通过变压器实现磁隔离，绝缘电压高，可达数千伏；变压器同时传递了驱动信号和驱动功率，无须隔离的浮地电源，易于驱动高端开关管；变压器传输信号几乎没有延时，速度快，适于高开关频率；可多路输出，而且通过改变绕组绕向就可改变输出极性，容易获得互补信号。

基本的变压器耦合驱动电路如图 2.49 所示，通过原边电容的隔直作用，变压器原边得到峰峰值为驱动信号幅值的交流信号。在不同占空比下的驱动波形如图 2.50 所示，可以看出驱动信号有反向偏压，对驱动开关管是较为有利的，但随着占空比的增加，驱动信号的正向幅值逐渐减小，将无法达到开关管的阈值电压，因此使用时，一般占空比不能超过 0.5。

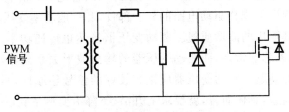

图 2.49　基本的变压器耦合驱动电路

为了在开关管端得到恒定幅值的驱动信号，可以在变压器副边处也增加隔直电容，并配合一些外围电路构成实用驱动电路，如图 2.51 所示，该电路占空比可以大于 0.5，图

2.51(b) 所示电路具有负向电压。

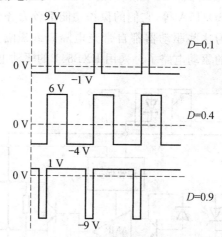

图 2.50　基本变压器驱动电路不同占空比下的驱动波形

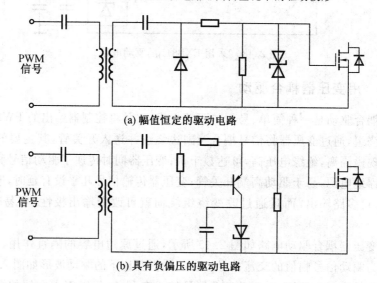

(a) 幅值恒定的驱动电路

(b) 具有负偏压的驱动电路

图 2.51　实用变压器驱动电路

对于桥式电路,由于一般的控制器给出同一桥臂上开关管的对称互补驱动信号,因此可以直接接至变压器原边绕组上,则无须加入原边的隔直电容,如图 2.52 所示。

驱动变压器是变压器耦合驱动电路的核心部件,和一般功率变压器不同,设计时关注的不是其功率而是其输出的波形质量。驱动变压器虽然也传递功率,但传递的驱动功率很小,能满足要求的磁芯非常多,而驱动变压器的输出波形关系到驱动的质量,因此就成为设计时首要考虑的问题。驱动变压器应该有较好的信号还原性,尽量无失真地将驱动信号从原边传递到副边,具体而言,就要求上升沿、下降沿要尽量陡以提高驱动速度,脉冲顶部要尽量平以保证驱动稳定。为达到上述要求,要选择适应于开关频率的磁芯、尽量大的初级电感,一般选择磁导率较高的铁氧体,具体见表 2.12、表 2.13。此外,要尽量降低漏感和分布电容,绕组在弱耦合状态下会产生漏感,绕组的匝数较多以及线匝排列不均匀

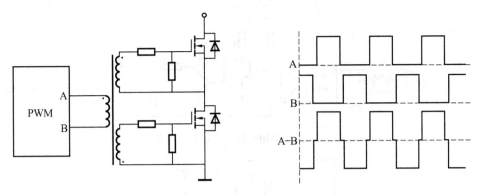

图 2.52　桥式电路的变压器耦合驱动

会产生分布电容,因此绕制时要采取并绕等措施。

表 2.12　驱动变压器铁芯材料

	频率范围		
	10 ～ 200 kHz	200 ～ 500 kHz	500 kHz ～ 1 MHz
Ferroxcube	3C90	3F3	3F35
EPCOS	N67、N87	N49	N49
ACME	P4	P5	P51
MAGINC	P	R	K
NICERA	NC － 2H	2M	5M
TDK	PC40	PC50	PC50

表 2.13　推荐的驱动变压器初级电感量

工作频率 /kHz	初级电感量 /mH
50 ～ 100	2 ～ 4
100 ～ 300	0.5 ～ 2
300 ～ 500	0.05 ～ 0.5

2.6.4　光耦合器驱动电路

光耦合器驱动也是一种常见驱动方式,它是将控制器给出的 PWM 信号通过光耦送入开关管,其主要的优点有:采用光电隔离,绝缘电压高,一般可达 2 500 ～ 5 000 V;可传递直流信号,可工作在较低的频率;占空比不受限制;抗干扰能力强。光耦合器驱动的主要缺点是:信号延迟时间长,速度较变压器耦合慢,不能工作在较高的开关频率下;光耦只能传递驱动信号,无法传递驱动功率,因此在开关管端还需要隔离的浮地电源。典型的光耦合器驱动电路如图 2.53 所示,还有一些专用的驱动光耦,如 TLP250,本身有比较强的驱动能力,可以直接驱动开关管,如图 2.54 所示。

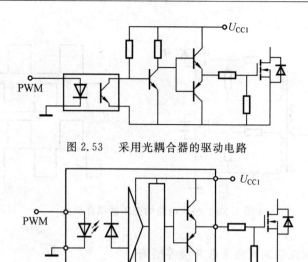

图 2.53 采用光耦合器的驱动电路

图 2.54 光耦合器直接驱动电路

2.7　开关电源中的吸收电路

在开关变换器中,不可避免地存在寄生参数,会形成杂散电感和杂散电容。如果杂散电感与开关器件串联,在开关器件关断时,杂散电感会产生电压尖峰施加于开关器件上,而且由于电压上升速度快,容易引发振荡,如图 2.55 所示。同样地,杂散电容会引起开关器件开通时的电流尖峰和振荡,如图 2.56 所示。上述情况下会产生诸多不利影响:开关器件应力升高,有可能造成损坏;有较大的开关损耗;高 du/dt、di/dt 引发的振荡会导致电磁噪声干扰。

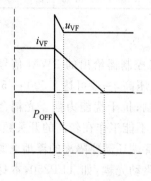

图 2.55　感性负载关断过程

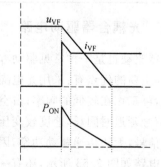

图 2.56　容性负载开通过程

在开关变换器中,开关器件不止一个,开关器件的开通和关断也受到其他器件的影响。图 2.57 所示为 Buck 变换器及其开关管的开关过程,开关管开通前,二极管在续流,开关管开通时,只有当其电流达到负载电流时,二极管 D 才能截止,开关管电压才开始下降,在电压下降过程中开关管流过电流为负载电流与二极管反向恢复电流之和;开关管关断时,当其端电压达到输入电压时,二极管 D 才能导通并开始分担负载电流,开关管电流才开始减小。综上可见,开关损耗很大,而且因电压和电流的最大值同时出现,很有可能已超出器件的安全工作区。

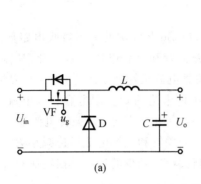
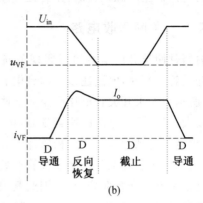

图 2.57　Buck 变换器及其开关管的开关过程

　　分析上述两种情况可知,如果采取措施,使开关管开通时电流缓慢上升、关断时电压缓慢上升,就可以避免输出尖峰和振荡,也可以减少开关损耗,这种措施就是增加吸收电路。

2.7.1　吸收电路的作用与类型

　　最简单的吸收电路就是在开关器件两端并联电容或将电感与其串联。图 2.58 为加入吸收电路后的开关过程。在开关管两端并联电容,则关断时电压可以缓升,就不会产生电压尖峰以及振荡,而且电容越大,开关管电压上升速度越慢,开关损耗越小;将电感与开关管串联,则开通时电流可以缓升,就不会产生电流尖峰以及振荡,电感越大,开关管电流上升速度越慢,开关损耗越小。可见吸收电路的主要作用是:将开关器件的电压、电流、功率损耗限制在安全工作区内;限制电压和电流峰值,避免产生振荡导致电磁噪声干扰;减小开关损耗。

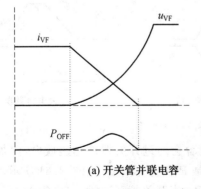
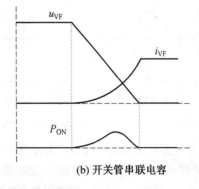

(a) 开关管并联电容　　　　　　　　　　(b) 开关管串联电容

图 2.58　加入吸收电路后的开关过程

　　吸收电路可以分为关断吸收电路、开通吸收电路以及兼具关断吸收、开通吸收作用的组合吸收电路。实际上,吸收电路是将开关器件的开关损耗转移了出去,转移出去的功耗被吸收电路所吸收,并最终消耗掉,这种就为有损吸收,而如果吸收电路通过某种方式将该部分功耗回馈至电源或负载,则为无损吸收。

2.7.2 关断吸收电路

　　开关器件两端并联电容可以实现关断吸收,以 Buck 为例的关断吸收电路如图 2.59 所示。开关管关断时,电流逐步转移到电容中,开关管和电容电压开始上升,具体波形如图 2.60 所示。如果开关管电压升至 U_{in} 时,开关管电流正好减小到零,则为临界情况;如果电容较大,当开关管电流减小到零时,电容电压仍未达到 U_{in},则电容会以电流 I_o 继续充电,直到电压达到 U_{in},之后二极管才开始续流;如果电容较小,开关管电流还未减小到零时,开关管电压已升至 U_{in},则二极管开始续流,开关管和电容电流迅速减小为零。由于开关管电压和电流交叠部分变小,因此其关断损耗减少,减少的这部分损耗所对应的能量实际上被转移到了电容中。

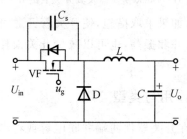

图 2.59　关断吸收电路

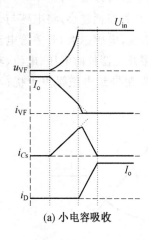
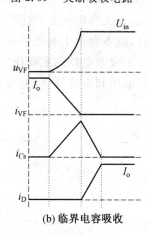
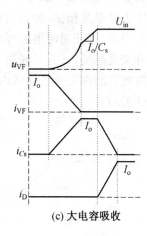

(a) 小电容吸收　　　　　　　(b) 临界电容吸收　　　　　　　(c) 大电容吸收

图 2.60　关断吸收电路的主要波形

　　上面关断吸收电路中,当开关器件开通时,电容会通过开关器件迅速放电,附加电流很大,可能损害器件。较为实用的关断吸收电路是 RCD 吸收电路,如图 2.61 所示。开关管关断时,二极管 D_s 导通,利用电容限制关断电压,当开关管开通时,二极管 D_s 截止,R_s 限制了 C_s 的放电电流,同时 R_s 消耗了从开关管中转移出来的关断损耗。

　　以图 2.61 所示电路为例,说明一下 RCD 吸收电路的参数选择。以图 2.60(b) 中的临界状态为例,这种状态下,电容电压上升至 U_{in} 的时间与开关管电流下降至 0 的时间相同,这里设为 t。由于 i_{Cs} 为线性上升,则有 $U_{in}C_s = I_o t/2$,即 $C_s = I_o t/2U_{in}$。当开关管开通时,电容 C_s 能量全消耗在电阻 R_s 中,即 $W_{Rs} = \frac{1}{2}C_s U_{in}^2$,因此电阻 R_s 功率为 $P_{Rs} = \frac{1}{2}fC_s U_{in}^2$。电阻 R_s 的阻值选择主要有两方面限制,一是 R_s 不能过小,防止 C_s 的放电电流过大,使开关管峰值电流超限,二是 R_s 不能过大,应保证占空比最小时,在开关管导通

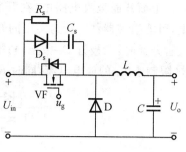

图 2.61　RCD 关断吸收电路

时间内也能完成电容 C_s 的放电。二极管 D_s 最大反向电压为 U_{in},流过的电流峰值为 I_o。

2.7.3　开通吸收电路

开关器件串联电感可以实现开通吸收,以 Buck 为例的开通吸收电路如图 2.62 所示。开关管开通时,开关管和电感共同分担输入电压 U_{in},同时两者的电流开始上升,具体波形如图 2.63 所示。如果开关管电流升至 I_o 时,开关管电压正好减小到零,则为临界情况;如果电感较大,当开关管电压减小到零时,电感电流仍未达到 I_o,则电感会承担全部输入电压 U_{in},并继续储能,直到电流达到 I_o,之后二极管 D 电流为零并截止;如果电感较小,开关管电压还未减小到零时,开关管电流已升至 I_o,则二极管 D 续流结束并截止,开关管和电感的电压迅速减小为零。由于开关管电压和电流交叠部分变小,因此其开通损耗减少,减少的这部分损耗的能量实际上被转移到了电感中。

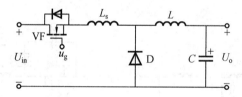

图 2.62　开通吸收电路

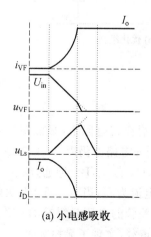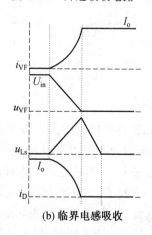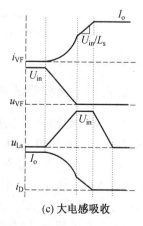

(a) 小电感吸收　　　　　(b) 临界电感吸收　　　　　(c) 大电感吸收

图 2.63　开通吸收电路的主要波形

上面开通吸收电路中,在开关器件关断时,电感会产生电压尖峰并施加于开关器件上,可能损害器件。较为实用的开通吸收电路是 RLD 开通吸收电路,如图 2.64 所示,开关管开通时,二极管 D_s 截止,利用电感限制开通电流,当开关管关断时,二极管 D_s 导通,R_s 限制了 L_s 的放电电流,同时 R_s 消耗了从开关管中转移出来的开通损耗。

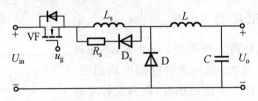

图 2.64 RLD 开通吸收电路

2.7.4 组合吸收电路

为解决开通和关断问题,需要同时采用开通吸收电路和关断吸收电路,两者的组合即为组合吸收电路。仍以 Buck 电路为例,两种组合方案如图 2.65 所示。图 2.65(a) 所示电路是 RCD 关断吸收电路和 RLD 开通吸收电路的直接组合,使用的器件较多。图 2.65(b) 所示电路的器件数量较少,可以起到相同的吸收效果,当开关管开通前,C_s 端电压为 U_{in}、L_s 电流为零,开通时,由于 L_s 的抑制作用,开关管电流缓升,C_s 通过 VF、L_s、R_s 回路放电,最终 C_s 端电压变为零、L_s 电流与 L 相同;当开关管关断时,D_s 导通,由于 C_s 的抑制作用,开关管电压缓升,同时 L_s 通过 R_s、D_s 回路释放储能,最终 C_s 端电压变为 U_{in}、L_s 电流变为零,为开关管下次开通做好准备。

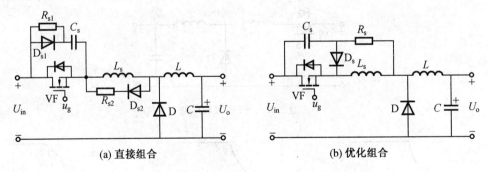

(a) 直接组合   (b) 优化组合

图 2.65 组合吸收电路

2.7.5 无损吸收电路

上述吸收电路都是将从功率器件中转移出来的开关损耗消耗在电阻上,显然对变换器的效率有较大影响,为提高变换器效率可以考虑使用无损缓冲电路。仍以 Buck 电路为例,无损关断吸收电路如图 2.66 所示。当开关管开通时,D_{s1}、D_{s2} 截止,D_{s3} 导通,L_s、C_{s1}、C_{s2} 在输入电压作用下发生谐振,最终 C_{s1}、C_{s2} 电压为 U_{in},L_s 电流为零,当开关管 VF 关断时,D_{s1}、D_{s2} 导通,C_{s1}、C_{s2} 提供电流,其电压逐渐降低,因此开关管的电压是缓升的。C_{s1}、C_{s2} 在开关管开通时,储存能量,在开关管关断时,释放能量到负载,实现了无损吸收。

以 Buck 电路为例,无损开通吸收电路如图 2.67 所示。当开关管开通时,耦合电感同名端处电压为负，D_s 截止，因此利用电感 L_s 可以使开关管电流实现缓升，同时电感 L_s 储存能量，当开关管关断时，耦合电感同名端处电压为正，D_s 导通，耦合电感中的储能回馈到输入侧，实现了无损吸收。

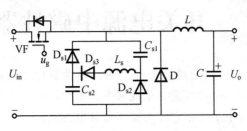

图 2.66　无损关断吸收电路

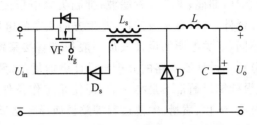

图 2.67　无损开通吸收电路

第3章 开关电源中磁性器件设计

磁性器件是开关电源中的关键元器件之一。磁性器件主要由绕组和磁芯两部分组成,其中,绕组可以是 1 个,也可以是 2 个或多个。磁性器件是进行储能、转换和隔离所必备的元器件,在开关电源中主要把它作为变压器和电感来使用。当作为变压器使用时,其主要功能是:电气隔离;变压(升压或降压);磁耦合传输能量;测量电压、电流等。当作为电感使用时,其主要功能是:储能、平波或者滤波;抑制尖峰电压或电流,保护容易因过压或过流而损坏的电子元器件;与电容构成谐振,产生方向交变的电压或电流。

与其他电气元件不同,开关电源的设计人员一般很难直接采购到符合自己要求的磁性器件。磁性器件的分析与设计比电路的分析与设计更加复杂,另外,由于磁性器件的设计涉及很多因素,因此设计结果通常不是唯一的,即使是工作条件完全相同的磁性器件,因其磁性材料的生产批次、体积、质量、工艺过程等差异而导致结果不完全相同,且重复性差。因此,磁性器件设计是开关电源研发过程中的一个非常重要的环节。

本章从磁性器件基础与磁性材料入手,主要介绍开关电源中常用磁性器件的基本工作原理及其分析与设计方法。

3.1 磁性器件设计基础

3.1.1 基本磁性能参数及其单位间的换算

1. 磁感应强度 B

在工程中,磁的基本单位是磁感应强度,也称磁通密度,用 B 来表示。磁感应强度 B 是矢量,即有大小和方向,它定义为:在一个均匀磁场中,垂直磁场方向放置一根 1 m 长的直导线,导线中流过 1 A 电流,导线在垂直磁场方向受到 1 N 的作用力(受力采用左手定则判断:伸开左手,四根手指指向电流方向,磁场指向手心,则拇指指向受力方向),则这时磁场的磁感应强度为 1 特斯拉(T)。

在国际单位制(MKS)中,磁感应强度的单位是特斯拉(T);在实用单位制(CGS)中为高斯(Gs)。特斯拉与高斯的关系为 $1\ T = 1 \times 10^4\ Gs$。

2. 磁通 Φ

垂直通过一个截面的磁力线总量称为该截面的磁通量,简称磁通,用 Φ 表示。在 MKS 单位制中,磁通的单位为韦伯(Wb);在 CGS 单位制中为麦克斯韦尔(Mx)。韦伯与麦克斯韦尔的关系为 $1\ Wb = 1 \times 10^8\ Mx$。

如果在 $1~m^2$ 面积的截面上,垂直通过磁感应强度为 $1~T$ 的均匀磁场,则穿过该截面的磁通量为 $1~Wb$。

3. 磁导率 μ

电流产生磁场,但电流在不同介质中产生的磁感应强度是不同的。例如,在相同条件下,电流在铁磁介质中产生的磁感应强度比空气介质中大得多。为了表征介质的导磁能力,引用系数 μ 来表示,该系数称为磁导率。其中,真空磁导率用 μ_0 来表示,在 MKS 单位制中,$\mu_0 = 4\pi \times 10^{-7}~H/m$;在 CGS 单位制中,$\mu_0 = 1~(Gs/Oe)$(Oe 为磁场强度单位奥斯特)。其他介质的磁导率可以表示为

$$\mu = \mu_0 \mu_r \tag{3.1}$$

式中,μ 为介质的磁导率;μ_r 为相对磁导率,是真空磁导率的倍数。

一般情况下,空气、铜、铝等非导磁材料的磁导率和真空磁导率大致相等,而铁、镍、钴等导磁材料的磁导率都比真空磁导率大 $10 \sim 10^5$ 倍。

4. 磁场强度 H

用磁导率表征介质对磁场的影响后,磁感应强度 B 与磁导率 μ 的比值只与产生磁场的电流有关,在任何介质中,磁场中某点的磁感应强度与该点的磁导率比值定义为该点的磁场强度,用 H 表示,H 也是矢量,其方向与 B 相同。即

$$H = \frac{B}{\mu} \tag{3.2}$$

在 MKS 单位制中,磁场强度的单位为 A/m;在 CGS 单位制中为奥斯特(Oe),简称奥,与 A/m 的关系为 $1~A/m = 4\pi \times 10^{-3}~Oe$。

在电路的计算中,电压、电流和电阻的单位不会产生麻烦,而磁存在两种单位制,即国际单位制 MKS 和实用单位制 CGS。由于历史原因,这两种单位制在磁性器件设计时一直混合应用,英美书籍中常使用 CGS 单位制。因此,在磁性器件设计时,应当特别注意两种单位制的关系,建议最好使用 MKS 单位制。

表 3.1 列出了 MKS 单位制与 CGS 单位制的变换关系。此外,在英文书籍中还经常使用英制度量单位,如 1 英寸(in) = 2.54 cm = 1 000 密尔(mil)。

表 3.1　MKS 单位制与 CGS 单位制的转换

名称	MKS 单位	CGS 单位	MKS－CGS 的系数
磁感应强度 B	T	Gs	10^4
磁通 Φ	Wb	Mx	10^8
磁导率 μ	H/m	Gs/Oe	$10^7/4\pi$
磁场强度 H	A/m	Oe	$4\pi \times 10^{-3}$
长度 l	m	cm	10^2
面积 A	m^2	cm^2	10^4

3.1.2　磁芯的磁化特性

物质的磁化需要外加磁场,相对外加的磁场而言,被磁化的物质称为磁介质。将铁磁物质放到磁场中,磁感应强度将显著增大。磁场使得铁磁物质呈现磁性的现象称为铁磁

物质的磁化。铁磁物质之所以能被磁化,是因为这类物质不同于非磁物质,在其内部有许多自发磁化的小区域——磁畴。在没有外加磁场的作用时,这些磁畴的排列方向是杂乱无章的,小磁畴间的磁场是相互抵消的,整个磁介质对外不呈现磁性。如果给磁性材料外加磁场,在外加磁场的作用下,材料中的磁畴顺着磁场方向转动,加强了材料内的磁场。随着外加磁场的增强,转到外加磁场方向的磁畴就越来越多,与外加磁场同向的磁感应强度就越强,这就是说材料被磁化了。

1. 磁芯的磁化过程

如果将完全无磁状态的铁磁物质放在磁场中,磁场强度从零开始逐渐增加,测量铁磁物质的磁感应强度 B,得到磁感应强度 B 和磁场强度 H 之间的关系曲线($B-H$ 曲线),该曲线称为磁化曲线,如图 3.1 所示。没有磁化的磁介质中的磁畴是杂乱无章的,所以对外界不表现出磁性,而将该磁介质放置于较弱的外磁场中时,随着磁场强度的增加,与外磁场方向相差不大的那部分磁畴逐渐转向外磁场方向,磁感应强度 B 随外磁场的增强而增加,如图 3.1 所示的 Oa 段。如果将外磁场的磁场强度 H 逐渐减少到零时,磁感应强度 B 仍能沿着图中的 aO 段回到零,因此这一段磁化是可逆的。

当外加磁场继续增强时,与外磁场方向相近的磁畴已经趋向于外磁场方向,那些与磁场方向相差较大的磁畴克服"摩擦",也开始转向外磁场方向,因此磁感应强度 B 随着磁场强度 H 的增加而迅速上升,如图 3.1 所示的 ab 段。这时如果减少外磁场,磁感应强度 B 将不再沿着 ba 段回到零,因此这一段磁化是不可逆的。

磁化曲线到达 b 点后,磁介质中的大部分磁畴已经趋向了外磁场,从此再增加磁场强度,可转动的磁畴越来越少,故磁感应强度 B 增加的速度变缓。这段磁化曲线附近称为磁化曲线膝部。如果在 b 点进一步增大磁场强度,磁介质中只有很少的磁畴可以转向,因此磁感应强度 B 缓慢上升,直到 c 点基本停止上升,材料磁性能进入所谓的饱和状态。这时,随着磁场强度 H 的增加,磁感应强度 B 增加很少,该段称为磁化曲线的饱和段,如图 3.1 所示的 bc 段,这段磁化过程也是不可逆的。

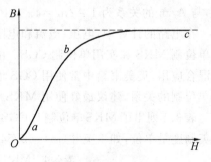

图 3.1 铁磁材料的磁化曲线

从材料的零磁化状态磁化到饱和的磁化曲线通常称为初始磁化曲线。

如图 3.2 所示,如果将铁磁物质沿着磁化曲线 OS 由零磁化状态磁化到饱和(图中磁感应强度为 B_S 处),此时如果将外磁场 H 减小,B 值将不再按照原来的初始磁化曲线(OS)减小,而是更加缓慢地沿着较高磁感应强度的曲线减小,这是因为发生刚性转动的磁畴保留了外磁场方向,即使外磁场强度 H 减小为零,仍有剩余的磁感应强度 B_r 存在。这种磁化曲线与退磁曲线不重合的特性称为磁化的不可逆性,磁感应强度 B 的变化滞后于磁场强度 H 的现象称为磁滞现象。

如果要使 B 减少,必须加一个与原磁场方向相反的磁场,当这个反向磁场的磁场强度

增加到 $-H_C$ 时,才能使磁介质中的 $B=0$。但这并不意味着磁介质恢复了磁畴的杂乱无章状态,而是一部分磁畴仍保留着原磁场的方向,另一部分磁畴在反向磁场作用下改变为反向磁场的方向,当两部分相等时,其合成的磁感应强度为零。

　　如果再继续增加反向磁场强度,铁磁物质中反转的磁畴增多,反向磁感应强度增加,即随着 $-H$ 的增加,反向的 B 也增加。当反向磁场强度增加到 $-H_S$ 时,则磁感应强度为 $-B_S$ 达到反向饱和。当反向磁场强度 $-H$ 下降到零时,磁感应强度变为 $-B_r$,如果要使磁感应强度变为零,则必须加正向磁场强度 H_C。如果正向磁场强度再增大到 H_S 时,磁感应强度达到最大值 B_S,即磁芯又达到正向饱和。这样磁场强度按照 H_S、0、$-H_C$、$-H_S$、0、H_C、H_S 变化,相应地,磁感应强度按

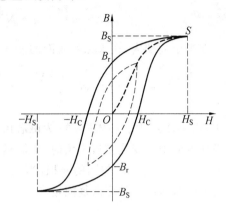

图 3.2　磁芯的磁滞回线

照 B_S、B_r、0、$-B_S$、$-B_r$、0、B_S 变化,形成了一个相对于原点 O 对称的回线,如图 3.2 所示,称为饱和磁滞回线,或最大磁滞回线。

　　在饱和磁滞回线上可以确定的特征参数为:

　　(1)饱和磁感应强度 B_S。是在指定的温度下,用磁场强度足够大的磁场磁化磁性物质时,当磁化曲线达到接近水平时,即磁感应强度不再随外磁场强度的增加而明显增大时所对应的磁感应强度值。

　　(2)剩余磁感应强度 B_r。当磁性物质磁化到饱和后,再将磁场强度减小到零时,在磁性物质中残留的磁感应强度称为剩余磁感应强度,简称剩磁。

　　(3)矫顽力 H_C。当磁性物质磁化到饱和后,由于磁滞现象,需要有一定的反向磁场才能使其磁感应强度降为零,这个反向磁场的磁场强度值称为矫顽力。

　　如果用小于 H_S 的不同磁场强度磁化铁磁材料时,此时 B 与 H 的关系为在饱和磁滞回线以内的一族磁滞回线。各磁滞回线上的剩余磁感应强度和矫顽力小于饱和时的 B_r 和 H_C。如果要使具有磁性的材料恢复到去磁状态,用一个高频磁场对材料进行磁化,并逐渐减小磁场强度到零,或者将材料加到居里温度以上即可去磁。

2. 磁芯损耗

　　磁芯的损耗(P_C)由磁滞损耗(P_h)、涡流损耗(P_e)和剩余损耗(P_c)组成,即 $P_C = P_h + P_e + P_c$。这些损耗与磁芯的磁化、磁芯的工作频率、磁芯的磁通密度等诸多因素相关。

　　(1)磁滞损耗 P_h。

　　磁性材料磁化时,输入到磁场中的能量包含两部分:一部分转变为势能,即去掉外磁化电流时,可以返回电路;另一部分变为克服"摩擦"使磁芯发热消耗掉,这就是磁滞损耗。

　　如图 3.3(a)所示为用一个低频交流电源来磁化一个环状磁芯线圈,磁芯材料的磁化

曲线如图 3.3(b) 所示,其中,环状磁芯的截面积为 A_c,平均磁路长度为 l_c,线圈匝数为 N。如果外加电源电压为 $u(t)$,磁化电流为 $i(t)$,则可以得到 $H = Ni/l_c$,那么根据电磁感应定律有

$$u = N\frac{\mathrm{d}\Phi}{\mathrm{d}t} = NA_c\frac{\mathrm{d}B}{\mathrm{d}t} \tag{3.3}$$

在半个周期内,送入磁芯线圈的能量为

$$\int_a^{a+T/2} ui\,\mathrm{d}t = \int_{-B_r}^{B_r} NA_c\frac{\mathrm{d}B}{\mathrm{d}t}\frac{Hl_c}{N}\mathrm{d}t = V_c\int_{-B_r}^{B_r} H\mathrm{d}B = V_c\left(\int_{-B_r}^{B_S} H\mathrm{d}B - \int_{B_S}^{B_r} H\mathrm{d}B\right) = V_c(A_1 - A_2) \tag{3.4}$$

式中,$V_c = A_c l_c$ 为磁芯体积;A_1 为磁芯由 $-B_r$ 磁化到 B_S 时磁化曲线与纵轴包围的面积,当磁化电流由零变化到最大值时,电源送入磁场的能量为 $V_c A_1$;A_2 为磁芯由 B_S 退磁到 B_r 时磁化曲线与纵轴包围的面积,当磁化电流由最大值下降到零时,磁场返回电源的能量为 $V_c A_2$,这部分是可恢复能量。

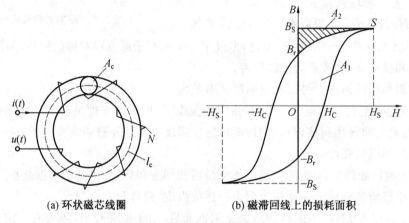

(a) 环状磁芯线圈　　　　　(b) 磁滞回线上的损耗面积

图 3.3　磁芯的磁滞损耗

因此,在半个周期内,电源因对磁芯磁化而消耗的能量为 $V_c(A_1 - A_2)$,即磁化曲线中 $-B_r$ 到 S 再到 B_r 段与纵轴所包围的面积。同理,如果磁化电流由零变化到负的最大值,再由负的最大值变化到零,即在另外半个周期内对磁芯进行磁化,磁芯损耗的能量是第二和第三象限磁化曲线与纵轴包围的面积。也就是说,磁芯磁化一个周期,单位体积磁芯损耗的能量正比于磁滞回线包围的面积,这个损耗就是磁滞损耗,是不可恢复的损耗。因此,磁芯每磁化一个周期,就要损耗与磁滞回线包围面积成正比的能量,那么磁芯的工作频率越高,损耗越大,磁感应强度的摆幅越大,磁滞回线的包围面积就越大,损耗也就越大。

可恢复的能量部分表现在电路中是电感存储和释放能量的特性;不可恢复能量部分则表现为磁芯的发热损耗。

(2) 涡流损耗 P_e。

如图 3.4(a) 所示,在磁芯线圈中加上交流电压 u 时,线圈(匝数为 N)中流过激励电流 i,在磁芯中产生的磁通为 Φ。如果磁芯本身是导体,磁芯截面周围也将链合全部磁通 Φ,因此磁芯本身相当于一个单匝的副边线圈。根据电磁感应定律有 $u = N\mathrm{d}\Phi/\mathrm{d}t$,那么每

一匝的感应电势,也就是磁芯截面最大周边等效单匝线圈的感应电势为

$$u_e = \frac{u}{N} = \frac{\mathrm{d}\varPhi}{\mathrm{d}t} \tag{3.5}$$

由于磁芯材料的电阻率不是无限大,磁芯截面周边有一定的电阻值,在感应电压的作用下所产生的电流(i_e)就称为涡流,涡流流过这个电阻引起一定的损耗,这个损耗就是涡流损耗。由式(3.5)可知,涡流损耗与磁芯的磁通变化率成正比,频率提高是通过磁通变化率的提高而影响涡流损耗的。例如,在一个变压器的原边分别加电压 50 V 脉宽 10 μs,和电压 100 V 脉宽 5 μs 的脉冲,尽管两种电压波形的伏秒面积相同(即 ΔB 相同),但后者每匝伏特比前者大一倍,即磁通变化率 $u/N = \mathrm{d}\varPhi/\mathrm{d}t$ 大,涡流大一倍,则峰值损耗是前者 4 倍,而由于后者脉宽为前者 $\frac{1}{2}$,因此平均损耗比前者大一倍。因此,涡流与每匝伏特和占空度有关,与频率无关,如果说与频率有关,那是因为频率提高以后,匝数少了的原因。

涡流 i_e 可以等效成一匝副边反射到原边的电流,成为原边磁化电流的一部分。涡流的反射电流和磁滞损耗相似,都不是储能,如果用等效电路来表示,在电路中涡流可以用一个电感和一个电阻的并联来等效。

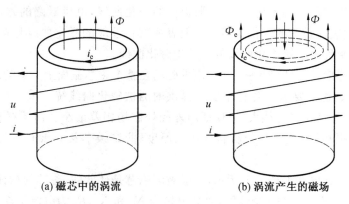

(a) 磁芯中的涡流　　　　　　(b) 涡流产生的磁场

图 3.4　磁芯中的涡流及其产生的磁场

涡流一方面产生磁芯损耗,另一方面产生的涡流所建立的磁通将阻止磁芯中主磁通的变化,使磁芯中的磁通趋向其表面,导致磁芯的有效截面积减少,如图 3.4(b) 所示,这种现象称之为集肤效应,类似于高频电流流过导体产生的集肤效应。通常定义当电流密度减小到导体截面表层电流密度 $1/e$ 处的深度为集肤深度 Δ,计算如下:

$$\Delta = \sqrt{\frac{\rho}{\pi \mu_0 \mu_r f}} \tag{3.6}$$

式中,Δ 为集肤深度,m;ρ 为磁芯材料的电阻率,$\Omega \cdot$ m;μ_0 和 μ_r 分别为真空磁导率和磁芯材料的相对磁导率;f 为磁芯的磁通变化频率,Hz。

开关电源的磁性器件经常采用铁氧体材料的磁芯,通常情况下,铁氧体材料的集肤深度远大于磁芯的尺寸,集肤深度比一般磁芯的截面积尺寸大得多,所以设计时一般可以不考虑涡流引起的集肤效应。

(3) 剩余损耗 P_c。

剩余损耗是由于磁化弛豫效应或磁性滞后效应引起的损耗。所谓弛豫是指在磁化或

者反磁化的过程中,磁化状态并不是随磁化强度的变化而立即变化到其最终状态,而是需要一个过程,这个"时间效应"便是引起剩余损耗的原因。

在交变磁场中,磁芯的单位体积(质量)损耗既取决于磁性材料本身的电阻率、结构形状等因素,又取决于交变磁场的频率和磁感应强度摆幅 ΔB。对于合金铁磁性物质而言,在低频(50 Hz)和较高的最大磁感应强度 B_S 范围内,磁芯损耗(P_C)主要由磁滞损耗(P_h)和涡流损耗(P_e)决定,一般可表示为

$$P_C = \eta f B_S^{1.6} V_c \tag{3.7}$$

式中,η 为损耗系数;f 为工作频率;B_S 为磁芯的最大磁感应强度;V_c 为磁芯的体积。

在低频时,磁芯的损耗几乎完全是磁滞损耗。高频时,涡流损耗和剩余损耗超过了磁滞损耗,这时,磁芯损耗可表示为

$$P_C = \eta f^{\alpha} B_S^{\beta} V_c \tag{3.8}$$

式中,α 和 β 分别为大于1的频率和磁感应损耗指数。

3. 磁化曲线的测试

根据磁学的两个基本定律(电磁感应定律和安培环路定律),可以测量材料的磁化曲线。工程上有许多形式的磁化曲线:手册提供的磁化曲线,电机磁路的磁化曲线,变压器的磁化曲线,铁氧体磁芯的磁化曲线等。但表征材料性能的磁化曲线是在一定条件下的磁化曲线。其余称为系统磁化曲线或者结构磁化曲线。

在计算磁感应强度和磁场强度时,假设磁场在整个磁芯截面上是均匀的。而事实上,很难有磁芯满足这个要求。各种手册中提供的测试磁化曲线统一采用环形磁芯作为试样,环的内径与外径比尽可能大,以保证内外径处磁场相差最小。由于存在磁滞损耗、涡流损耗和剩余损耗,测试结果与材料供应的厚度、测试频率及电压电流波形等因素均有关。

磁化曲线测试电路如图3.5所示,一般被测磁芯是环状的,磁芯的截面积为 A_c,平均磁路长度为 l_c,在磁芯上绕2个线圈,匝数分别为 N_1 和 N_2,R_s 为电流采样电阻。其中,电压表 V_1 的读数为 R_s 两端电压,也就表示 N_1 线圈的电流,电压表 V_2 的读数为 N_2 线圈的电压,通过折算可以得到 N_1 线圈的电压,这里 V_1 和 V_2 都是内阻很大的交流电压表;信号源为具有一定功率输出的函数信号发生器。调节信号源加于 N_1 线圈上的电压,测得 V_1 的读数 U_1 以及 V_2 的读数 U_2 值,由此,可得

$$B = \frac{U_2}{4.44 f A_c N_2} \quad (\text{T}) \tag{3.9}$$

$$H = \frac{N_1 I_1}{l_c} = \frac{N_1}{l_c} \frac{\sqrt{2} U_1}{R_s} \quad (\text{A/m}) \tag{3.10}$$

由式(3.9)和式(3.10)分别计算出 B 和 H 值,就可以画出如图3.6所示的磁化曲线。图3.6所示的磁化曲线实际上是从未饱和到饱和的一族磁化曲线(如图中虚线所示)的顶点连线。如果测试频率较低,涡流损耗和剩余损耗可以忽略,此磁化曲线称为基本磁化曲线。低频时,基本磁化曲线与初始磁化曲线相近。

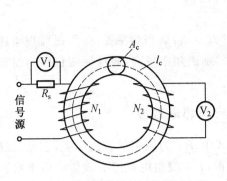

图 3.5　基本磁化曲线的近似测试电路

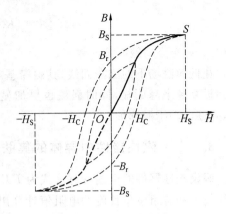

图 3.6　基本磁化曲线

　　磁滞回线与磁芯所加励磁信号的类型、性质、波形、频率以及幅值等有关,可以分为静态(直流励磁)磁滞回线和动态(交流励磁或者交、直流励磁)磁滞回线。直流磁滞回线所包围的面积代表被测磁芯的磁滞损耗,交流磁滞回线所包围的面积则代表被测磁芯的磁滞损耗和涡流损耗之和。

　　如图 3.7 所示为一族动态对称磁滞回线,该磁滞回线是在交流励磁幅度不同的情况下测得的。如图 3.8 所示为测试环形磁芯动态磁滞回线的实验电路示意图。其中,该磁芯的截面积为 l_c,平均磁路长度为 l_c,N_1 和 N_2 分别为磁芯上线圈的绕组匝数,电阻 R_s 为检测励磁电流 i_1 的采样电阻,i_2 为测量绕组的电流。电流取样信号 $R_s i_1 = H l_c R_s / N_1$,它与 H 成正比,经过放大后输入到示波器的 X 轴;测量绕组检测感应电压 u_e 经过 RC 积分放大后,输入到示波器的 Y 轴。电容 C 上的电压 u_C 代表感应电压积分,与 B 成正比。

$$u_C = \frac{1}{C} \int_0^t i_2 \,\mathrm{d}t \approx \frac{1}{RC} \int_0^t u_e \,\mathrm{d}t = \frac{N_2 A_c \Delta B}{RC} = \frac{N_2 A_c B}{RC} \tag{3.11}$$

式中,$\Delta B = B(t) - B(0) = B(t)$;当 $t = 0$ 时,$B(0) = 0$。

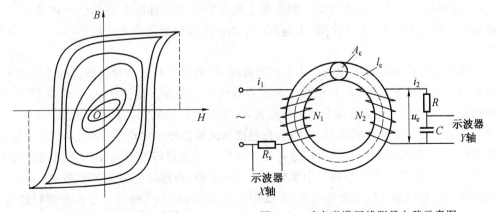

图 3.7　动态对称磁滞回线族　　　　图 3.8　动态磁滞回线测量电路示意图

为了使积分准确,放大器的相对误差应该很小,并应取 RC 参数满足

$$RC < \frac{300}{2\pi f} \tag{3.12}$$

式中，f 为交流励磁电流的频率。

在低频磁场下的磁滞回线，其磁滞基本可以忽略；而当频率提高时，磁滞现象随着频率的提高越来越明显，同时涡流也更加显著。励磁频率越高，磁滞回线包围的面积就越大，并逐渐趋于椭圆形。

3.1.3 磁性器件中导体的集肤效应与邻近效应

假设磁性器件的铜损计算公式为 $I^2 R_{dc}$，式中，R_{dc} 为绕组的直流电阻，它是通过绕组导线长度和绕组单位长度的电阻值计算出来的；I 为绕组电流的有效值。由于集肤效应和邻近效应的影响，绕组的损耗往往比 $I^2 R_{dc}$ 大得多。绕组中的可变磁场感应产生了涡流，从而导致了集肤效应和邻近效应的产生。集肤效应是由绕组自感产生的涡流引起的，而邻近效应则是由绕组互感产生的涡流引起的。

集肤效应使得电流只流过导线外部极薄的部分，这一部分的厚度或者环形导电面积与流过电流频率的平方成反比。因此，频率越高，导体损失的有效面积就越多，并增加了交流电阻 R_{ac} 的值，进而大大增加了铜损。一般的开关电源电路，其开关频率通常在 $20 \sim 100\ kHz$，甚至更高，因此在选择绕组电流密度和导线线径时，必须考虑由集肤效应引起的导体有效导电截面积的减小。

邻近效应引起的铜损通常比集肤效应更大。磁性器件多层绕组的邻近效应损耗是很大的，其中部分原因是感应的涡流迫使净电流只流经导体截面的一小部分，增大了导线的交流电阻 R_{ac} 的值，最严重时邻近效应感应的涡流是原来流经绕组或绕组层净电流幅值的很多倍。

1. 集肤效应

集肤效应已经广为人知，早在 1915 年就已推导出了导线表层厚度与频率之间的关系式。圆导线沿着直径的切面如图 3.9 所示，其中，主电流的流向为 OA，如果没有集肤效应，电流将均匀地流过导线截面。但实际上所有沿着 OA 轴的电流都已经被垂直于 OA 轴的磁力线包围，根据右手定则，主电流产生的磁通方向如图中箭头所示，即 $1 \rightarrow 2 \rightarrow 3 \rightarrow 1$。

用 X 和 Y 代表导线内的两个水平涡流环路，这两个环路位于导线轴线的直径面上，其长度与导线的长度相等，并且相对于导线的轴线对称分布。磁力线从 X 环路穿出，如图中用符号"·"表示，环绕导线并从 Y 环路进入，如图中用符号"+"表示。根据法拉第定律，当某区域存在一个变化的磁场时，将会在包围该区域的导线内产生一个感应电压；根据楞次定律，该电压的极性应能使沿该方向的涡流所产生的磁场与感应出该涡流的磁场方向相反。因此，在环路 X 和环路 Y 中都将产生感应电势，该感应电势在 X 环路和 Y 环路中将产生涡流以起到阻止磁通变化的作用，如图 3.9 所示，X 环路的涡流方向是顺时针方向，即 $d \rightarrow c \rightarrow b \rightarrow a \rightarrow d$，这一部分电流产生的磁场在环路的中心平面与沿 OA 轴的主电流产生的磁场方向相反。Y 环路的情况与 X 环路相似，涡流方向为逆时针方向，即 $e \rightarrow f \rightarrow g \rightarrow h \rightarrow e$，这一部分电流产生的磁场在环路的中心平面与沿 OA 轴的主电流产生的磁场方向也相反。

由图 3.9 可以看出:沿 dc 和 ef 方向的涡流与沿 OA 轴的主电流方向相反,且有抵消主电流的作用;而沿 ba 和 gh 方向的涡流与沿 OA 轴的主电流方向相同,且有增强主电流的作用。总体来说,主电流与涡流之和在导线表面加强,越向导线中心越弱,电流趋向于导体的表面,这就是集肤效应。

当导线流过高频电流时,其流过电流的有效截面积通常小于总截面积,其交流电阻增加,该作用效果与导线的集肤深度(也称渗透深度)有关。导线的集肤深度定义为由于集肤效应使导体内的电流密度下降到

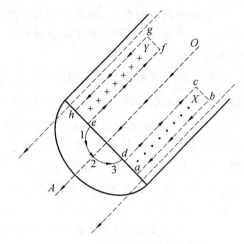

图 3.9　圆导线的集肤效应示意图

导体表面电流密度的 0.37 左右(即 $1/e$)处的径向深度。集肤深度与频率的关系可以通过多种方式获得,其表达式为

$$\Delta = \sqrt{\frac{2k}{\omega \mu r}} = \sqrt{\frac{k\rho}{\pi \mu f}} \tag{3.13}$$

式中,f 为电流频率;$\omega = 2\pi f$ 为角频率;ρ 为电阻率;$r = 1/\rho$ 为电导率;μ 为导线材料的磁导率;k 为导线材料的电阻率温度系数。

可以看出,集肤深度与温度有关,在 20 ℃ 时,铜导线的集肤深度约为

$$\Delta = \frac{6.6}{\sqrt{f}} \quad \text{(cm)} \tag{3.14}$$

在开关电源中,一般磁性器件的线圈温度高于 20 ℃,在线圈温度为 100 ℃ 时,铜导线的集肤深度约为

$$\Delta = \frac{7.5}{\sqrt{f}} \quad \text{(cm)} \tag{3.15}$$

表 3.2 给出了计算得到的 70 ℃ 时不同频率下铜导线的集肤深度值。

表 3.2　70 ℃ 时铜导线的集肤深度值

频率 f/kHz	25	50	75	100	125	150	175
集肤深度 Δ/cm	0.047	0.034	0.027	0.024	0.021	0.019	0.018
频率 f/kHz	200	225	250	300	400	500	
集肤深度 Δ/cm	0.017	0.016	0.015	0.014	0.012	0.010 6	

对于圆导线,直流电阻 R_{dc} 反比于导线的截面积。因集肤效应使导线的有效截面积减少,交流电阻 R_{ac} 增加,当导线直径大于 2 倍集肤深度时,交流电阻与直流电阻之比可以表示为导线截面积与集肤面积之比:

$$\frac{R_{ac}}{R_{dc}} = \frac{\dfrac{\pi d^2}{4}}{\dfrac{\pi d^2}{4} - \dfrac{\pi (d - 2\Delta)^2}{4}} = \frac{\left(\dfrac{d}{2\Delta}\right)^2}{\left(\dfrac{d}{2\Delta}\right)^2 - \left(\dfrac{d}{2\Delta} - 1\right)^2} \tag{3.16}$$

由于集肤效应的存在,圆导线的 R_{ac}/R_{dc} 值依赖于导线的 d/Δ,此外,集肤深度 Δ 又与频率的平方根成反比,因此对于不同规格的导线,其 R_{ac}/R_{dc} 是不同的,并且 R_{ac}/R_{dc} 值随着频率的增加而增大。

大直径的导线因为交流电阻引起的交流损耗大,所以经常用截面之和等于单导线的多根较细导线并联。如果是两根导线代替一根,细导线的直径 $d_2 = d/\sqrt{2}$(d 为单导线直径)。单导线穿透截面积为 $\pi d\Delta$,两根并联导线的穿透面积为 $\sqrt{2}\,\pi d\Delta$,增加了 41%。如果采用多根细线绞合的利兹线,可以减少集肤效应和邻近效应的影响,但成本比一般采用导线高。利兹线一般用于频率在 50 kHz 以下的场合,很少用到 100 kHz,这时通常采用扭绞的多根直径小于集肤深度的导线并联比较好。

在大电流(通常 15 A 以上)场合,一般不用利兹线和多股线并联,而采用铜箔。将铜箔切割成变压器骨架的宽度(如果考虑到安全规范,应稍微窄一点),其厚度可以比开关频率时的集肤深度大 37% 左右,并且铜箔之间需加绝缘层。

开关电源中大部分电流波形为矩形波,矩形波中包含丰富的高次谐波成分,各次谐波作用时导线的集肤深度和交流电阻值互不相同。Venkatramen 详细分析了这种情况,并给出了估算交流与直流电阻比值的方法。其做法是将开关频率前 3 个谐波(即基波,2 次和 3 次谐波)的集肤深度取平均值,再根据式(3.16)求得 R_{ac}/R_{dc} 值。粗略计算时,矩形波电流集肤深度为基波正弦波穿透深度的 70%。

2. 邻近效应

前边介绍了单根导线通过高频电流时,内部磁场对电流的影响,即电流在导线的外表面流通,电流密度从导线表面向中心轴线逐渐减少。

当回流导体靠近时,它们的场向量相加。也就是说,在两根流过相反电流的导线之间,由于磁场的叠加,将造成磁场强度的增强;而在这两根导线的外侧,由于磁场的抵消,将造成磁场强度的减弱。现在来考察两根相邻的具有相同矩形截面($a \times b$)的导体,两根导体分别流过方向相反且大小相等的电流 i_A 和 i_B,如图 3.10 所示,其中,符号"·"表示电流流出纸面,符号"+"表示电流流入纸面。在两根导体的中间,因磁场方向相同而加强;在两根导体的外侧,因磁场相反而减弱;在导体内部,磁场由两导体的外侧向内逐渐加强,两根导体的内表面磁场最强。

假设如图 3.10 所示的两根导线厚度 a 大于集肤深度 Δ,那么当它们流过方向相反大小相等的高频电流 i_A 和 i_B 时,导体 A 电流 i_A 产生的磁场 Φ_A 穿过导体 B,与集肤相应相似,在导体 B 中产生涡流 i_{AB},在靠近 A 的一边涡流与 i_B 方向一致,相互叠加,而在远离 A 的一边涡流与 i_B 方向相反,相互抵消。同理导体 A 中的电流受到导体 B 中电流 i_B 产生磁场的作用,在靠近导体 B 的一边电流增强,远离导体 B 的一边电流减弱,这就是邻近效应。

如果两根导体间的距离很近(图中 w 值很小),那么邻近效应使得电流在两导体的相邻内表面流通,磁场集中在两导体之间,导体的外侧几乎没有电流,合成磁场为零。这时,磁场的能量主要存储在两根导体之间。如果导体宽度 $b \gg W$,单位长度上的电感为

$$L = N^2 \mu_0 \frac{wl}{bl} = 4\pi \frac{w}{b} (\mathrm{nH/cm}) \tag{3.17}$$

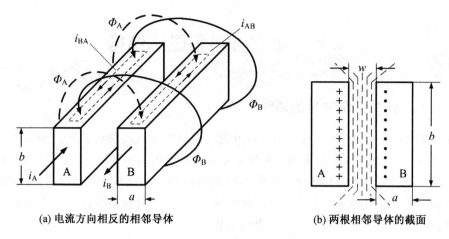

(a) 电流方向相反的相邻导体　　　(b) 两根相邻导体的截面

图 3.10　两根导体的邻近效应示意图

式中，N 表示匝数，$N=1$；l 为导体的长度，cm。

如果忽略外磁场的能量，单位长度两根导体间存储的能量为

$$W = \frac{\mu_0 H^2 V}{2l} = \frac{\mu_0}{2}\left(\frac{I}{b}\right)^2 bw = \frac{\mu_0 w}{2b}I^2 \tag{3.18}$$

式中，I 为导体流过的电流值；H 为导体之间的磁场强度。

由式(3.18)可以看出，导体宽度越小，存储能量越大。那么对比图 3.11 中几种导体的排列可以看到，由于邻近效应，电流集中在导线之间穿透深度的边缘上。如两根导线的距离 w 相同、两导线电流值相等，图 3.11(a) 中导体宽度比图 3.11(c) 大，由于导线间存储的能量与导体的宽度成反比，所以图 3.11(c) 中导体比图 3.11(a) 中导体存储更多的能量，导体电感也更大。邻近效应使得图 3.11(c) 中导体的有效截面积减少最为严重，损耗最大。为减少分布电感，在图 3.11 中的 3 种导体放置方式中，图(a) 最好，图(b) 次之，图(c) 最差。因此，在布置印刷电路板导线时，流过高频电流的导线与它的回流导线采用上下层分布的方式最好，在同一层中平行靠近放置最差。

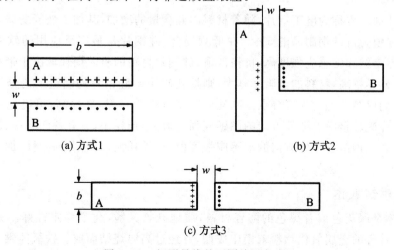

(a) 方式1　　　　　　　　　(b) 方式2

(c) 方式3

图 3.11　矩形导线的不同放置方式

3.2　磁性材料和磁芯结构

3.2.1　开关电源常用的磁性材料

磁性材料按矫顽力(H_C)的大小可以分为硬磁材料和软磁材料两种。如果一种磁性材料的磁滞回线很宽,需要很大的磁场强度才能将其磁化到饱和,同时也需要很大的反向磁场强度才能将材料中的磁感应强度降为零(即 H_C 较大),则称为硬磁材料,反之则称为软磁材料。硬磁材料通常用来作为永磁材料使用,而软磁材料通常用来作为导磁材料使用,因此,开关电源中磁性器件主要应用的是软磁材料。

由于软磁材料应用范围较广,通常要根据不同的工作条件对其提出不同的要求,在开关电源中,对软磁材料的要求基本上可归纳为以下 4 点:

(1)磁导率高,在较低的磁场强度(对应较小的励磁电流)下,就可以得到较高的磁感应强度值。

(2)矫顽力小,磁滞回线窄,磁滞损耗小。

(3)电阻率高,涡流损耗小。

(4)饱和磁感应强度高,较小的磁芯截面积就可以通过较大的磁通,磁性器件体积小。

开关电源常用的软磁材料主要有:硅钢片、软磁铁氧体、铁镍合金、非晶态合金、磁粉芯等,它们的特点如下所述。

1.硅钢片

在电工纯铁中加入少量硅,形成固溶体,可提高合金的电阻率,减少材料的涡流损耗。并且随着电工纯铁中含硅量的增加,材料的磁滞损耗降低,在弱磁场和中等磁场下,材料的磁导率增加。

硅钢片通常也称为电工钢片,随着材料内硅含量的增加,其加工性能变差,其中,硅质量的最高限值为占硅钢制品的 5%。在低频场合,硅钢片是最广泛应用的软磁材料。硅钢片的特点是饱和磁感应强度高,价格低廉,硅钢片材料的磁芯损耗取决于带料的厚度和含硅量,含硅量越高,材料的电阻率越大,则损耗越小。硅钢片的制造工艺分为冷轧和热轧两种,它们以结晶温度为区分点。冷轧一般用于生产带料,轧速高,可避免摩擦带来的温度升高,冷轧硅钢沿着碾轧方向的磁感应强度值大,损耗小,具有各向异性、加工难度大的特点;热轧硅钢沿着碾轧方向的磁感应强度值小,损耗大,具有各向同性、加工容易的特点。

2.软磁铁氧体

铁氧体是深灰色或者黑色的陶瓷材料,质地既硬又脆,化学稳定性好。铁氧体是由铁、猛、镁、锌等的金属氧化物粉末模压成型,并经过高温烧结而成。铁氧体磁芯根据不同的原料配比和烧结工艺,可以获得不同的性能:如电阻率、初始磁导率、饱和磁感应强度、居里温度、磁感应强度的温度特性、损耗的温度特性和剩磁特性等。

在开关电源中，铁氧体是应用最多的软磁材料，它可以应用于各种功率变压器、滤波电感以及电流互感器等磁性器件，其特点是电阻率高，高频损耗小，饱和磁感应强度较低，温度稳定性较差。铁氧体软磁材料主要有两类：镍锌（NiZn）铁氧体和锰锌（MnZn）铁氧体。其中，镍锌铁氧体具有更高的电阻率，可达到 $10^4 \sim 10^6$ $\Omega \cdot m$，因此适合工作在 1 MHz 以上的高频场合，镍锌铁氧体的初始磁导率比较低，在 25 ℃ 时的测试值为 80 ∼ 1 200 H/m，它的饱和磁感应强度一般为 0.3 ∼ 0.4 T；与之相比，锰锌铁氧体的电阻率相对较低，大多数磁芯的电阻率在 0.5 ∼ 5 $\Omega \cdot m$，因此通常工作于开关频率在 1 MHz 以下的场合，锰锌铁氧体具有较高的磁导率，在 25 ℃ 时测试的最大值可达 1 800 H/m，锰锌铁氧体的饱和磁感应强度一般为 0.3 ∼ 0.5 T。

3. 铁镍合金

铁镍合金又称为坡莫合金或皮莫合金，铁镍合金的镍含量一般为 30% ∼ 80%。铁镍合金是一种具有极高初始磁导率（超过 100 000 H/m）、极低矫顽力（小于 0.002 Oe）以及磁化曲线高矩形比的软磁材料。铁镍合金的磁性能可以通过改变成分和热处理工艺等进行调节，因此可用作弱磁场下具有很高磁导率的磁芯材料和磁屏蔽材料，也可用作要求低剩磁和恒磁导率的脉冲变压器材料，还可以用作矩磁合金、热磁合金和磁滞伸缩合金等。

虽然铁镍合金具有优良的磁特性，但是由于其电阻率比较低，磁导率又特别高，很难在很高频率的场合下应用。另外，铁镍合金价格比较昂贵，一般的机械应力对其磁性能影响显著，因此通常卷绕成环状，并装在非磁的保护壳内。而由于铁镍合金的居里温度高，体积要求严格且温度范围宽，使其在军工产品中获得广泛的应用。

4. 非晶态合金

非晶态金属与合金是 20 世纪 70 年代问世的一种新兴材料，其制备技术完全不同于传统的晶态工艺方法，而是采用冷却速度大约为 10^6 ℃/s 的超急冷凝固技术，从钢液到薄带成品一次成型。由于采用超急冷凝固，合金凝固时的原子来不及有序排列结晶，得到的固态合金是长程无序结构和短程有序结构，没有晶态合金的晶粒、晶界存在，故称为非晶态合金。这种结构类似于玻璃，因此也称为金属玻璃。

非晶态合金分为铁基、钴基、铁镍基和超微晶合金 4 大类，各类型的磁芯由于成分与配比的不同而具有不同的特点，应用场合也不相同。

铁基非晶合金的主要元素是铁、硅、硼、碳、磷等，其特点是磁性强（饱和磁感应强度可达 1.4 ∼ 1.7 T），磁导率、激磁电流和磁芯损耗等软磁性能优于硅钢片，价格便宜，最适合替代硅钢片，特别是铁损低（为取向硅钢片的 1/5 ∼ 1/3），如代替硅钢片做配电变压器，可降低损耗 60% ∼ 70%。铁基非晶合金的带材料厚度为 0.03 mm 左右，可广泛应用于中、低频（10 kHz 以下）变压器的磁芯，例如配电变压器、中频变压器、大功率电感、电抗器等。

钴基非晶合金主要由钴、硅、硼等元素组成，由于含有钴，其价格很贵。钴基非晶合金的磁性较弱（饱和磁感应强度一般为 0.5 ∼ 0.8 T），但磁导率极高，矫顽力极低，高频下磁芯损耗在前 3 类非晶态合金中最低，适用于几十到几百千赫兹的工作频率。另外，钴基非晶合金的饱和磁致伸缩系数接近零,受到机械应力后磁化曲线几乎不发生变化。钴基非晶合金通常应用于双极性磁化的小功率变压器,以及磁放大器磁芯和尖峰抑制磁珠,大量应用于高精密电流互感器。一般在要求严格的军工电源或高端民用电源的变压器和电感中,可替代铁镍合金和铁氧体。

铁镍基非晶合金主要由铁、镍、硅、硼、磷等元素组成,其参数介于铁基和钴基非晶合金之间,具有中等饱和磁感应强度(0.7～1.2 T)、较低的磁芯损耗和很高的磁导率,并且经过磁场退火后可得到很好的矩形磁滞回线。在低损耗和高机械强度方面,铁镍基非晶合金远比晶态合金(如硅钢片和铁镍合金)优越。铁镍基非晶合金是开发最早、用量最大的非晶合金,可以替代硅钢片或铁镍合金,用于漏电开关、精密电流互感器磁芯和磁屏蔽等领域。

超微晶合金(铁基纳米晶合金)主要由铁、硅、硼和少量的铜、钼、铌等元素组成,其中铜和铌是获得纳米晶结构必不可少的元素。超微晶合金几乎综合了所有非晶合金的优异性能:高初始磁导率(10^5 H/m)、高饱和磁感应强度(1.2 T)、低损耗以及良好的温度稳定性。超微晶合金的磁芯损耗接近钴基非晶合金,明显小于铁基非晶合金,饱和磁感应强度比钴基非晶合金高得多,温度稳定性与铁镍合金相当。在 20 kHz 以上,数百 kHz 以下的应用场合,超微晶合金是其他软磁材料最有力的竞争者,是工业和民用中高频变压器、互感器、谐振电感等的理想材料,也是铁镍合金和铁氧体的换代产品。

5. 磁粉芯

磁粉芯通常是将磁性材料极细的(直径为 0.5～5 μm) 粉末和作为黏结剂的复合物混合在一起,通过模压、固化形成的一般为环状的粉末金属磁芯。由于磁粉芯中存在大量的非磁物质,相当于磁芯中存在许多非磁分布的气隙,磁化时,这些分布的气隙中要存储相当大的能量,因此一般可用这种磁芯作为直流滤波电感和反激变压器的磁芯。

磁粉芯根据含磁性材料粉末的不同有 4 类:铁粉芯、铁硅铝、坡莫合金磁粉芯和高磁通密度铁镍磁粉芯,各种材料特点如下:

(1) 铁粉芯:成分为极细的铁粉和有机材料的黏合,相对磁导率在 10～75,成本低,磁芯损耗很大,材料很软,甚至可以用小刀在磁芯上切开缺口。

(2) 铁硅铝:合金组成成分为铝 6%、硅 9% 和铁 85%(质量分数),损耗较低,材质硬,相对磁导率在 26～125。

(3) 坡莫合金磁粉芯:合金粉末成分为钼 2%、镍 81% 和铁 17%(质量分数),因镍含量高,所以价格昂贵,在所有磁粉芯中,损耗最低,饱和磁感应强度最低,温度稳定性最好,相对磁导率在 14～550。

(4) 高磁通密度铁镍磁粉芯:合金粉末由镍和铁各 50% 组成,因为镍成本高,所以比铁粉芯和铁硅铝贵,饱和磁感应强度是所有磁粉芯中最高的,可达 0.8 T,磁芯损耗高于铁硅铝,低于铁粉芯,相对磁导率在 14～200。

在高频开关电源中,因铁粉芯损耗最大而很少应用,是磁粉芯中最差的。铁硅铝较好,坡莫合金最好,但价格最高。在滤波电感或连续模式反激变压器中,如果磁通摆幅足够小,允许损耗低到可接受的情况下时,可以使用这些复合材料磁芯。铁镍和坡莫合金磁粉芯的价格较高,一般用于军工或重要的储能元件中。但应当注意到磁粉芯的磁导率随着磁芯的磁场强度变化较大,如果这种电感量的变化对电源系统造成较大影响时,应当慎用。在开关电源中磁粉芯常用于 EMC 滤波电感。

开关电源中绝大多数的软磁材料是在交变磁场下工作的。在选用软磁材料时,重要考虑的因素是其最大工作磁感应强度、磁导率、损耗大小、工作环境以及材料的价格等。与铁氧体材料相比,钴基非晶合金和铁基微晶合金具有更高的饱和磁感应强度和相对较高的损耗,高的居里温度和温度稳定性,但价格比较贵,同时磁芯规格也不十分完善,因此特别适宜用在大功率或耐受高温和冲击的军用场合。磁粉芯一般比铁氧体有更高的饱和磁感应强度,采用磁粉芯的电感比铁氧体电感的磁芯体积小,但在 100 kHz 以上应用时,由于损耗较大,因此很少应用。铁氧体价格低廉,材质和磁芯规格齐全,最高工作频率可达 1 MHz 以上,但材质脆,不耐冲击,温度性能差,适用于 10 kW 以下的任何功率变换器。

3.2.2　开关电源常用磁芯的结构形式

传统的高频磁芯结构形式有很多种,在开关电源中经常使用的高频磁芯典型结构主要有:环型磁芯、E 型磁芯、罐型磁芯和 U 型磁芯等。

1. 环型磁芯

如图 3.12 所示为环型磁芯的外形图。环型磁芯具有圆周形的磁路,可以将线圈均匀绕在整个磁芯上,这样线圈宽度本质上就围绕整个磁芯,使得漏感最低,线圈层数最少,杂散磁通和 EMI 扩散都很低。环型磁芯的最大问题是绕线困难,而且在匝数少的情况下很难均匀地将线圈绕在磁芯上。

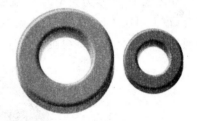

图 3.12　环型磁芯

2. E 型磁芯

如图 3.13 所示为 E 型磁芯的外形图,其中,EI 型、EE 型和 ETD 型都是 E 型磁芯中比较常见的细分。这类磁芯相对于外形尺寸来说具有较大的窗口面积以及较大的窗口宽度结构,较大的线圈宽度可以减少线圈的层数,使得交流电阻和漏感值减小。开放式的窗口不存在出线问题,线圈和外界空气接触面积大,有利于空气流通散热,因此可作大功率使用,但是电磁干扰较大。这类磁芯存在自然的气隙,做电感时开有气隙可以获得稳定的电感量和储存较大的能量。

当 ETD 型磁芯的中柱圆形截面与 EE 型矩形截面积相同时,圆形截面的每匝线圈长度要比矩形截面的短 11% 左右,即材料费用和电阻都要减少 11%,线圈的温升也要相应降低。但是 EE 型磁芯的尺寸更加齐全,根据不同的工作频率和磁通摆幅,传输功率范围为 5 W ~ 5 kW。如果将两副 EE 型磁芯合并作为一体,其传输功率可达 10 kW。两副磁芯合并使用时,磁芯的截面积加倍,如果保持磁通摆幅和工作频率不变,绕组匝数将减少一半或者传输功率加倍。

3. 罐型磁芯

如图 3.14 所示为典型的罐型磁芯的外形图。与 EI 型、EE 型等磁芯相比,罐型磁芯具

(a) EI型 　　　　　　　　(b) EE型 　　　　　　　　(c) ETD型

图 3.13　E 型磁芯

有更好的磁屏蔽优势,减少了 EMI 的传播,因此可用于 EMC 要求严格的地方。但是这类磁芯的窗口宽度有限,内部线圈的散热十分困难,一般只适合于小功率场合应用。另外,这类磁芯引出线缺口小,不适宜作多路输出使用,并且由于出线安全和绝缘处理困难等因素,也不宜用在高压场合。

4. U 型磁芯

如图 3.15 所示为典型的 U 型磁芯的外形图。U 型磁芯一般主要用在高压和大功率场合,很少用在 1 kW 以下。这类磁芯具有比 EE 型磁芯更大的窗口面积,因此可以采用更粗的导线和更多的绕组匝数,然而该类磁芯的磁路较长,与 EE 型磁芯相比漏感较大。

图 3.14　典型的罐型磁芯　　　　　图 3.15　典型的 U 型磁芯

3.3　电　感

在开关电源电路中,电感器件储存的是磁场能量,它是与电容器互为对偶的无源储能元件。带有磁芯的电感器件,其电感量不是常数,而是与磁芯材料的磁导率 μ、绕组的匝数 N 以及磁芯的几何尺寸(如磁路的等效截面积 A_e 与长度 l_e)大小有关。电感器件在开关电源中的应用十分广泛,大致可以分为线性电感和非线性电感两大类。

(1)线性电感器件:电感量为常数,不随绕组电流的大小而变化,如空心绕组电感。

（2）非线性电感器件：带磁芯的绕组，其电感量与磁芯的非线性磁特性有关，如自饱和电感器件和可控饱和电感器件。

一般情况下，当磁芯有气隙时，可以近似认为是线性电感，而当磁芯无气隙时则认为是非线性电感。电感和变压器的某些寄生参数在低频下通常可以忽略，但在高频下将会表现出来，如涡流、寄生电感、绕组导线的集肤效应、邻近效应和分布电容等。

3.3.1　电感的基本公式和磁芯气隙

1.电感的基本公式

带磁芯的线圈电感值基本计算公式为

$$L = \frac{N\Phi}{i} = \frac{\mu_c N^2 A_c}{l_c} \tag{3.19}$$

式中，N 为绕组线圈的匝数；Φ 为磁芯中的磁通；i 为线圈电流；μ_c 为磁芯材料的磁导率，由磁芯的磁化曲线可以看出，在磁芯的磁化过程中，μ_c 是变化的，通常磁芯材料的磁导率 μ_c 在 $(10 \sim 10^6)\mu_0$；A_c 为磁芯截面积；l_c 为磁芯磁路的平均长度。

无磁芯线圈（即空心线圈）电感值的基本计算公式为

$$L = \frac{\mu_0 N^2 A_0}{l_0} \tag{3.20}$$

式中，A_0 为空心线圈的等效截面积；l_0 为空心线圈的等效磁路长度。

2.磁芯气隙

带气隙的环型磁芯磁路如图 3.16 所示，磁芯的励磁安匝数为

$$F_i = H_\delta l_\delta + H_m l_c \tag{3.21}$$

式中，H_δ 为气隙的磁场强度；H_m 为磁芯的磁场强度；l_δ 为气隙的长度；l_c 为磁芯磁路的平均长度。

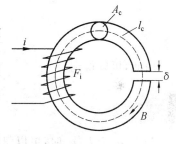

图 3.16　带气隙的环型磁芯磁路

其中，磁感应强度 $B = \mu_0 H_\delta = \mu_c H_m$，因此由式(3.21) 可得

$$H_m = \frac{F_i}{l_c} - \frac{Bl_\delta}{\mu_0 l_c} \tag{3.22}$$

式(3.22) 在 $B - H$ 平面上为一条直线。

图 3.17 为有气隙和无气隙时，磁芯的磁滞回线比较。带气隙时磁芯的磁特性具有如下几方面的特点：

（1）磁芯的饱和磁感应强度 B_S 和矫顽力 H_c 不变。

（2）为了产生相同的磁感应强度 B，有气隙的磁芯需要的励磁更大。

（3）有气隙磁芯的剩余磁感应强度 B_r 大幅度下降，甚至接近于零。

（4）有气隙磁芯的等效磁导率下降，这由下式可以看出：

$$\mu_e = \frac{B}{H_e} = \frac{B(l_c + l_\delta)}{H_e(l_c + l_\delta)} = \frac{B(l_c + l_\delta)}{F_i} = \frac{\mu_0 \mu_c(l_c + l_\delta)}{\mu_0 l_c + \mu_c l_\delta} \ll \mu_c \tag{3.23}$$

式中，μ_e 为带气隙磁芯的等效磁导率；H_e 为其平均磁场强度。

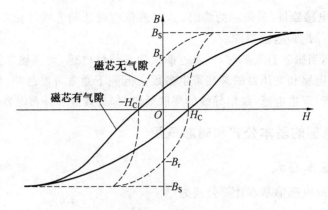

图 3.17　磁芯有、无气隙时的磁滞回线比较

当磁芯带气隙时,电感器件电感量的计算式为

$$L = N \frac{\Phi}{i} \tag{3.24}$$

这里磁通 Φ 可以表示为

$$\Phi = \frac{F_i}{R_c + R_\delta} \tag{3.25}$$

式中,R_c、R_δ 分别为磁芯的磁阻以及气隙的磁阻。

$$\begin{cases} R_c = \dfrac{l_c}{\mu_c A_c} \\[2mm] R_\delta = \dfrac{l_\delta}{\mu_0 A_c} \end{cases} \tag{3.26}$$

由此,可以得到

$$L = \frac{N^2}{R_c + R_\delta} = \frac{N^2 A_c}{\dfrac{l_c}{\mu_c} + \dfrac{l_\delta}{\mu_0}} \tag{3.27}$$

当 $l_\delta/\mu_0 \gg l_c/\mu_c$ 时,可以忽略磁芯材料的影响,因此,当磁芯有气隙时,电感器件的电感量可以近似地表示为

$$L = \frac{\mu_0 N^2 A_c}{l_\delta} \tag{3.28}$$

3.3.2　电感的储能及其等效电路模型

1. 电感器件的储能
在磁芯无气隙的情况下,当电感电流由 i_1 变化至 i_2 时,电感的储能变化可计算为

$$E = \int_{i_1}^{i_2} L i \, \mathrm{d} i \tag{3.29}$$

将式(3.19)代入上式可得

$$E = \int_{B_1}^{B_2} \frac{B A_c l_c}{\mu_c} \mathrm{d} B = \frac{(\Delta B)^2 V_c}{2 \mu_c} \tag{3.30}$$

式中,A_c 为电感磁芯的截面积;l_c 为电感磁芯磁路的平均长度;V_c 为电感磁芯的体积;μ_c

为电感磁芯材料的磁导率；$\Delta B = B_2 - B_1$，B_1、B_2 分别为电感电流变化前后，磁芯的磁感应强度值。

当 $B_1 = 0$，$B_2 = B$ 时，则有

$$E = \frac{B^2 V_c}{2\mu_c} \tag{3.31}$$

而当磁芯有气隙时，电感储能为

$$E = \frac{B^2 V_c}{2\mu_c} + \frac{B^2 V_\delta}{2\mu_0} \approx \frac{B^2 V_\delta}{2\mu_0} \tag{3.32}$$

式中，V_δ 为气隙的等效体积。

式(3.30) ～ (3.32) 说明，电感的储能与其绕组的匝数无关。当磁芯有气隙时，由于磁芯的等效磁导率 μ_e 下降，其存储磁能 E 上升，这时大部分的磁场能量储存在气隙中。为了产生相同的磁感应强度 B，有气隙时需要更大的励磁安匝数，因而线圈绕组的铜损将增加。

2. 高频电感器件的等效电路模型

开关电源中的电感大都工作在高频状态，而高频时，电感器件中的寄生电容将不容忽视。如图 3.18 所示为考虑寄生电容时，高频电感的等效电路模型。图中，C 为等效的电感绕组寄生电容值，R_c 为表征磁芯损耗的等效电阻，R 为表征线圈绕组铜损的电阻（由于流过高频电流的导线存在集肤效应，因此 R 中既包括直流电阻 R_{dc} 也包括交流电阻 R_{ac}，相关内容已在前边介绍，这里不再叙述）。

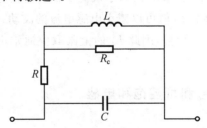

图 3.18　高频电感的等效电路模型

3.3.3　直流滤波电感

如图 3.19(a) 所示为正激式电路的输出 LC 滤波电路，其中滤波电感 L_f 的作用是使负载电流波动减小，滤波电容 C_o 的作用是使输出电压纹波减小。下面以正激式电路工作在电流连续模式（CCM）为例进行分析。

CCM 模式工作的正激式电路，其输出滤波电感电流近似为三角波，如图 3.19(b) 所示。在一个开关周期（T）内，输出滤波电感电流 i_{Lf} 在 i_{Lfn} 与 i_{Lfm} 之间波动。在主电路开关管 S 导通期间，i_{Lf} 由 i_{Lfn} 线性上升，i_{Lf} 的表达式为

$$i_{Lf}(t) = i_{Lfn} + \frac{U_f - U_o}{L_f} t \tag{3.33}$$

式中，$U_f = N_2 U_i / N_1$；N_1、N_2 为变压器 T 的原、副边绕组匝数。

当开关管 S 关断时，i_{Lf} 达到了一个开关周期内的最大值 i_{Lfm}。

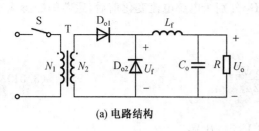
(a) 电路结构

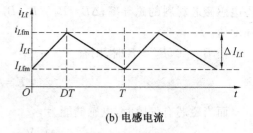
(b) 电感电流

图 3.19　正激式电路的输出 LC 滤波电路及其输出滤波电感电流波形

在主电路开关管 S 关断期间，i_{Lf} 由 i_{Lfm} 线性下降，i_{Lf} 的表达式为

$$i_{Lf}(t) = i_{Lfm} - \frac{U_o}{L_f}t \tag{3.34}$$

当开关管 S 再一次导通时，i_{Lf} 达到了一个开关周期内的最小值 i_{Lfn}。

由式(3.33) 和式(3.34) 可以得到

$$\Delta I_{Lf} = i_{Lfm} - i_{Lfn} = \frac{U_f - U_o}{L_f}DT = \frac{U_o}{L_f}(1 - D)T \tag{3.35}$$

式中，D 为正激式电路的占空比。

由式(3.35) 可以得到

$$L_f = \frac{U_f - U_o}{\Delta I_{Lf}}DT = \frac{U_o}{\Delta I_{Lf}}(1 - D)T \tag{3.36}$$

由式(3.36) 可知，电流纹波 ΔI_{Lf} 的大小决定了输出滤波电感 L_f 的取值。L_f 的下限取值由 ΔI_{Lf} 的最大值决定，增大 L_f 值可以减小电感电流的波动；但增大 L_f 值之后，当电路负载变化时，系统的响应速度会变慢，因此 L_f 的上限取值通常由开关电源的系统响应时间所限制。

3.3.4　自饱和电感和可控饱和电感

1. 自饱和电感

自饱和电感是一个带磁芯的绕组，根据绕组中流过的电流大小，其磁芯的饱和程度有所不同，从而改变了绕组的电感量。如果该磁芯的磁特性为接近于矩形系数较高的理想特性时，那么自饱和电感在其磁芯饱和时的工作特性就相当于是一个开关的闭合。在开关电源电路中，采用自饱和电感可以吸收浪涌、抑制尖峰、消除寄生振荡，当与快速恢复整流二极管串联使用时在一定程度上还可以使二极管的损耗减小。自饱和电感的具体应用实例有：

（1）在移相全桥 ZVS－PWM 开关电源电路(零电压 PWM 电路)中，自饱和电感串联在变压器原边，如图 3.20(a) 中的 L_s，用作谐振电感，可以扩大该电路轻载情况下的零电压实现范围，并降低电路的占空比丢失，或者创造滞后桥臂开关管的零电流开关条件，从而实现混合的 ZVZCS－PWM 开关电源电路(零电压、零电流 PWM 电路)。

（2）自饱和电感与变压器副边的输出整流二极管串联，如图 3.20(b) 中的 L_{s1} 和 L_{s2}，可以消除开关电源电路的二次寄生振荡，减少循环能量。

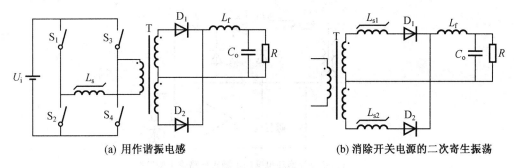

(a) 用作谐振电感　　　　　　　　(b) 消除开关电源的二次寄生振荡

图 3.20　自饱和电感的应用实例

2. 可控饱和电感

当采用交、直流同时励磁时,自饱和电感的磁状态在一个周期内按局部磁滞回线变化,通过改变其直流偏磁分量可以改变磁芯的等效磁导率和等效电感量,这是磁放大器的工作基础。当磁芯所受励磁为正向方波序列脉冲时,相当于直流和正负交变方波励磁的叠加,也属于交、直流同时励磁的情况,这是高频可控饱和电感的工作基础。

可控饱和电感在开关电源磁调节器中得到了应用,如图 3.21(a) 所示。图中饱和电感 L_s 串联在正激式电路的变压器副边。在一个开关周期内磁芯磁状态的变化如图 3.21(b) 所示,可以看出在一个开关周期内,流过 L_s 的电流存在反向的阶段。如图 3.21(c) 所示为 L_s 的"输入""输出"电压 u_2、u_3 的波形(以输出电压低电位为参考点),图中假设该正激式电路的占空比 $D=0.5$。在正激式电路的开关管导通时,u_2 使 L_s 磁芯的磁状态由 0 点出发正向磁化,这时 L_s 相当于一个"磁开关"断开,u_2 加在 L_s 上。到 1 点时($t=t_1$ 时),磁芯进入饱和状态,在这个过程中,磁感应强度变化量为 ΔB_+。磁芯磁状态到达 1 点后的 L_s 相当于一个"磁开关"闭合,输出方波电压 u_3,直到 $t=T/2$ 正激式电路开关管关断时,磁芯磁状态经过 2 点到达 3 点时为止。在此之后,D_f 导通,一个磁复位电压信号通过 D_f 加在 L_s 上,使其磁芯从 3 点反向磁化,到 $t=T$ 时,磁状态恢复到 $t=0$ 时的位置(4 点),磁感应强度变化量 $\Delta B_- = \Delta B_+$,即磁状态复位。到下一个周期,再从这一点开始磁化。

由上述可知:在 $0 \sim t_1$ 阶段,"磁开关"断开;在 $t_1 \sim T/2$ 阶段,"磁开关"闭合。t_1 是 L_s 进入饱和的时间,即"磁开关"的合闸时间。改变磁复位电压的大小,就可以改变磁感应强度的变化量 ΔB_-。如果 $\Delta B_- > \Delta B_+$,则下一个周期的合闸时间将推迟,反之则下一个周期的合闸时间将提前。因此,在每个开关周期内,通过对电路输出电压的检测与调节来改变磁复位电压的大小就可以控制 L_s 的饱和时间,即合闸时间,也就改变了下一个周期 L_s 输出电压 u_3 的平均值。开关电源的磁调节器正是应用了上述可控饱和电感的工作原理,利用输出电压反馈信号作为磁复位信号(图 3.21(a))。

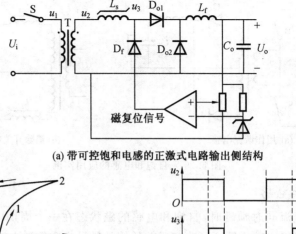

(a) 带可控饱和电感的正激式电路输出侧结构

(b) L_s 的磁芯励磁状态　　　　(b) L_s 的输入、输出电压

图 3.21　可控饱和电感在开关电源电路中的应用

3.4　高频变压器

3.4.1　高频变压器模型

1. 变压器的理想电路模型

变压器是开关电源中进行能量变换的关键磁性器件,由于变压器磁芯的磁导率不为无穷大,因此磁路中总存在漏磁,另外由于漏磁的不确定性,很难用精确的数学模型表达变压器的变换关系。因此为了方便起见,人们总是分析理想变压器的特性,并在其基础上考虑各种非理想因素的影响。

理想变压器的特点是:

(1) 原、副边绕组全偶合。

(2) 原、副边绕组线圈的电阻为零,磁芯损耗为零。

(3) 磁芯的磁导率为无穷大,即原、副边励磁电感 L_1、L_2 为无穷大,其比值 L_1/L_2 是有限的,等于原、副边绕组匝数比的平方 $(N_1/N_2)^2$。

如图 3.22 所示为理想变压器的电路模型,并且有如下关系(理想情况下磁芯磁阻为零):

$$u_1 = N_1 \frac{\mathrm{d}\Phi}{\mathrm{d}t}, \quad u_2 = N_2 \frac{\mathrm{d}\Phi}{\mathrm{d}t} \tag{3.37}$$

$$\frac{u_1}{N_1} = \frac{u_2}{N_2}, \quad N_1 i_1 = N_2 i_2 \tag{3.38}$$

2. 考虑励磁电感时的变压器等效电路模型

如果变压器的励磁磁阻 $R_{mc} \neq 0$，则有如下关系：

$$u_1 = N_1 \frac{\mathrm{d}\Phi}{\mathrm{d}t}, \quad u_2 = N_2 \frac{\mathrm{d}\Phi}{\mathrm{d}t}, \quad \Phi = \frac{N_1 i_1 - N_2 i_2}{R_{mc}} \tag{3.39}$$

$$u_1 = \frac{N_1^2}{R_{mc}} \frac{\mathrm{d}}{\mathrm{d}t} \left(i_1 - \frac{N_2}{N_1} i_2 \right) = L_{m1} \frac{\mathrm{d}i_{m1}}{\mathrm{d}t} \tag{3.40}$$

$$u_2 = \frac{N_1 N_2}{R_{mc}} \frac{\mathrm{d}}{\mathrm{d}t} \left(i_1 - \frac{N_2}{N_1} i_2 \right) = \frac{N_2}{N_1} L_{m1} \frac{\mathrm{d}i_{m1}}{\mathrm{d}t} \tag{3.41}$$

式中，$L_{m1} = N_1^2 / R_{mc}$ 表示相对于变压器原边的励磁电感；$i_{m1} = i_1 - N_2 i_2 / N_1$ 表示相对于变压器原边的励磁电流。

由此得到考虑励磁电感的变压器等效电路模型如图 3.23 所示，由于实际变压器磁芯的磁导率不是无穷大，磁芯磁阻 $R_{mc} \neq 0$，励磁电感不为无穷大，因而产生的励磁电流使变压器的原、副边电流之比不再反比于其匝数比，即 $N_1 i_1 \neq N_2 i_2$。励磁电流的物理意义就是为了使变压器能正常工作，其磁芯必须要磁化，建立磁场，而磁芯的磁化需要一定的磁化电流，或称励磁电流（式中 i_{m1}）。

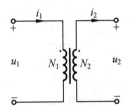

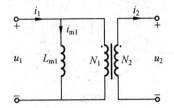

图 3.22　理想变压器的电路模型　　图 3.23　考虑励磁电感时变压器的等效电路模型

当磁芯的工作磁感应强度达到其饱和磁感应强度 B_S 时，变压器将饱和，此时变压器磁芯的磁导率变得非常小，励磁电感 L_{m1} 也变得非常小，而励磁电流 i_{m1} 大幅度增加，这时就相当于变压器绕组短路。

当电压和时间的乘积即伏秒积过大时，变压器的励磁电流将增大，从而引起磁芯饱和。变压器磁芯的饱和通常是由加在变压器原边的电压与时间乘积 U_s 过大所致，对于周期性的交变电压，U_s 定义为

$$U_s = \int_{t_1}^{t_2} u_1 \mathrm{d}t \tag{3.42}$$

式中，积分的上下限一般选择在电压波形的正半周部分。

为了防止变压器磁芯的饱和，可以通过增加绕组匝数或磁芯截面积来降低磁芯的工作磁感应强度。增加气隙对磁芯的饱和程度没有影响，因为不会改变磁芯的饱和磁感应强度 B_S 值，增加气隙只是使变压器的励磁电感 L_{m1} 降低，励磁电流 i_{m1} 增加，而 B_S 值保持不变。

3. 考虑漏感时的变压器等效电路模型

在实际变压器中，有一部分磁通只与一个绕组（原边或副边绕组）匝链，而不是同时和原、副边绕组匝链，这部分磁通称为漏磁通。如图 3.24(a) 所示，其中，电流 i_1 在原边绕

组中所产生的磁通为 Φ_{11}，漏磁通为 Φ_{s1}，同时与原、副边绕组匝链磁通为 Φ_{12} （$\Phi_{12} = \Phi_{21}$），只与副边绕组匝链的磁通为 Φ_{22}，副边漏磁通为 Φ_{s2}，$\Phi_{11} = \Phi_{12} + \Phi_{s1}$，$\Phi_{22} = \Phi_{21} - \Phi_{s2}$。由漏磁通所产生的电感称为漏感，则在忽略绕组电阻时，设原、副边不考虑漏磁时的电压分别为 u_{m1} 和 u_{m2}，则输入到原边的电压为

$$u_1 = N_1 \frac{\mathrm{d}(\Phi_{s1} + \Phi_{12})}{\mathrm{d}t} = N_1 \frac{\mathrm{d}\Phi_{s1}}{\mathrm{d}t} + N_1 \frac{\mathrm{d}\Phi_{12}}{\mathrm{d}t} = u_{s1} + u_{m1} \tag{3.43}$$

而副边将要输出给负载的电压为

$$u_2 = N_2 \frac{\mathrm{d}\Phi_{21}}{\mathrm{d}t} - N_2 \frac{\mathrm{d}\Phi_{s2}}{\mathrm{d}t} = u_{m2} - u_{s2} \tag{3.44}$$

定义 L_{lk1} 和 L_{lk2} 分别为由漏磁通 Φ_{s1} 和 Φ_{s2} 产生的漏电感，则

$$L_{lk1} = \frac{N_1 \Phi_{s1}}{i_1}, \quad L_{lk2} = \frac{N_2 \Phi_{s2}}{i_2} \tag{3.45}$$

由此得到考虑漏感和励磁电感的变压器等效电路模型如图 3.24(b) 所示。

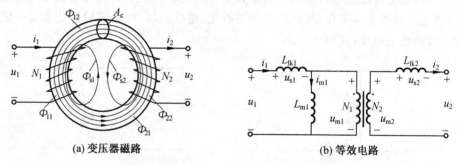

(a) 变压器磁路　　　　　　　　　　　(b) 等效电路

图 3.24　考虑励磁电感和漏感时的变压器模型

4.考虑磁芯损耗和绕组铜损时的变压器等效电路模型

实际变压器的绕组是有损耗的，称为铜损，另外变压器磁芯在高频工作时也有损耗，称为铁损，考虑了这两个损耗后的变压器等效电路模型如图 3.25 所示。图中 R_c 为表征磁芯损耗的等效电阻，R_{ac1} 和 R_{ac2} 分别为变压器原、副边绕组的交流电阻。由于流过导线高频电流的集肤效应与邻近效应的影响，使得 $R_{ac1} \gg R_{dc1}$，$R_{ac2} \gg R_{dc2}$，R_{dc1} 和 R_{dc2} 分别为变压器原、副边绕组的直流电阻。

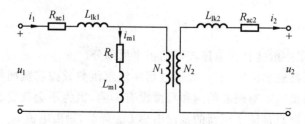

图 3.25　考虑磁芯损耗和铜损时变压器的等效电路模型

5.考虑分布电容时的变压器等效电路模型

变压器在高频工作时，有时需要考虑其分布电容的影响。变压器的分布电容主要有：原、副边绕组各自的分布电容 C_1、C_2，以及原、副边绕组间的分布电容 C_{12}。考虑分布电容

时变压器的等效电路模型如图 3.26 所示。当变压器工作频率很高时,如果原、副边分布电容较大,则会使变压器原、副边直接短路,无法实现其正常功能,这时必须做出适当的处理来减小分布电容的影响。

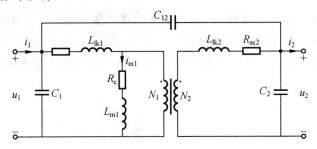

图 3.26　考虑分布电容时变压器的等效电路模型

尽管变压器的寄生参数复杂,但在不同的情况下可以适当简化。例如在低频时,磁芯的磁导率很高,原、副边绕组耦合很好,导线电流密度选取得也比较低,这种情况下通常可以使用理想变压器模型。在高频时,如果绕组间存在屏蔽则可忽略其寄生电容,而如果励磁电流很小则可以不考虑励磁电感的影响等。

3.4.2　变压器的空载与负载状态

1. 变压器空载

变压器原边有电压输入,而副边不接任何负载,称之为变压器空载。

假设变压器原、副边绕组为全偶合(即忽略原、副边漏感),并且忽略原、副边绕组的电阻,则根据电磁感应定律,变压器原边电压为

$$u_1 = N_1 \frac{\mathrm{d}\Phi_{11}}{\mathrm{d}t} = L_1 \frac{\mathrm{d}i_1}{\mathrm{d}t} \tag{3.46}$$

式中,L_1 为副边开路时的原边电感;Φ_{11} 为原边电流 i_1 产生的与原边绕组匝链的磁通。

在 t 时刻,磁芯中磁通和原边电流分别为

$$\Phi_{11t} = \int_0^t \frac{u_1}{N_1} \mathrm{d}t, \quad i_{1t} = \int_0^t \frac{u_1}{L_1} \mathrm{d}t \tag{3.47}$$

式中,i_{1t} 就是励磁电流,对应的 Φ_{1t} 为主磁通。

由于变压器原、副边绕组为全偶合,因此副边绕组线圈所缠绕磁芯的磁通变化率与原边相同,即 $\mathrm{d}\Phi_{11}/\mathrm{d}t = \mathrm{d}\Phi_{12}/\mathrm{d}t$。则变压器副边电压为

$$u_2 = M_{12} \frac{\mathrm{d}i_1}{\mathrm{d}t} = N_2 \frac{\mathrm{d}\Phi_{12}}{\mathrm{d}t} \tag{3.48}$$

由式(3.46)和式(3.48)可得

$$\frac{u_1}{u_2} = \frac{N_1}{N_2} = n = \frac{L_1}{M_{12}} \tag{3.49}$$

式中,n 为变压器的变比;M_{12} 为原、副边绕组互感,$M_{12} = \sqrt{L_1 L_2}$,L_2 为变压器原边开路时的副边电感。

进一步可得

$$n = \sqrt{\frac{L_1}{L_2}} \qquad (3.50)$$

2. 变压器负载

如果在变压器副边接入负载，则副边绕组中就产生了电流 i_2。电流 i_2 产生的磁势 $N_2 i_2$ 将产生磁通 Φ_{22}，该磁通与原边磁势 $N_1 i_1$ 产生的磁通 Φ_{11} 方向相反。为了维持与空载一样的感应电势所需的磁通变化量 $\Phi_{1t} = \Phi_{11} - \Phi_{22}$，必须加大输入电流 i_1 来保持磁势 $N_1 i_{1t}$ 基本不变，即

$$N_1 i_{1t} = N_1 i_1 - N_2 i_2 \qquad (3.51)$$

$$i_1 = i_{1t} + \frac{N_2}{N_1} i_2 \qquad (3.52)$$

当励磁电感很大时，可以忽略励磁电流，即认为 $i_{1t} \approx 0$，由此可得

$$i_1 \approx \frac{N_2}{N_1} i_2 \qquad (3.53)$$

可见，变压器原、副边电流的比值与原、副边绕组的匝数比值成反比，因此变压器也可以称为电流变换器。

当副边所接负载为阻性时，变压器的输出功率 $P_o = u_2 i_2$。如果忽略绕组电阻、励磁电流等，由式（3.49）和式（3.53）得

$$P_o = u_2 i_2 = \frac{N_2 u_1}{N_1} \frac{N_1 i_1}{N_2} = u_1 i_1 \qquad (3.54)$$

值得注意的是，当变压器副边有负载时，副边电流产生的磁势是去磁磁势，若在副边线圈中产生相同的磁通变化，则需励磁源提供抵消去磁磁场的电流，并且有与空载相同的磁通变化，因此励磁是保证变压器能量传输的基础。

3.4.3　开关电源中常用的特种高频变压器简介

目前，"小、轻、薄"是开关电源的一个重要发展趋势。开关电源要做成很小、很轻、很薄，最主要的是提高其功率密度，采用低高度、小体积和小质量的元器件。采用平面变压器和集成磁技术可以显著降低磁性器件的高度，减小磁性器件的体积和质量，提高磁性器件的功率密度及开关电源的性能，从而成为实现开关电源"小、轻、薄"的重要手段。

1. 平面变压器

平面变压器技术是由美国 IBM 公司在 20 世纪 80 年代初提出的，目前，该技术已经广泛应用于便携式电子设备电源、卡式 UPS 电源等高密度电源中。平面变压器是一种低高度扁平状或超薄型变压器，其高度远小于传统变压器，如图 3.27 所示为平面变压器的外形图。平面变压器的安装方式有多种，有的直接用印制线做线圈，固定在印制电路板上，如图 3.27(a) 所示；有的通过骨架引脚外引后安装在电路板上，如图 3.27(b) 所示。通常在电流较大时其绕组采用铜箔，在电流较小时其绕组采用印制线。

平面变压器用平面磁芯和平面结构绕组来实现。普通线圈为了降低漏感，通常采用分段交替的方法绕制，然而受工艺水平和结构的限制，一般最多分为 3 段。但平面变压器线圈是印制电路或者铜箔，通常一层就是一段，因此可以交错许多段，同时其线圈段间间

(a) 线圈为印制线(多层PCB)　　　　　　　　　(b) 外引插脚安装

图 3.27　平面变压器的外形图

隙小,漏感很小,电磁特性重复性好。如图 3.28 所示为平面变压器绕组的 3 种典型绕制方法,其中"P"代表原边绕组,"S"代表副边绕组。由于 SPSP 绕制方法的原边和副边绕组交错绕制,其交流阻抗和漏感值较小。

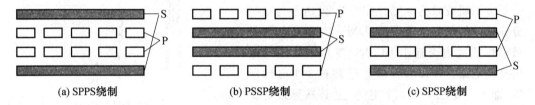

(a) SPPS绕制　　　　　　(b) PSSP绕制　　　　　　(c) SPSP绕制

图 3.28　平面变压器绕组的 3 种不同绕制方法

与传统变压器相比,平面变压器主要具有以下特点:

(1) 高电流密度,平面变压器的绕组实际上是一些平面导体,因而电流密度大。

(2) 高效率,通常效率可达 98% ～ 99%。

(3) 低漏感,约为原边电感的 0.2%。

(4) 传热性能好,热通道距离短,温升低。

(5)EMI 辐射低,良好的磁芯屏蔽可使辐射大幅度降低。

(6) 体积小,采用的小型磁芯可相应减小体积。

(7) 参数的可重复性好,由于绕组结构固定,因此参数相对稳定。

(8) 工作频率范围宽,可达 50 kHz ～ 2 MHz。

(9) 工作温度范围宽,可达 − 40 ～ 130 ℃。

(10) 绝缘性能好,平面变压器由导电电路与绝缘片互相重叠构成,其绕组之间的绝缘电压通常可达 4 kV。

2. 高频集成磁性器件

磁性器件是开关电源中重要的功能元件,主要实现能量的存储与转换、滤波和电气隔离等功能。磁性器件设计得好坏直接影响开关电源体积、质量、损耗以及 EMI 等方面的特性。据统计,在典型的开关电源中,磁性器件的质量一般为总质量的30% ～ 40%,体积占总体积的 20% ～ 30%,对于高频工作、模块化设计的开关电源,磁性器件的体积、质量所占比例还会更高,并成为限制模块高度的主要因素。另外,磁性器件还是影响开关电源输出动态性能和输出纹波的一个重要因素。因此,在开关电源领域,对于减小磁性器件体积、质量以及损耗等方面的研究意义重大。

为了减小磁性器件的体积、质量以及损耗等,在不提高开关频率的条件下,合理地采用磁集成技术是行之有效的方法。所谓磁集成,就是将开关电源中两个或多个分立磁件(Discrete Magnetics,DM)绕制在一副磁芯上,在结构上集中在一起从而形成集成磁件(Integrated Magnetics,IM),通过一定的耦合方式、合理的参数设计,来达到减小磁性器件体积、损耗,提高电路输出的动态性能等效果。

根据磁集成对象的不同,可以将磁集成技术分为 3 类,电感与电感的集成、电感与变压器的集成以及变压器与变压器的集成,这里主要介绍典型的电感与变压器的集成。

电感与变压器的集成被应用于多种隔离型变换器中,如正激变换器、推挽变换器、单级功率因数校正变换器以及谐振变换器等。其中,磁集成技术在开关电源的倍流整流电路(CDR)中的应用研究较为成熟。如图 3.29 所示为基于分立磁件的倍流整流电路(DM—CDR),CDR 是目前低压大电流输出 DC/DC 变换器常用的输出整流电路。可以看到该电路共有 3 个磁性器件,即 1 个变压器和 2 个电感,这必然导致电路体积的增大,从而降低开关电源的功率密度;另

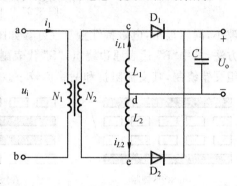

图 3.29　DM—CDR

外,该电路具有较多的连接端子,在电流较大时,其接线端子上的损耗必然较大。为了克服以上缺点,磁集成技术早已应用在 CDR 当中,如图 3.30 所示为几种适合低压大电流输出 DC/DC 变换器的 IM—CDR 结构。

为了避免传统 DM—CDR 拓扑结构的不足,Peng. C 提出了一种 IM—CDR 拓扑,如图 3.30(a)所示。它将传统 DM—CDR 中的 3 个磁件集中绕制在同一副磁芯上,大大地减小了电路的体积。但是,由于变压器副边绕组数和连接端子仍然较多,使得这种 IM—CDR 的应用受到了一定的限制。

如图 3.30(b)所示是由 Chen Wei 提出的 IM—CDR 拓扑结构。它是将图 3.30(a)中的变压器副边绕组分解,分别绕在磁芯的两个外磁柱上。其结果使得变压器副边的结构变得简单,连接端子也相对减少,并且减小了体积,增加了功率密度。但由于变压器原边绕组绕在磁芯的中柱,而副边绕组绕在外柱上,这种结构的漏感特别大,影响变换器效率的进一步提高,另外,其变压器磁芯的外柱必须留有气隙,这需要特制的磁芯,增加了制造成本。

如图 3.30(c)所示为 Xu Peng 提出的 IM—CDR 拓扑结构。它是将图 3.30(b)中的变压器原边绕组拆分,并分别绕制在磁芯的两个外柱上,这样变压器的原、副边绕组就会形成较好的耦合。这种 IM—CDR 不仅减小了变压器原边漏感,提高了电路性能,而且其磁芯结构也更加便于生产,普通的 EE 型和 EI 型磁芯就可以满足要求,而且有利于减小磁芯损耗。

图 3.30 中的 IM—CDR 拓扑都存在相同的一个问题,就是它们的输出滤波电感值受

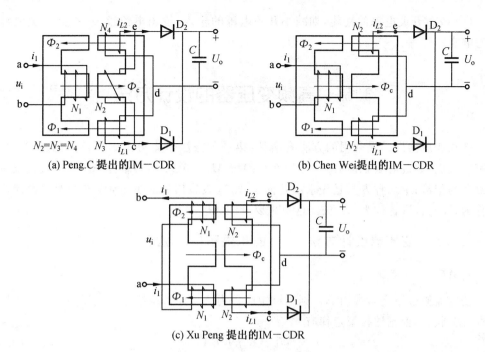

(a) Peng.C 提出的IM−CDR　　　　(b) Chen Wei 提出的IM−CDR

(c) Xu Peng 提出的IM−CDR

图 3.30　几种 IM−CDR 拓扑结构

到了限制,所以,存在相对较大的输出电压(电流)纹波。因此,Sun Jian 提出了如图 3.31(a) 所示的 IM−CDR 结构。与图 3.30(c) 中结构相比,该结构只是在磁芯的中柱上加了一组绕组,并串在了输出端,这就相当于在输出端增加了一个滤波电感,从而减小了输出电压(电流)纹波。与它相对应的 DM−CDR 电路如图 3.31(b) 所示,由于变压器副边增加了一个电感,使得这种结构并不十分适合于低压大电流输出的场合。

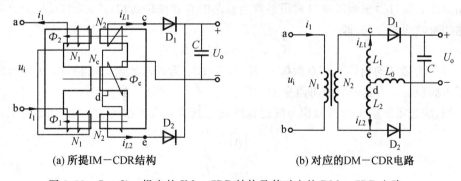

(a) 所提IM−CDR结构　　　　　(b) 对应的DM−CDR电路

图 3.31　Sun Jian 提出的 IM−CDR 结构及其对应的 DM−CDR 电路

采用磁集成技术的主要目的可归纳为下述几方面:

(1)减少开关电源中磁性器件的数量。

(2)使集成磁件的最大工作磁感应强度小于各分立磁件的磁感应强度之和,以减少磁芯的截面积,从而减少磁性器件的体积和质量。

(3)使集成磁件磁芯磁通的脉动分量减小,从而使其磁芯损耗减小,以提高开关电源的效率和功率密度。

(4) 改善开关电源的性能,如减小开关电源的输入、输出电流纹波,提高开关电源的瞬态响应速度等。

3.5 高频变压器的设计方法

高频变压器设计最常用的方法有两种:第一种方法是先求出磁芯窗口面积 A_w 与磁芯有效截面积 A_e 的乘积值(即磁芯的面积乘积 $AP = A_w A_e$),再根据 AP 值查表找出所需要磁芯的型号;第二种方法是先求出几何参数,查表找出磁芯型号,再进行相关设计。前者称为 AP 法,后者称为 K_G 法。这里主要介绍 AP 法。

3.5.1 变压器设计方法 —— 面积乘积(AP 法)

1. AP 值公式推导

变压器原边绕组匝数为 N_1,副边绕组匝数为 N_2,原边绕组上的电压为 U_1,变压器工作在开关状态,根据法拉第定律有

$$U_1 = K_f f N_1 B A_e \tag{3.55}$$

式中,K_f 为波形系数,即原边绕组电压 U_1 的有效值与平均值之比,当 U_1 为正弦波时,$K_f = 4.44$,当 U_1 为方波时,$K_f = 4$;f 为磁芯的开关工作频率;B 为磁芯的工作磁感应强度;A_e 为磁芯的有效截面积。

由式(3.55)整理得

$$N_1 = \frac{U_1}{K_f f B A_e} \tag{3.56}$$

磁芯的窗口面积乘以窗口利用系数为磁芯的有效窗口面积,该面积为原、副边绕组所占据的窗口面积之和,即

$$K_w A_w = N_1 A_1 + N_2 A_2 \tag{3.57}$$

式中,K_w 为磁芯的窗口利用系数($0 < K_w < 1$);A_w 为磁芯的窗口面积;A_1 为原边绕组每匝所占面积;A_2 为副边绕组每匝所占面积。

原、副边每匝绕组所占面积与流过该匝的电流值和电流密度 J 有关,如下所示:

$$\begin{cases} A_1 = \dfrac{I_1}{J} \\ A_2 = \dfrac{I_2}{J} \end{cases} \tag{3.58}$$

式中,I_1、I_2 分别为变压器原、副边的电流值。

由式(3.56)~(3.58)可得

$$K_w A_w = \frac{U_1 I_1}{K_f f B A_e J} + \frac{U_2 I_2}{K_f f B A_e J} \tag{3.59}$$

即

$$AP = A_w A_e = \frac{U_1 I_1 + U_2 I_2}{K_w K_f f B J} = \frac{P_T}{K_w K_f f B J} \tag{3.60}$$

式中，$AP = A_w A_e$ 为变压器磁芯的面积乘积；$P_T = U_1 I_1 + U_2 I_2$ 为变压器的容量。

式（3.60）表明，磁芯的工作磁感应强度 B、工作频率 f、窗口利用系数 K_w、波形系数 K_f 和电流密度 J 都可以影响其面积乘积 AP 值。而电流密度 J 的选取直接影响变压器的温升，进而又影响 AP 值，可表示为

$$J = K_j (A_w A_e)^X \tag{3.61}$$

式中，K_j 为电流密度比例系数；X 为由磁芯形状确定的常数。

因此，式（3.60）又可以表示为

$$AP = A_w A_e = \frac{P_T}{K_w K_f K_j f B (A_w A_e)^X} \tag{3.62}$$

式（3.62）整理可得

$$AP = A_w A_e = \left(\frac{P_T}{K_w K_f K_j f B}\right)^{\frac{1}{1+X}} \tag{3.63}$$

式（3.63）说明，变压器磁芯的选择就是选择合适的 AP 值，使其在传送功率为 P_T 时，变压器的铜损、铁损以及损耗所引起的温升在规定的范围之内。

2. 变压器容量的确定

开关电源中高频变压器的容量与开关电源所采用的后级整流电路结构形式有关，如图 3.32 所示为几种典型的开关电源后级整流电路的结构形式，采用图中各种电路时，变压器容量的计算方式如下。

对于图 3.32(a) 所示的电路结构形式，在线路理想时（即变压器效率 $\eta = 1$ 时）以及实际时（即变压器效率 $\eta < 1$ 时）的变压器容量分别为

$$P_T = P_i + P_o = 2P_i \tag{3.64}$$

$$P_T = P_i + P_o = P_o + \frac{P_o}{\eta} = P_o\left(1 + \frac{1}{\eta}\right) \tag{3.65}$$

对于图 3.32(b) 所示的电路结构形式，在线路理想（$\eta = 1$）时以及实际时（$\eta < 1$）的变压器容量分别为

$$P_T = (1 + \sqrt{2}) P_i \tag{3.66}$$

$$P_T = \left(\sqrt{2} + \frac{1}{\eta}\right) P_o \tag{3.67}$$

对于图 3.32(c) 所示的电路结构形式，在线路理想（$\eta = 1$）时以及实际时（$\eta < 1$）的变压器容量分别为

$$P_T = 2\sqrt{2} P_i \tag{3.68}$$

$$P_T = \sqrt{2}\left(1 + \frac{1}{\eta}\right) P_o \tag{3.69}$$

在式（3.64）～（3.69）中，P_i 为变压器的输入功率；P_o 为变压器的输出功率；η 为变压器的转换效率。

3. 窗口利用系数的确定

磁芯的窗口利用系数 K_w 是一个用来表征在磁芯窗口面积中原、副边绕组所占据实际面积的系数，它由导线截面积，绝缘漆厚度，绕组的匝数、层数以及线圈之间的距离等决

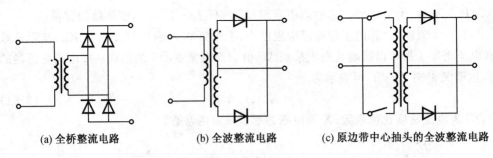

（a）全桥整流电路　　　（b）全波整流电路　　（c）原边带中心抽头的全波整流电路

图 3.32　典型的开关电源后级整流电路结构形式

定。K_w 可以用下面的式子表示为

$$
\begin{cases}
K_w = K_{w1} K_{w2} K_{w3} K_{w4} \\
K_{w1} = \dfrac{导线面积}{导线面积 + 导线绝缘材料面积} \\
K_{w2} = \dfrac{N\,匝导线面积}{可用窗口面积} \\
K_{w3} = \dfrac{可用窗口面积}{窗口面积} \\
K_{w4} = \dfrac{可用窗口面积}{可用窗口面积 + 绕组绝缘面积}
\end{cases}
\tag{3.70}
$$

窗口利用系数 K_w 主要与导线线径、绕组数有关。磁芯窗口中除了原边和副边所有绕组外还有绝缘层、静电屏蔽层以及间隙等。一般的设计原则是原、副边绕组所占的窗口面积相等，但对于正激式电路，与原边绕组并绕的磁复位绕组也占据一定的窗口面积。此外，在中心抽头式推挽拓扑结构中，在任何时间内，仅仅只有一半原边绕组处于工作状态，这使得相对于总的窗口面积来说，原、副边绕组的有效利用率均有所下降。

磁芯窗口的充填系数与导线的形状密切相关，圆导线的线间用叠层排列，充填系数高，但线圈导线之间的空隙和导线绝缘占据较大的窗口面积。即使用全部圆绝缘导线组成的单线圈，铜的截面积也仅占骨架窗口的 $70\% \sim 75\%$。对于利兹线，铜面积还要进一步减小。对于多股绞线，约附加 75% 系数。对于用铜箔或铜带绕制的多层线圈，由于没有空隙，仅需匝间绝缘，其骨架窗口的利用率高达 $80\% \sim 90\%$ 铜面积，实际上，铜箔或铜带绕制时不可能绕得十分紧密，一般利用率在 $0.3 \sim 0.5$。

在变压器的设计中，骨架窗口的绕线面积存在一定的浪费，其中一个重要的原因就是线圈层间的匝数分布不均匀，匝数分布均匀有利于所有层的宽度相等，提高磁场的耦合程度，从而减小漏感。在实际应用中经常遇到的一个问题是，如果骨架高度被充分利用，磁芯和骨架就很难安装在一起，所以磁芯窗口面积的一些浪费是不可避免的。

4. 磁芯结构常数

磁芯的结构常数见表 3.3。

表 3.3　各种磁芯的结构常数

磁芯种类	损耗	K_j（允许温升 25 ℃）	K_j（允许温升 50 ℃）	X	K_s	K_w	K_v
一般罐型（配线）磁芯	$P_{Cu} = P_{Fe}$	433	632	-0.17	33.8	48	14.5
铁粉芯	$P_{Cu} \gg P_{Fe}$	403	590	-0.12	32.5	58.8	13.1
金属叠片合金	$P_{Cu} = P_{Fe}$	366	534	-0.12	41.3	68.2	19.7
U 型磁芯	$P_{Cu} = P_{Fe}$	323	468	-0.14	39.2	66.6	17.9
单线圈	$P_{Cu} \gg P_{Fe}$	395	569	-0.14	44.5	76.6	25.6
带绕铁芯	$P_{Cu} = P_{Fe}$	250	365	-0.13	50.9	82.3	25

表 3.3 中的各值,是由各种磁芯资料使用最小平方误差法,以尽量符合其函数曲线值而求得的。有关电流密度 J、磁芯体积 V_c、质量 W、面积 A_s 与 AP 之间的关系为 $J = K_j AP^X$,$V = K_v AP^{0.75}$,$W = K_w AP^{0.75}$,$A_s = K_s AP^{0.5}$。

3.5.2　基于 AP 法的高频变压器设计举例

1. 半桥变换器功率变压器的设计

下面介绍一种半桥变换器功率变压器的设计方法。

设计条件为:输入电压为三相 50 Hz,380 V±57 V;输出电压 $U_o = 6 \sim 18$ V(可调);输出电流 $I_o = 1\ 000$ A;开关频率 $f = 20$ kHz;整流电路为全波整流,整流二极管压降 $U_{DF} = 0.5$ V;工作效率 $\eta = 98\%$(变压器);输出滤波电感 $L_f = 10$ μH;变压器允许温升 $\Delta T = 40$ ℃(强制风冷)。

(1)计算变压器的容量。

$$P_T = (\sqrt{2} + \frac{1}{\eta})P_o = (\sqrt{2} + \frac{1}{\eta})(U_o + U_{DF})I_o = 45\ 036\ (\text{W})$$

(2)确定变压器的磁芯尺寸。

从变压器的成本、功率容量、绕制结构以及难易程度、磁性能等方面综合考虑,该电源的功率变压器磁芯不采用虽然在大功率电源中具有一定优势的非晶合金磁芯,而采用铁氧体材料的 EE 型磁芯。这里取 $B = 0.2$ T,$K_w = 0.4$(窗口利用系数的典型取值),$K_f = 4$(方波),$K_j = 450$,$X = -0.12$,则

$$AP = A_w A_e = (\frac{P_T}{K_w K_f K_j fB})^{\frac{1}{1+X}} = 310\ (\text{cm}^4)$$

选用 EE128 磁芯,该磁芯 $A_e = 16$ cm²,$A_w = 21$ cm²,$AP = A_e A_w = 336$ cm⁴。选用磁芯的 AP 值大于计算 AP 值,可满足功率传输的要求,另外选用磁芯的窗口面积大,易于绕线和散热,这在大功率使用条件下是非常有利的。

(3)计算原、副边绕组匝数。

半个开关周期内开关管的最大占空比 $D_{max} = 2T_{ONmax}/T$,则选取 $D_{max} = 0.8$,$T_{ONmax} = 20$ μs,输入至变压器的最高直流电压为

$$U_{inmax} \approx 0.5 \times 1.414 \times 380 \times (1 + 0.15) = 309\ (\text{V})$$

则变压器原边绕组匝数 N_1 为

$$N_1 = \frac{U_{\text{in max}} T_{\text{ONmax}}}{2BA_e} = 9.66 \text{（匝）}$$

这里取原边绕组匝数 $N_1 = 10$ 匝，那么副边绕组匝数 N_2 计算为

$$N_2 = \frac{2(U_o + U_{\text{DF}})N_1}{U_{\text{in max}} D_{\text{max}}} = 1 \text{（匝）}$$

变压器原边 $N_1 = 10$ 匝，副边中心抽头 $N_{21} = N_{22} = 1$ 匝，输出电压用电位器可在输入电压最低允许值时从 6 V 调至 18 V。

（4）计算原、副边电流有效值。

变压器副边电流峰值 I_{2p} 为

$$I_{2p} = I_o + \frac{1}{2L_f}\left(\frac{N_2}{N_1}U_{\text{inDC}} - U_o\right)T_{\text{ON}} = 1\,009 \text{（A）}$$

副边电流有效值 $I_{2\text{rms}}$ 为

$$I_{2\text{rms}} = \frac{\sqrt{1+D}}{2}I_{2p} = 677 \text{（A）}$$

原边电流峰值 I_{1p} 与电流有效值 $I_{1\text{rms}}$ 分别为

$$I_{1p} = \frac{N_2}{N_1}I_{2p} = 101 \text{（A）}$$

$$I_{1\text{rms}} = \sqrt{D}\,I_{1p} = 90 \text{（A）}$$

（5）计算原、副边绕组导体面积 A_1、A_2。

绕组电流密度为

$$J = K_j (AP)^X = 224 \text{（A/cm}^2\text{）}$$

这里取 $J = 2.5 \text{ A/mm}^2$。

根据电流密度计算变压器原、副边绕组导体面积 A_1、A_2 分别为

$$A_1 = \frac{I_{1\text{rms}}}{J} = 36 \text{（mm}^2\text{）}$$

$$A_2 = \frac{I_{2\text{rms}}}{J} = 272 \text{（mm}^2\text{）}$$

副边带中心抽头的功率变压器，原、副边绕组面积若按 $1 : \sqrt{2}$ 分配，则计算变压器原、副边绕组导体面积 A_1、A_2 分别为

$$A_1 = \frac{K_w A_w}{N_1}\frac{1}{1+\sqrt{2}} = 35 \text{（mm}^2\text{）}$$

$$A_2 = \frac{K_w A_w}{2N_2}\frac{\sqrt{2}}{1+\sqrt{2}} = 246 \text{（mm}^2\text{）}$$

两种计算结果相近。

（6）变压器绕制。

该变压器因原、副边电流大，采用铜皮绕制。考虑到集肤效应的影响，原边用 0.5 mm×78 mm，副边用 0.6 mm×78 mm 的薄铜皮，原边 1 片，副边 6 片。原、副边绕组结构布局根据减小漏感的要求，采用原、副边加强耦合，类似于图 3.33 所示的"三明治"夹层绕法。将原边绕组分成两部分，一部分原边绕组绕在磁芯骨架的里侧，再绕两个副边

绕组,最后在外侧绕另一部分原边绕组,如图 3.33(a) 所示布局;或者将夹在原边绕组中间的两个副边绕组分别分成两部分对称分布并联,如图 3.33(b) 所示布局。相关的绕组绕制方法有许多,图 3.33 只是其中两种,供参考。

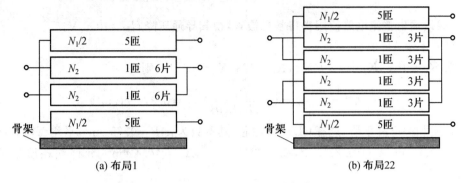

(a) 布局1　　　　　　　　　　　　　　(b) 布局22

图 3.33　变压器原、副边绕组结构布局

(7) 变压器的温升计算。

变压器的温升是由绕组的铜损和磁芯的铁损产生的,铜损与铁损之和为变压器的总损耗,将其与变压器的热阻相乘,即得到变压器的温升。

计算变压器的铜损 P_{Cu}:80 ℃ 时铜导体的电阻率 $\rho = 2.13 \times 10^{-5}$ Ω·mm,EE128 磁芯的平均匝长 MLT $= 240$ mm,设交流电阻与直流电阻的比值 $R_{AC}/R_{DC} = 1.2$,则分别计算出变压器原、副边铜损 P_{Cu1}、P_{Cu2} 为

$$P_{Cu1} = I_{1rms}^2 \frac{\text{MLT} \cdot N_1 \rho}{A_1} \frac{R_{AC}}{R_{DC}} = 13(\text{W})$$

$$P_{Cu2} = I_{2rms}^2 \frac{\text{MLT} \cdot N_2 \rho}{A_2} \frac{R_{AC}}{R_{DC}} = 10(\text{W})$$

由于变压器副边采用的是带中心抽头的全波整流电路形式,总的铜损应为 P_{Cu2} 的 2 倍,即 20 W。

估算变压器的铁损 P_{Fe}:查阅相关的产品手册,该类型磁芯单位质量铁损的估算值为 17.7 mW/g,而一副 EE128 磁芯的总质量约为 2 200 g,因此,估算其铁损为

$$P_{Fe} = 17.7 \text{ mW/g} \times 2\ 200 \text{ g} = 38.9 \text{ W}$$

由该估值可以看出,该变压器的铁损与铜损近似相等,可获得较小的总损耗。

变压器的总损耗为

$$\sum P = P_{Cu1} + P_{Cu2} + P_{Fe} = 71.9(\text{W})$$

由此可以通过变压器总损耗与其热阻的乘积计算出其温升。在实际的设计中,温升多数是在样品试制完成后进行实验性的测试,根据测试结果是否满足规定对相关参数进行修正,如增大或减小电流密度、磁芯尺寸等并再次进行测试。

2. 推挽变换器功率变压器的设计

一种推挽方式工作的开关电源,变压器原边输入电压 $U_i = 28$ V,副边采用带中心抽头的全波整流电路,输出电压 $U_o = 18$ V,输出电流 $I_o = 5$ A,开关频率 $f = 40$ kHz,工作效率 $\eta = 98\%$ (变压器),变压器允许温升 $\Delta T = 25$ ℃,采用镍锌铁氧体材料的 U 型磁芯(工

作磁感应强度 $B=0.3T$),用 AP 法设计该功率变压器。

（1）计算变压器的容量。

$$P_T = \sqrt{2}(1+\frac{1}{\eta})P_o = \sqrt{2}(1+\frac{1}{\eta})(U_o+U_{DF})I_o = 265(\text{W})$$

式中,假设输出整流电路使用肖特基二极管,视其导通压降 $U_{DF}=0.6\text{ V}$。

（2）计算 AP 值。

取 $K_w=0.4, K_f=4$（方波）,$K_j=323, X=-0.14$,则

$$AP = A_w A_e = (\frac{P_T}{K_w K_f K_j fB})^{\frac{1}{1+X}} = 0.374\ 7(\text{cm}^4)$$

查阅相关产品手册,选择 CL-45 磁芯,其参数为:$AP=0.75\text{ cm}^4$,平均每匝导线长度 MLT$=3.9\text{ cm}, A_e=0.27\text{ cm}^2, A_w=2.77\text{ cm}^2, A_s=44.4\text{ cm}^2$,允许铁耗质量 $W_{tFe}=0.021\text{ kg}$。

（3）计算变压器原边绕组匝数（中心抽头至两端）。

$$N_1 = \frac{U_i}{K_f fBA_e} = 21.5\ （匝）$$

取整数 $N_1=22$ 匝。

（4）计算变压器原边绕组电流（有效值）。

$$I_{1rms} = \frac{P_o}{U_i \eta} = \frac{(U_o+U_{DF})I_o}{U_i \eta} = 3.39(\text{A})$$

（5）计算电流密度。

$$J = K_j (AP)^X = 336.2(\text{A/cm}^2)$$

（6）计算原边绕组导线面积。（注意,电路中有中间抽头时,电流需乘以校正因数 0.707）

$$A_1 = \frac{0.707 I_{1rms}}{J} = 0.007\ 13\ (\text{cm}^2)$$

由铜线规格表查得最接近的导线 $A_1=0.007\ 854\text{ cm}^2$,直流电阻为 $222.8\ \mu\Omega/\text{cm}$。

计算原边绕组电阻为

$$R_1 = \text{MLT} \cdot N_1 \times 222.8\ \mu\Omega/\text{cm} = 0.019(\Omega)$$

计算原边绕组铜损

$$P_{Cu1} = I_{1rms}^2 R_1 = 0.218(\text{W})$$

（7）计算变压器副边绕组匝数（中心抽头至两端）需要考虑占空比。

$$N_2 = N_1 \frac{U_o+U_{DF}}{U_i} = 14.6(匝)$$

取整数 $N_2=15$ 匝。

（8）计算副边绕组导线面积。（注意,电路中有中间抽头时,电流需乘以校正因数 0.707）

$$A_2 = \frac{0.707 I_o}{J} = 0.010\ 51(\text{cm}^2)$$

由铜线规格表查得最接近的导线 $A_2=0.010\ 94\text{ cm}^2$,直流电阻为 $160\ \mu\Omega/\text{cm}$。

计算副边绕组电阻为

$$R_2 = \text{MLT} \cdot N_2 \times 160 \ \mu\Omega/\text{cm} = 0.009\ 36(\Omega)$$

计算副边绕组铜损

$$P_{\text{Cu2}} = I_o{}^2 R_2 = 0.234(\text{W})$$

因此变压器的总铜损为

$$P_{\text{Cu}} = P_{\text{Cu1}} + P_{\text{Cu2}} = 0.452(\text{W})$$

在绕制变压器时,为了减小集肤效应的影响,应尽量选用多股线并绕,并应使并绕多股线的截面积与上面所选铜线的截面积相等。

(9) 计算在满足效率 $\eta = 98\%$ 下允许的总损耗。

$$\sum P = \frac{P_o}{\eta} - P_o = 1.9(\text{W})$$

(10) 计算允许铁损 P_{Fe}。

$$P_{\text{Fe}} = \sum P - P_{\text{Cu}} = 1.448(\text{W})$$

(11) 根据磁芯损耗曲线,求出工作时实际发生的损耗。由推挽电路损耗表达式,可以求出 40 kHz 时每千克损耗的值:

$$\frac{W}{\text{kg}} = 0.165 \times 10^{-3} f^{1.41} B^{1.77} = 60.53$$

实际发生的损耗为

$$P_{\text{Fe}} = \frac{W}{\text{kg}} \times W_{\text{tFe}} = 1.27(\text{W})$$

(12) 上面求出的 $P_{\text{Fe}} = 1.27$ W 小于第(10)项计算出的允许铁损 $P_{\text{Fe}} = 1.448$ W。

(13) 计算单位面积损耗值 ΔP_{A}。

$$\Delta P_{\text{A}} = \frac{P_{\text{Cu}} + P_{\text{Fe}}}{A_{\text{S}}} = 0.038\ 8(\text{W/cm}^2)$$

以上计算表明此值下温升将在 25 ℃ 以内,设计合理。

3.5.3 变压器磁芯的初选方法

对于有经验的磁设计者来说,决定变压器磁芯的尺寸并不困难,而对于一个变压器设计的新手,在初始估计磁芯尺寸时,往往会感到无从下手。这时,只能根据使用要求,应用一些基本知识找到相应的磁芯。

用面积乘积法计算所需要的磁芯会与许多因素有关。磁芯处理功率的能力并不是随着磁芯的面积乘积或者磁芯的体积而线性变化,通常较大的变压器必须工作于低功率密度,因为其散热面积的增长低于产生损耗的体积的增长。例如一个球体的体积是随其半径的立方增长,而表面积是随半径的平方增长。另外,变压器工作的热环境也很难精确估计,强迫通风还是自然冷却都将影响变压器允许的损耗和温升。

以下公式提供一个变压器磁芯面积乘积的粗略预计:

$$AP = A_e A_w = \left(\frac{P_o}{K \Delta B f}\right)^{\frac{3}{4}} \tag{3.71}$$

式中,P_o 为变压器的输出功率,W;ΔB 为磁芯工作磁感应强度的变化量,T;f 为变压器的工作频率,Hz;这里,对于正激变换器和带中心抽头的推挽变换器取 $K=0.014$,而对于半桥和全桥变换器取 $K=0.017$。

式(3.71)是在变压器线圈的电流密度 $J=4.2$ A/mm^2,并假定窗口利用系数 $K_w=0.4$ 的条件下获得的。在低频时,磁芯的饱和将限制其磁感应强度的最大摆幅;而在 50 kHz(铁氧体磁芯)以上高频时,磁芯损耗限制了 ΔB。这里采用磁芯的比损耗为 100 mW/cm^3 时,工作频率 f 对应的 ΔB 值。

这样初选的磁芯尺寸不是很精确,但是可以减少试算的次数。最终检验设计结果,应在应用环境中,对电路中的工作样件变压器,用热电偶粘贴在中心柱的中心,检测热点温升,或利用线圈电阻的正温度系数,测量热态线圈电阻,并计算出线圈的平均温升。

3.5.4　平面变压器的设计

1. 平面变压器的基本设计步骤

除了变压器的常规设计外,平面变压器的设计主要从几个方面入手,即计算最大磁感应强度、设计变压器的线圈、计算电流在 PCB 板中的温升等。

(1)计算最大磁感应强度。

变压器的温升主要是由绕组铜损与磁芯铁损引起的,为了降低温升,就必须减小变压器的铜损与铁损。变压器的总损耗与温升成正比,而与变压器的热阻成反比。因此,变压器的总损耗可以表示为

$$\sum P = \frac{\Delta T}{R_{th}} \tag{3.72}$$

式中,ΔT 为变压器的温升;R_{th} 为变压器的热阻。

磁芯的损耗与有效磁芯体积有关,假设磁芯的损耗占变压器总损耗的一半,则可将最大磁芯单位体积损耗 P_V(mW/cm^3)表示为变压器允许温升 ΔT 和有效磁芯体积 V_c 的函数为

$$P_V = \frac{12\Delta T}{\sqrt{V_c}} \tag{3.73}$$

单位体积损耗 P_V 与频率 f、最大磁感应强度 B_p 以及温度 T 的关系可近似表示为

$$P_V = C_m f^\alpha B_p^\beta (c_0 - c_1 T + c_2 T^2) = C_m C_T f^\alpha B_p^\beta \tag{3.74}$$

式中,C_m、α、β、c_0、c_1、c_2 是平面磁芯的损耗因子,这些参数对于某种铁氧体材料是确定的,而不同材质磁芯的损耗因子是不同的。

由式(3.73)和式(3.74)可得到最大磁感应强度 B_p 为

$$B_p = \left(\frac{P_V}{C_m C_T f^\alpha}\right)^{\frac{1}{\beta}} \tag{3.75}$$

注意,此处的 B_p 是磁芯磁感应强度峰峰值的一半,如图 3.34 所示。

(2)设计变压器的线圈。

当确定了磁芯的最大磁感应强度之后,根据平面变压器的电路形式就可以确定原、副边绕组的匝数。由于印制线中有电流时会引起 PCB 板的温度上升,因此绕组的均匀分布非常重要。此外,将原、副边绕组进行交错绕制以减小邻近效应和漏感也很重要。

PCB 板中可用线圈高度和所需要的匝数很难达到最佳设计,为了降低成本,建议选择标准铜层厚度。标准的 PCB 板铜层厚度有 35 μm 和 70 μm 两种,层厚度的不同对电流引起的线圈温升起重要的作用。

IEC950 安全标准要求 PCB 材料间有 400 μm 的距离,作为原、副边之间的重点绝缘。如果不需要这个绝缘,在原、副边线圈层间有 200 μm 的距离就足够了。而且考虑 PCB 顶层和底层焊接丝网层大约要 50 μm。按电流大小和最大电流密度决定线圈的线宽,匝间距离取决于工艺水平和成本。根据经验铜层厚度为 35 μm 的印制板,线宽和间隙大于 150 μm;对于铜层厚度为 70 μm 的印制板,线宽和间隙大于 250 μm。这些参数和 PCB 板的制造能力有关,有时可以做到很小的尺寸,但 PCB 板的制造成本会增加。

典型的 EI 型平面变压器结构如图 3.35 所示,其中,N_1 为每层匝数,s 为匝间的间隙,可用的整个线圈宽度为 b_w,每层导线宽度为 w_t,则有

$$w_t = \frac{b_w - (N_1 + 1)s}{N_1} \tag{3.76}$$

如果需要重点绝缘,原、副边必须有 400 μm 的间距。在线圈接近内层(磁芯中柱)与外层(磁芯边柱)间引线的爬电距离必须大于 400 μm,则要在式(3.76)中的可用线圈宽度中减去 800 μm 来计算导线宽度,即

$$w_t = \frac{b_w - 0.8 - (N_1 + 1)s}{N_1} \tag{3.77}$$

式(3.76)和式(3.77)中所有尺寸的单位都是 mm。

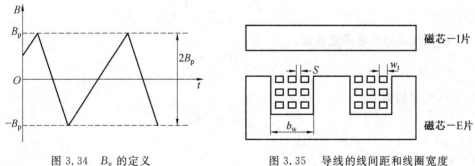

图 3.34　B_p 的定义　　　　　　图 3.35　导线的线间距和线圈宽度

(3) 电流在 PCB 板中引起的温升。

PCB 板上的温升,主要是由流过的电流引起的。为了使印制线的温升满足设计要求,应当计算出电流的有效值,其算法与变换器的主电路形式有关,在下面将以反激式变换器为例进行介绍。

如图 3.36 所示为 PCB 板电流有效值、导线尺寸与温升的关系曲线。利用此曲线可以直接确定出不同温升条件下的敷铜厚度、印制线宽度、印制板截面积,以及所允许的电流有效值大小。注意,此处仅考虑了直流电流对绕组温升的影响,没有考虑交流电流的作用。而在实际中,交流电流引起的集肤效应和邻近效应是不能忽略的。对于铜导线而言,在 60 ℃ 条件下集肤深度可计算为

$$\Delta = \frac{2\,230}{\sqrt{f}} \quad (\mu m) \tag{3.78}$$

如果印制线宽度 $w_1 < 2\Delta$ 时，则集肤效应的影响并不显著，即在 500 kHz 条件下，印制线宽度可以小于 200 μm。如果绕组宽度允许，绕组最好由多组平行的印制线组成。

2. 平面变压器设计举例 —— 反激式变换器的平面变压器设计

反激式变换器的参数为：(1) 输入电压最小值 $U_{\text{Imin}} = 70$ V；(2) 输出电压 $U_{\text{o}} = 8.2$ V，偏置绕组（偏置绕组主要用于向控制芯片供电）输出 $U_{\text{IC}} = 8$ V；(3) 占空比 $D = 0.5$；(4) 开关频率 $f = 120$ kHz；(5) 输出功率 $P_{\text{o}} = 8$ W；(6) 环境温度为 60 ℃；(7) 允许温升 $\Delta T = 35$ ℃。

假定在 120 kHz 工作频率下的磁芯的最大工作磁感应强度为 0.16 T。由于反激式变换器的输出功率小，因此选用 Philips 公司生产的小型平面 E 型磁芯。E－E14、E－E18 和 E－E22 是 3 种外形很小的平面 E 型磁芯，下面通过计算选用其中一种磁芯。

(1) 原边绕组匝数的确定。

$$N_1 = \frac{U_{\text{Imin}} D}{f B_{\text{p}} A_{\text{e}}}$$

式中，A_{e} 为平面 E 型磁芯的有效截面积。

(2) 副边绕组匝数的确定。

$$N_2 = N_1 \frac{U_{\text{o}}}{U_{\text{Imin}}} \frac{D}{1-D}$$

(3) 偏置绕组匝数的确定。

$$N_{\text{IC}} = N_1 \frac{U_{\text{IC}}}{U_{\text{Imin}}} \frac{D}{1-D}$$

(4) 变压器原边电感量确定。

$$L_1 \leqslant \frac{(U_{\text{Imin}} D)^2}{2 f P_{\text{o}}}$$

(5) 气隙的确定。

$$l_{\delta} = \frac{\mu_0 N_1^{\,2} A_{\text{e}}}{L_1}$$

式中，μ_0 为真空磁导率。

(6) 原边电流有效值确定。

$$I_{\text{1rms}} = \frac{U_{\text{Imin}} D}{f L_1} \sqrt{\frac{D}{3}}$$

(7) 副边电流有效值的确定。

$$I_{\text{2rms}} = \frac{P_{\text{o}}}{U_{\text{o}}} \sqrt{\frac{4}{3(1-D)}}$$

计算数据列于表 3.4 中。由该表中的计算结果可以看出：E－E14 磁芯的原边绕组匝数为 63，这对于多数印制电路板来说都是不太合适的，而 E－E22 磁芯的有效截面积和体积又略大了些，故选用 E－E18 或 E－PLT18 磁芯是比较合适的。在实际应用时 N_1、N_2、N_{IC} 分别取 24 匝、3 匝、3 匝。

变压器原边的 24 匝绕组可以分为 2 层或 4 层来实现。由于 E－E18 磁芯适宜的绕组宽度为 4.6 mm，因此，最好将原边绕组分成 4 层，每层 6 匝，这样每匝绕组之间的间距也

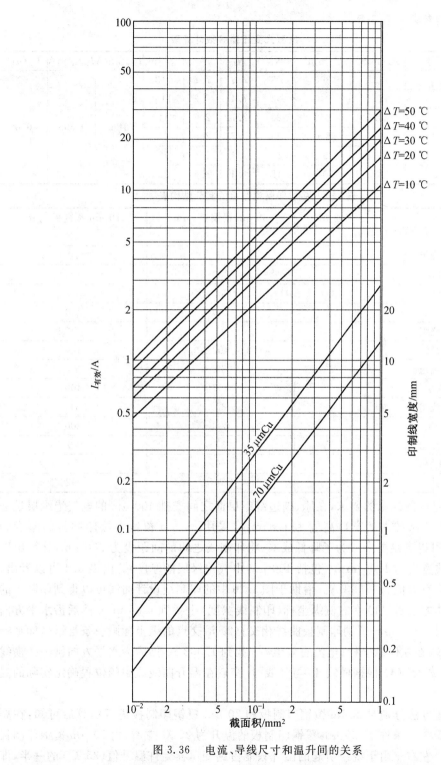

图 3.36　电流、导线尺寸和温升间的关系

是比较合适的,另外,每层绕组的匝数不宜过多,否则制作成本将会上升。3 匝副边绕组
和 3 匝偏置绕组分别安排在一个层面就可以了。这样实际设计中可以采用 6 层印制板,

其具体的结构参数见表3.5。

表3.4　反激式变压器参数计算表

平面磁芯型号	A_e/mm^2	V/mm^3	N_1	N_2	N_{IC}	$l_\delta/\mu\text{m}$	$I_{1\text{rms}}/\text{mA}$	$I_{2\text{rms}}/\text{mA}$	$L_1/\mu\text{H}$
E－E14	14.5	300	63	7.4	7.2	113			
E－PLT14	14.5	240	63	7.4	7.2	113			
E－E18	39.5	960	23	2.7	2.6	41			
E－PLT18	39.5	800	23	2.7	2.6	41	186	1 593	638
E－E22	78.5	2550	12	1.4	1.4	22			
E－PLT22	78.5	2040	12	1.4	1.4	22			

表3.5　多层印制电路板的实际结构表

层面	匝数	35 μm 覆铜板 /μm	70 μm 覆铜板 /μm
焊接层		50	50
原边绕组	6	35	70
绝缘层		200	200
原边绕组	6	35	70
绝缘层		200	200
偏置绕组	3	35	70
绝缘层		400	400
副边绕组	3	35	70
绝缘层		400	400
原边绕组	6	35	70
绝缘层		200	200
原边绕组	6	35	70
焊接层		50	50
合计		1 710	1 920

为了满足电气绝缘的要求,在原、副边绕组层面之间安排 400 μm 的电气绝缘层是必要的。E－PLT18 磁芯的窗口高度为 1.8 mm,采用 35 μm 覆铜多层印制板的厚度为 1 710 μm 时可以满足要求。为了降低成本,将印制线之间的间距设为 300 μm,计算出副边绕组印制线宽度为 1.06 mm(包括 400 μm 电气绝缘层的厚度)。由表 3.4 可以看出,副边绕组电流有效值为 1.593 A。借助于图 3.36 中的印制线设计曲线可以得到印制板的温升值。具体方法是:(1)在右侧纵坐标(印制线宽度)上找到 1.06 mm,然后沿水平方向画一条横线 Ⅰ 与 35 μm 覆铜印制板曲线相交;(2)沿交点的纵坐标画一条与纵坐标平行的竖线 Ⅰ;(3)在左侧纵坐标(电流有效值)上找到 1.593 A,然后沿水平方向画一条横线 Ⅱ 与竖线 Ⅰ 相交;(4)根据横线 Ⅱ 与竖线 Ⅰ 交点在温升曲线族中的位置确定实际的温升值。

按照上述方法分别对 35μm 覆铜印制板和 70 μm 覆铜印制板进行估算后可知:在副边电流为 1.593 A 条件下,35 μm 覆铜印制板的温升为 25 ℃ 左右,而 70 μm 覆铜印制板的温升为 7 ℃ 左右。由于绕组引起的温升只能占到变压器允许温升值(35 ℃)的一半,即 17.5 ℃,因此,35 μm 覆铜印制板的温升偏大了一些,选择 70 μm 覆铜印制板比较合适。

原边绕组印制线宽度的计算与副边绕组的计算相同,可以计算出原边绕组印制线的宽度为 0.416 mm。按照前面介绍的方法对原边绕组印制线引起的温升进行估算,可知,原边绕组印制线对温升几乎没什么影响。

考虑到变换器的工作频率为 120 kHz,需要增加 2 ℃ 的温升裕量,这样整个印制板因电流引起的总温升低于 10 ℃。因而,此反激式变换器中的印制板应选择 6 层 70 μm 覆铜印制板,其厚度为 1 920 μm。E－PLT18 磁芯的窗口高度仅为 1.8 mm,无法使用,因此,只能选择 E－E18 磁芯,其窗口高度可以达到 3.6 mm,满足设计要求。

3.6　电感的设计方法

电感的设计任务通常是在已知电感量、流过电感最大电流的条件下,选择磁芯材料、确定磁芯尺寸,计算磁路中的非磁性气隙、绕组匝数和导线的线径。电感的设计也有面积乘积(AP)法和几何参数(K_G)法两种常用的方法,这里主要介绍 AP 法。

3.6.1　电感的设计方法 —— 面积乘积(AP 法)

1.电感的物理关系式

根据法拉第定律,电感有如下关系式:

$$L \frac{\mathrm{d}i}{\mathrm{d}t} = N \frac{\mathrm{d}\Phi}{\mathrm{d}t} = N \frac{\mathrm{d}BA_e}{\mathrm{d}t} \tag{3.79}$$

对式(3.79)进行积分得

$$LI = NBA_e$$

即

$$I = \frac{NBA_e}{L} \tag{3.80}$$

式(3.80)两边均乘以绕组匝数 N 得

$$NI = \frac{N^2 BA_e}{L} \tag{3.81}$$

根据安培定律安匝磁动势为

$$F = \oint H \mathrm{d}l_c$$

即

$$NI = Hl_c \tag{3.82}$$

由式(5.81)和式(5.82)可得

$$L = \frac{N^2 BA_e}{Hl_c} = \frac{N^2 \mu_0 \mu_r A_e}{l_c} \tag{3.83}$$

由式(3.80)可得

$$\frac{1}{2}LI^2 = \frac{NIBA_e}{2} \tag{3.84}$$

由式(3.82)和式(3.84)可得

$$\frac{1}{2}LI^2 = \frac{1}{2}Hl_cBA_e = \frac{1}{2}HBV_c \tag{3.85}$$

式（3.79）～（3.85）描述了电感各种量之间的关系，主要是电磁及它们能量与基本参数（如绕组匝数 N、磁路有效截面积 A_e、磁路有效长度 l_c、相对磁导率 μ_r、真空磁导率 μ_0 等）的关系。其中，F 为磁动势，$V_c = A_e l_c$ 为磁路的体积。

2. AP 法公式推导

由式（3.80）可得

$$N = \frac{LI}{BA_e} \tag{3.86}$$

由式（3.86）可得

$$NI = \frac{LI^2}{BA_e} \tag{3.87}$$

考虑电感的有效安匝值是由有效铜窗口面积 $K_w A_w$ 中的电流构成的，故有

$$NI = JK_w A_w \tag{3.88}$$

由式（3.87）和式（3.88）可得

$$AP = A_w A_e = \frac{LI^2}{BJK_w} \tag{3.89}$$

式（3.89）说明：电感磁芯的面积乘积（AP）值与其可以储能的值 LI^2 成正比，与其工作磁感应强度 B、电流密度 J、窗口利用系数 K_w 成反比；在合理的 L、B、J 和 K_w 的选值下，电流 I 会产生合适的温升。因此，可以通过计算 AP 值来设计电感。

由式（3.61）可知 $J = K_j AP^X$，因此，代入式（3.89）中可得

$$AP = \frac{LI^2}{BK_w K_j AP^X} \tag{3.90}$$

即

$$AP = \left(\frac{LI^2}{BK_w K_j}\right)^{\frac{1}{1+X}} \tag{3.91}$$

式（3.91）中的 B 和 I 的关系可以用图 3.37 来表示。由图中可得

$$B = B_{dc} + B_{ac} \tag{3.92}$$

式（3.92）中的 B_{dc} 和 B_{ac} 值可以推证为

$$\begin{cases} B_{dc} = \dfrac{0.4\pi NI_{dc}}{l_\delta + (l_c/\mu_r)} \times 10^{-4} \quad (\text{T}) \\ B_{ac} = \dfrac{0.4\pi N(\Delta I/2)}{l_\delta + (l_c/\mu_r)} \times 10^{-4} \quad (\text{T}) \end{cases} \tag{3.93}$$

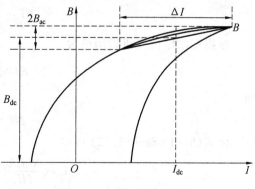

图 3.37　B 和 I 的关系图

式中，l_δ 是电感磁芯的气隙长度；并考虑 $I = I_{dc} + (\Delta I/2)$。

由式（3.83）、式（3.92）和式（3.93）可得

$$L = \frac{0.4\pi N^2 A_e}{l_\delta + (l_c/\mu_r)} \times 10^{-8} \quad \text{（H）} \tag{3.94}$$

如果 $l_\delta \gg l_c/\mu_r$，即 μ_r 值很大，则式（3.94）可简化为

$$L = \frac{0.4\pi N^2 A_e}{l_\delta} \times 10^{-8} \quad \text{（H）} \tag{3.95}$$

如果气隙边缘效应不能忽略，则要考虑窗口长度 G 与气隙长度 l_δ 的比值，即磁通边缘效应因素 F，如下：

$$F = 1 + \frac{l_\delta}{\sqrt{A_e}} \ln\left(\frac{2G}{l_\delta}\right) \tag{3.96}$$

则式（3.95）可修正为

$$L = \frac{0.4\pi N^2 A_e F}{l_\delta} \times 10^{-8} \quad \text{（H）} \tag{3.97}$$

3.6.2　基于 AP 值法的电感设计举例

1. 输出滤波电感的设计

下面以一种半桥变换器为例介绍输出滤波电感的设计方法。设计条件为：输入电压为三相 380 V，50 Hz；输出直流电压 $U_o = 12$ V；输出直流电流 $I_o = 1\,000$ A，允许最大纹波电流 $\Delta I_L = 50$ A；开关频率 $f = 20$ kHz；最大占空比 $D_{max} = 0.8$；工作环境温度 $-10 \sim +40$ ℃；变压器原、副边绕组匝数比 $n = 10$；整流电路为全波整流；需求设计电感量 $L = 5.1\ \mu$H。设计步骤如下。

（1）计算电感的储能。

$$E_L = \frac{1}{2}LI^2 = \frac{1}{2}L\left(I_o + \frac{1}{2}\Delta I_L\right)^2 = 2.679 \text{（J）}$$

（2）计算 AP 值。

$$AP = \left(\frac{LI^2}{BK_w K_j}\right)^{\frac{1}{1+X}} = 707.6 \text{（cm}^4\text{）}$$

该输出滤波电感上的高频纹波成分很小，从产品的成本考虑，选用 CD 型硅钢片卷绕磁芯。上式中，取最大工作磁感应强度 $B = 1.0$ T，电流密度比例系数 $K_j = 468$，磁芯结构常数 $X = -0.14$。

根据产品手册，选用 CD32 × 64 × 80 磁芯，其主要参数是：磁芯有效截面积 $A_e = 18.8$ cm²，窗口面积 $A_w = 40$ cm²，有效磁路长度 $l_c = 39.7$ cm，平均每匝导线长度 MLT = 28.6 cm，磁芯质量 $W_{tFe} = 5.15$ kg。该磁芯的面积乘积值 $AP = 18.8 \times 40 = 752$ cm⁴ > 707.6 cm⁴，满足功率要求。

（3）计算电流密度。

$$J = K_j AP^X = 185 \text{（A/cm}^2\text{）}$$

由于该电感线圈主要受直流电流分量的影响，线圈大多采用铜扁裸导体绕制。而且处于开放式、强制风冷环境下工作，电流密度可取得稍微高些，因此，这里取 $J = 250$ A/mm²。

（4）计算线圈导体的裸线面积 A_{XP}。

$$A_{XP} = \frac{I_o + \frac{1}{2}\Delta I_L}{J} = 4.1 \ (cm^2)$$

(5) 计算绕组匝数 N。

取窗口利用系数 $K_w = 0.42$，则

$$N = \frac{A_w K_w}{A_{XP}} = 4.1 (匝)$$

(6) 计算磁芯所加气隙长度 l_δ。

$$l_\delta = \frac{0.4\pi N^2 A_e}{L} \times 10^{-8} = 0.77 \ (cm)$$

取气隙长度 $l_\delta = 0.8$ cm，即每边加气隙 4 mm。

(7) 计算磁通边沿效应影响系数 F。

$$F = 1 + \frac{l_\delta}{\sqrt{A_e}}\ln(\frac{2G}{l_\delta}) = 1.54$$

(8) 修正绕组匝数 N。

$$N = \sqrt{\frac{L l_\delta \times 10^{-8}}{0.4\pi A_e F}} = 3.34 (匝)$$

这里取绕组匝数 $N = 4$，同时气隙长度适当增加到 $l_\delta = 0.9$ cm。

(9) 计算绕组的电阻。

$$R_{Cu} = \frac{\rho N \cdot MLT}{A_{XP}} = 61 \times 10^{-6} (\Omega)$$

式中，铜导体的电阻率 $\rho = 2.13 \times 10^{-5} \ \Omega \cdot mm$。

(10) 计算铜损 P_{Cu}。

$$P_{Cu} = (I_o + \frac{1}{2}\Delta I_L)^2 R_{Cu} = 64 \ (W)$$

(11) 计算交流磁感应强度 B_{ac}。

设输出整流二极管的导通压降 $U_{DF} = 0.5$ V，则加在电感上的电压 U_L 为

$$U_L = \frac{1}{2n}U_{in} - U_o - U_{DF} = 13.3 \ (V)$$

式中，U_{in} 为三相输入整流后的直流母线电压，则

$$B_{ac} = \frac{0.4\pi N \frac{\Delta I}{2}}{l_\delta} \times 10^{-4} \approx 0.01 \ (T)$$

(12) 计算铁损 P_{Fe}。

硅钢片的每千克铁损可从如下表达式计算，即

$$\frac{W}{kg} = K f^m B_{ac}^n \times 10^{-3} = 0.544 \ (W)$$

式中，$K = 5.97; m = 1.26; n = 1.73$。

所以，总的铁损为

$$P_{Fe} = \frac{W}{kg}W_{tFe} = 2.8 \ (W)$$

（13）电感的总损耗。

$$\sum P = P_{Cu} + P_{Fe} = 66.8 \ （\text{W}）$$

（14）计算磁感应强度 B_{dc}。

$$B_{dc} = \frac{0.4\pi N I_{dc}}{l_\delta} \times 10^{-4} = 0.63 \ （\text{T}）$$

（15）计算工作磁感应强度 B。

$$B = B_{dc} + B_{ac} = 0.64 \ （\text{T}）$$

（16）计算磁芯单位面积的损耗值 ΔP_A。

$$A_s = K_s \cdot AP^{0.5} = 1\ 070 \ （\text{cm}^2）$$

$$\Delta P_A = \frac{\sum P}{A_S} = 0.062 \ （\text{W/cm}^2）$$

此数值下的温升满足要求。

2. 无直流偏压电感的设计

所谓无直流偏压的电感，就是交流电感，此种电感工作时没有直流电流流过。它的设计与变压器的设计非常相似。容量 P_T 就是电感的伏安值，也就是它的端电压与电流的乘积，其表达式为

$$P_T = VA \tag{3.98}$$

无直流偏压电感通常应用在交流电路上，如 AC/DC 电路的整流电路之前或者 DC/AC 电路的输出侧。P_T 与 AP 值的关系式为

$$AP = \left(\frac{P_T}{4.44 K_w K_j f B}\right)^{\frac{1}{1+X}} \tag{3.99}$$

式中，$K_f = 4.44$（正弦波）。

由式（3.56）可得匝数与电压的关系为

$$N = \frac{V}{4.44 f B A_e} \tag{3.100}$$

对于有气隙的电感，有

$$L = \frac{0.4\pi N^2 A_e}{l_\delta + (l_c/\mu_r)} \times 10^{-8} \quad （\text{H}） \tag{3.101}$$

有气隙时需要考虑气隙磁通的边缘效应因素 F：

$$F = 1 + \frac{l_\delta}{\sqrt{A_e}} \ln\left(\frac{2G}{l_\delta}\right) \tag{3.102}$$

对式（3.101）进行修正，有

$$L = \frac{0.4\pi N^2 A_e F}{l_\delta + (l_c/\mu_r)} \times 10^{-8} \quad （\text{H}） \tag{3.103}$$

通常可以按照式（3.103）来设计电感。

无直流偏压电感的损耗有 3 种组成，即绕组的铜损 P_{Cu}、磁芯的铁损 P_{Fe} 和气隙损耗 P_δ。气隙损耗是由于磁芯气隙的存在，使磁力线扭曲而引起的。扭曲的磁力线在磁芯中造成的损耗可以用下式来表示：

$$P_\delta = K_{\delta 1} E_c l_\delta f B^2 N \tag{3.104}$$

式中，E_c 为磁芯的几何宽度，一般由厂商给出；$K_{\delta 1}$ 为气隙损耗系数，对于常用的 U 型磁芯，$K_{\delta 1} = 0.0388$；对于单绕组 U 型磁芯，$K_{\delta 1} = 0.0775$；对于叠片铁芯，$K_{\delta 1} = 0.155$。

设计举例：设计一个直流偏压电感，用于交流电压 230 V、频率 50 Hz，电流为 0.3 A，工作磁感应强度 $B = 1.3$ T，允许温升 $\Delta T = 25$ ℃ 的场合。

（1）计算 P_T 值。

$$P_T = VA = 69 \ (\text{W})$$

（2）计算 AP 值。

$$AP = A_w A_e = \left(\frac{P_T}{4.44 K_w K_j f B} \right)^{\frac{1}{1+X}} = 23.87 \ (\text{cm}^4)$$

式中，$K_j = 366$，$X = -0.12$，取 $K_w = 0.4$。

（3）查阅产品手册，选择铁芯型号为 3－75EI 的磁芯，其参数为：$AP = 29.63 \ \text{cm}^4$，$A_e = 10.89 \ \text{cm}^2$，平均每匝导线长度 $\text{MLT} = 19 \ \text{cm}$，允许铁耗质量 $W_{tFe} = 0.949 \ \text{kg}$，窗口长度 $G = 2.857 \ \text{cm}$，舌片宽为 1.905 cm。

（4）计算绕组匝数。

$$N = \frac{V}{4.44 f B A_e} = 732 \ (\text{匝})$$

（5）计算感抗 X_L 和电感 L 的值。

$$X_L = \frac{U}{I} = 766 \ (\Omega)$$

电感值为

$$L = \frac{X_L}{2\pi f} = 2.44 \ (\text{H})$$

（6）计算气隙长度。

$$l_\delta = \frac{0.4\pi N^2 A_e}{L} \times 10^{-8} = 0.035 \ (\text{cm})$$

（7）气隙边缘效应因素 F 的计算。

$$F = 1 + \frac{l_\delta}{\sqrt{A_e}} \ln\left(\frac{2G}{l_\delta} \right) = 1.09$$

（8）考虑 F 的修正匝数。

$$N = \sqrt{\left(\frac{L l_\delta}{0.4\pi A_e F \times 10^{-8}} \right)} = 756 \ (\text{匝})$$

（9）计算电流密度。

$$J = K_j AP^X = 250.1 \ (\text{A/cm}^2)$$

（10）确定铜导线面积。

$$A_{Cu} = \frac{I}{J} = 0.0012 \ (\text{cm}^2)$$

查表选择直径为 0.4 mm 的铜线，$A_{Cu} = 0.001257 \ \text{cm}^2$，单位长度电阻 $\rho = 1393 \ \mu\Omega/\text{cm}$。

计算导线的电阻值为

$$R_{\mathrm{Cu}} = \rho N \cdot \mathrm{MLT} = 20 \ (\Omega)$$

铜损为

$$P_{\mathrm{Cu}} = I^2 R_{\mathrm{Cu}} = 1.8 \ (\mathrm{W})$$

（11）计算铁损值。

当 $B = 1.3$ T 时,该材料的单位质量铁芯损耗为 1 W/kg,则铁损为

$$P_{\mathrm{Fe}} = \frac{1 \ \mathrm{W}}{\mathrm{kg}} W_{\mathrm{tFe}} = 0.949 \ (\mathrm{W})$$

（12）计算总损耗值。

$$\sum P = P_{\mathrm{Cu}} + P_{\mathrm{Fe}} = 2.75 \ (\mathrm{W})$$

计算满足预计温升要求。

3.7　电流互感器的设计

在开关电源中,经常需要检测电路中的电流。如在电流控制型变换器中,需要检测电路中的电流信号作为控制器的反馈输入;在有源功率因数校正电路中需要检测输入电流信号用来跟踪输入电压;在一些特定的变换器中,需要检测输出电流信号用作过流保护、均流控制以及显示等。电流的采样一般可以用功率电阻、分流器、霍尔传感器和电流互感器。电流互感器采样是一种功耗小、成本低的电流采样方式,在开关电源电路中的应用非常广泛。采用该方法时通常需要自行设计和绕制电流互感器,为此,本节对电流互感器的设计方法做一些应用性的介绍。

如图 3.38 所示为电流互感器的示意图和在双端变换器中应用时的原边电流 I_1、副边电压 U_S 波形。

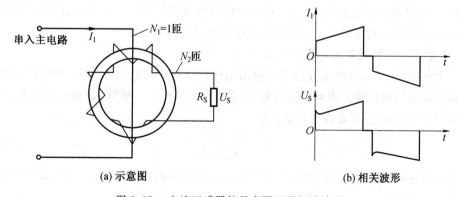

(a) 示意图　　　　　　　(b) 相关波形

图 3.38　电流互感器的示意图以及相关波形

在开关电源中,对电流互感器的基本要求是:

（1）体积小、质量轻,便于安装。

（2）损耗小。

（3）信号还原性好，输出波形不失真。

（4）电流比等于匝数比，在检测电流的范围内线性度好。

（5）磁芯不出现饱和。

电流互感器对其所用磁芯的基本要求为：

（1）初始磁导率高。

（2）磁芯损耗低。

（3）饱和磁感应强度高。

（4）矫顽力低。

（5）温度特性好。

电流互感器常用的磁芯材料有锰锌铁氧体、镍锌铁氧体以及非晶合金等。电流互感器通常采用环型结构磁芯，以方便在变换器中的连接与安装，同时具有较小的漏感。

1. 电流互感器设计的基本公式

（1）输出电压 U_S 与副边绕组匝数 N_2 的关系式。

电流互感器工作的基本原理是根据磁势平衡，原、副边安匝数相等的原则，因此

$$N_1 I_1 = N_2 I_2 \qquad (3.105)$$

通常原边匝数 $N_1 = 1$，则

$$I_2 = \frac{I_1}{N_2} \qquad (3.106)$$

当线圈电阻远小于 R_S 时，可得到电流互感器设计的基本关系式为

$$U_S = I_2 R_S = \frac{R_S I_1}{N_2} \qquad (3.107)$$

式中的 U_S 是电流互感器需要获取的输出电压，它的数值大小要与后级控制电路相匹配。比如，电流互感器检测出的输出电压用作过流保护时，则 U_S 应该与控制电路中最大限流值的电流基准门槛电压 U_{ref} 值相对应。当 $U_S > U_{ref}$ 时，电源处于过流保护状态。

由于 I_1 值为电源的主电路电流，对于电流互感器而言相当于已知量，因此，在确定 U_S 和 R_S 之后，就可以根据式（3.107）计算出电流互感器的匝数 N_2。

（2）电流互感器磁芯参数设计关系式。

在实际应用中，希望电流互感器的输出电压是单向直流电压，以便于与控制电路设定的比较门限电压相比较。因此一般需要在其副边串联整流二极管，设该整流二极管的导通压降为 U_{DF}，则磁芯有效截面积 A_e 为

$$A_e = \frac{U_S + U_{DF}}{K_f N_2 B f} \qquad (3.108)$$

式中，K_f 为波形系数，对于脉冲方波 $K_f = 4$；f 为变换器的开关频率；B 为电流互感器磁芯的工作磁感应强度。

根据式（3.108）计算出磁芯截面积，选取相应的磁芯尺寸和结构，选用磁芯的截面积要大于该计算值，另外，磁芯结构要便于原边的穿线与电流互感器的安装。

（3）确定磁芯有效窗口面积 A_{cw}。

磁芯的有效窗口面积等于磁芯的窗口面积与其窗口有效系数 S_1 的乘积，通常取 $S_1 =$

$0.7 \sim 0.8$。

$$A_{cw} = A_w S_1 \tag{3.109}$$

（4）确定副边的绕线窗口面积 A_{X2}。

变压器的原、副边绕线面积通常各占有效窗口面积的一半,对于采用环型磁芯结构的电流互感器而言,中心要留有原边导体穿过的面积,同时原边导体往往为带有塑料护套或者橡套的导线以保证抗电安全的要求。设原边导体实际占有的窗口面积为 A_{X1},则副边绕线占有的窗口面积 A_{X2} 为

$$A_{X2} = A_{cw} - A_{X1} = A_w S_1 - A_{X1} \tag{3.110}$$

当 $A_{X1} = A_{X2}$ 时有

$$A_{X2} = \frac{1}{2} A_{cw} = \frac{1}{2} A_w S_1 \tag{3.111}$$

（5）计算副边导线带绝缘层的截面积 A_2。

副边每匝导体的截面积 A_2 为

$$A_2 = \frac{A_{X2} S_2}{N_2} \tag{3.112}$$

式中,S_2 为 N 匝绕线面积与可用窗口面积的比值,一般取 $S_2 = 0.6$。

或者按 $J = 3 \sim 4 \ \text{A/mm}^2$ 的电流密度来选取副边的导线线径,即线径 d 为

$$d = 1.13 \sqrt{\frac{I_2}{J}} \tag{3.113}$$

（6）计算电阻 R_S 的功率。

电流互感器副边输出的负载电阻 R_S 应选用温度稳定性较好的电阻,如精密金属膜电阻,电阻的允许功率为

$$P_{RS} \geqslant \frac{U_S^2}{R_S} \tag{3.114}$$

（7）计算电流互感器的损耗。

电流互感器的损耗包括铜损 P_{Cu} 和铁损 P_{Fe},其计算方法与变压器的损耗计算相同。

2. 电流互感器设计实例

设计一个电流互感器用于全桥变换器的变压器原边电流检测。已知条件为:电流互感器的直流输出电压 $U_S = 3 \ \text{V}$,原边最大电流 $I_1 = 100 \ \text{A}$,输出的负载电阻 $R_S = 10 \ \Omega$,开关频率 $f = 20 \ \text{kHz}$,占空比 $D = 0.8$,整流二极管压降 $U_{DF} = 0.3 \ \text{V}$,选用锰锌铁氧体磁芯,$B = 0.2 \ \text{T}$。输出采用全桥整流,便于绕制。

（1）计算电流互感器副边匝数 N_2。

$$N_2 = \frac{R_S I_1}{U_S + 2U_{DF}} = 277.8 \ (匝)$$

取 $N_2 = 278$ 匝。

（2）磁芯有效截面积 A_e。

$$A_e = \frac{U_S + 2U_{DF}}{K_f N_2 B f} = 8.04 \times 10^{-3} \ (\text{cm}^2)$$

由于原边电流大,要选用大内径的磁芯,这里选择 CONDA 公司的 H22×14×5 环型

磁芯。磁芯截面积 $A_e = 0.2\ cm^2$，窗口面积 $A_w = 1.5\ cm^2$，平均每匝导线长度 MLT $=$ 2.5 cm，允许铁耗质量 $W_{tFe} = 0.007\ kg$。

（3）计算有效窗口面积 A_{cw}。

$$A_{cw} = A_w S_1 = 1.2\ （cm^2）$$

式中，取 $S_1 = 0.8$。

（4）计算原边应占窗口面积 A_{X1}。

原边电流有效值 I_{1rms} 为

$$I_{1rms} = \sqrt{D} I_1 = 89.4\ （A）$$

取电流密度 $J = 3\ A/mm^2$，则

$$A_{X1} = \frac{I_{1rms}}{J} = 0.298\ （cm^2）$$

考虑集肤效应以及便于穿线，原边导体采用载流量大的多股铜线编织软线，外加护套。为穿线在磁环中宽松，原边导体占窗口面积取有效窗口面积的一半，即 $A_{X1} = 0.6\ cm^2$。

（5）计算副边应占窗口面积 A_{X2}。

$$A_{X2} = A_{cw} - A_{X1} = 0.6\ （cm^2）$$

（6）计算副边导线带绝缘层的截面积 A_2。

$$A_2 = \frac{A_{X2} S_2}{N_2} = 1.286 \times 10^{-4}（cm^2）$$

选择导线线径为 0.041 cm，单位长度电阻 $\rho = 1\ 687.6\ \mu\Omega/cm$。

（7）计算副边电流有效值 I_{2rms}。

$$I_{2rms} = \frac{I_1}{N_2}\sqrt{D} = 0.319\ （A）$$

取电流密度按 $J = 3\ A/mm^2$，验证选取导线，即

$$d = 1.13\sqrt{\frac{I_{2rms}}{J}} = 0.036\ 9\ （cm）$$

计算值小于所选导线的线径，所选导线满足要求。

（8）计算副边绕组的电阻 R_{Cu}。

$$R_{Cu} = \rho N \cdot MLT = 1.18\ （\Omega）$$

（9）计算电流互感器铜损 P_{Cu}。

设电流互感器原、副边铜损相等，则总铜损为

$$P_{Cu} = 2 I_{2rms}^2 R_{Cu} = 0.24\ （W）$$

（10）计算磁芯的铁损 P_{Fe}。

该材料的单位质量铁芯损耗为 18.7 W/kg，则铁损为

$$P_{Fe} = 18.7\ \frac{W}{kg} W_{tFe} = 0.13\ （W）$$

（11）计算电流互感器的效率 η。

电流互感器的输出功率 P_o 为

$$P_o = (U_o + 2U_{DF})I_{2rms} = 1.148\ (\text{W})$$

电流互感器的总损耗为

$$\sum P = P_{Cu} + P_{Fe} = 0.37\ (\text{W})$$

则电流互感器的效率为

$$\eta = \frac{P_o}{P_o + \sum P} \times 100\% = 76\%$$

第4章 开关电源控制技术

我们知道开关电源是由主电路和控制电路两大部分组成的,开关电源的主电路负责对电能进行处理和变换;控制电路主要负责控制、调整主电路中功率开关管的工作,以使开关电源在输入电压、内部参数以及外接负载等发生变化时,能够保持输出电压(或者输出电流)稳定。同时,开关电源的许多技术指标,如稳压稳流精度、纹波、输出特性等也都同控制电路密切相关。因此,在开关电源的设计中,控制方法的选择和相应控制电路的设计对于开关电源的性能来说是十分重要的。

设计开关电源的控制电路,特别是闭环控制的相关内容也是一项非常烦琐的工作,它涉及自动控制理论、电子技术、计算机技术和测量等相关知识。由于这部分内容涉及知识面广,人们在实际设计和调试过程中往往凭经验决定和调整相关参数,而经验的局限性,常常导致结果不尽人意。即使利用计算机仿真,因为模型与实际电路参数不可避免地存在误差,结果有时也是南辕北辙,也还是需要通过实验去进行完善和修改。

4.1 开关电源控制基础

4.1.1 开关电源的系统结构

在开关电源中,普遍采用负反馈控制,以使其输出电压或输出电流保持稳定,并达到一定的稳定要求。为此,开关电源中的主电路和反馈控制电路构成了一个闭环自动控制系统,控制电路的设计就是围绕这一闭环自动系统展开的,其组成结构可以简化成如图4.1所示的形式。

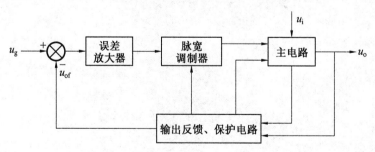

图 4.1 开关电源的系统结构框图

对图4.1中所示的控制系统来说,输入电压 u_i 只是一个扰动,输出电压 u_o 应该只受给定信号 u_g 的影响,而不受输入电压 u_i 的影响。但稳定工作的开关电源的输出除了受给定信号 u_g 的控制外,一定还与输入电压 u_i 和负载的大小有关。输出受输入电压 u_i 的影响程度称为开关电源的源效应,可用电压调整率来衡量;输出受负载变化的影响程度称为负载效应,可用负载调整率来衡量。这两个技术指标也与控制电路密切相关。

误差放大器与补偿网络的传递函数可以用 $G_1(s)$ 表示,反馈电路一般是比例环节,可设其传递函数为 K_B,有时也可能是和频率有关的其他环节,其传递函数一般设为 $H(s)$。设脉宽调制器(即 PWM 调制器)的传递函数为 $G_m(s)$,主电路部分占空比 $d(s)$ 至输出的传递函数为 $G_{vd}(s)$,则图 4.1 所示开关电源控制系统又可画成图 4.2 所示的形式。

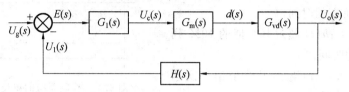

图 4.2　开关电源闭环系统框图

可将图 4.2 所示开关电源闭环系统框图表示成标准的闭环系统框图形式,如图 4.3 所示。

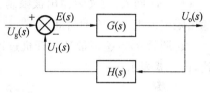

图 4.3　闭环系统框图

在图 4.3 中,$G(s)=G_1(s)G_m(s)G_{vd}(s)$,输出信号 $U_o(s)$ 经 $H(s)$ 得到反馈信号 $U_1(s)$,反馈信号 $U_1(s)$ 与参考信号 $U_g(s)$ 相减得到误差信号 $E(s)$,然后输入至框图 $G(s)$。系统输出量 $U_o(s)$ 对输入量 U_g 的闭环传递函数为

$$\frac{U_o(s)}{U_g(s)}=\frac{G(s)}{1+H(s)G(s)} \tag{4.1}$$

式(4.1)中,$G(s)$ 称为前向通道传递函数。系统误差信号 $E(s)$ 与输入量之间的关系称为误差传递函数,可表示为

$$\frac{E(s)}{U_g(s)}=\frac{1}{1+H(s)G(s)} \tag{4.2}$$

另外,反馈信号 $U_1(s)$ 与误差信号 $E(s)$ 之间的关系为系统的开环传递函数,即

$$\frac{U_1(s)}{E(s)}=G(s)H(s) \tag{4.3}$$

4.1.2　控制性能指标

控制系统的性能指标分为时域和频域两部分,时域性能指标又分为静态性能指标和动态性能指标。静态性能指标又叫稳态性能指标,主要指静态误差 e_{ss};动态性能指标主要指超调量 $\delta\%$、调节时间 t_s、延迟时间 t_d、上升时间 t_r、峰值时间 t_p 等。

(1)稳态误差 e_{ss}

控制系统的稳态误差或静态误差 e_{ss} 用来衡量系统控制的精确度,是指当时间 t 趋于无穷大时系统的实际输出与期望值之差。利用终值定理,由式(4.2)可以求出 e_{ss}:

$$e_{ss}=\lim_{t\to\infty} e(t)=\lim_{s\to 0} s\cdot E(s)=\lim_{s\to 0}\frac{sU_g(s)}{1+H(s)G(s)} \tag{4.4}$$

由上式可见,不同的输入信号 $U_g(s)$ 的稳态误差也不同。其中,单位阶跃输入的稳态误差最常用。

（2）动态性能指标。

控制系统动态性能指标一般是以系统的单位阶跃响应来考察的，如图 4.4 所示。对图 4.4 中出现的有关性能指标说明如下：

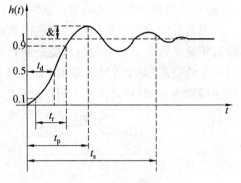

延迟时间 t_d：单位阶跃响应 $h(t)$ 到达其终值的 50% 所需的时间。

上升时间 t_r：$h(t)$ 超过其终值的 10% 到 90% 所需要的时间。

峰值时间 t_p：$h(t)$ 超过其终值第一次达到峰值所需的时间。

图 4.4　控制系统的单位阶跃响应

调节时间 t_s：定义为输出被限制在稳态输出两边限定范围内所需要的时间，比如达到输出限定范围 $\pm 1\%$ 的时间。

超调量 $\delta\%$：超调量又叫开机过冲幅度，表示输出量的最大偏差与稳态值之比的百分比，由下式表示

$$\delta = \frac{h(t_p) - h(\infty)}{h(\infty)} \times 100\% \tag{4.5}$$

式中，$h(\infty)$ 为 $h(t)$ 的终值；$h(t_p)$ 为 $t = t_p$ 时 $h(t)$ 的值。

以上指标都是系统的时域性能指标，系统的频域指标主要有相位裕量、增益裕量、闭环频率响应的带宽，以及闭环系统谐振峰值 M_r 等。其中，闭环频率响应的带宽与响应速度成正比，可以近似用增益交越频率 $\bar{\omega}_c$ 表示。相位裕量、增益裕量、增益交越频率 $\bar{\omega}_c$ 将在后面详细介绍，闭环系统谐振峰值 M_r 等频域指标请参考相关文献。

4.1.3　系统稳定条件

由控制理论知识可知，一个闭环系统的特征方程为

$$F(s) = 1 + G(s)H(s) = 0 \tag{4.6}$$

对于稳定系统，特征方程式 $F(s)$ 的根都在 s 平面的左半平面，或者说闭环传递函数的极点都位于 s 平面的左半平面。若闭环传递函数有极点在虚轴上或 s 平面的右半平面，则系统为不稳定系统。

特征方程式中 $G(s)H(s)$ 项包含了所有闭环极点的信息，因此可以通过分析 $G(s)H(s)$ 的特性全面把握系统的稳定性。波特图（图 4.5）法就是基于分析 $G(s)H(s)$ 的幅频图和相频图，研究系统稳定性的。$G(s)H(s)$ 包含了从误差信号至反馈信号之间回路中各环节的传递函数，一般称之为回路传递函数或开环传递函数，有时也称之为回路增益函数或开环增益。

在波特图法中，为了表示系统相对稳定度，引入增益裕量（GM）和相位裕量（PM）。所谓增益裕量就是指当回路增益函数的相位为 $-180°$ 时，在满足系统稳定的前提下，回路增益函数所能允许增加的量。回路增益函数的相位为 $-180°$ 时的频率 $\bar{\omega}_g = 2\pi f_g$ 称为相位交越频率。

增益裕量(dB) 定义为

$$增益裕量 = 20 \lg_{10} \frac{1}{\left| G(s)H(s) \right|} \tag{4.7}$$

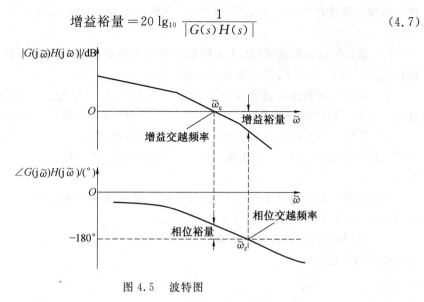

图 4.5 波特图

一般来说,增益裕量大的系统比增益裕量小的系统稳定。但是,有时增益裕量并不一定能够充分反映系统的稳定度。因此,为了提高对稳定度描述的准确性,引入了相位裕量,以弥补仅用增益裕量描述的不足。所谓相位裕量就是当闭环系统达到不稳定之前,其回路内允许增加的相位。也就是当回路增益函数 $G(s)H(s)$ 的幅值为 0 dB(即单位增益)时,回路增益函数 $G(s)H(s)$ 的相位与 $-180°$ 之差,如图 4.5 所示。回路增益函数 $G(s)H(s)$ 的幅值为 0 dB 时的频率 $\bar{\omega}_c = 2\pi f_c$ 称为增益交越频率(也称穿越频率)。

相位裕量定义为

$$\begin{aligned} 裕量 &= \angle G(j\widetilde{\omega}_c)H(j\widetilde{\omega}_c) - (-180°) \\ &= 180° + \angle G(j\widetilde{\omega}_c)H(j\widetilde{\omega}_c) \end{aligned} \tag{4.8}$$

对于开关电源系统,如果要获得稳定且不振荡的结果,则要求其回路增益函数的频率响应在增益交越频率 $\widetilde{\omega}_c$ 的增益为 0 dB,此时曲线的斜率为 -1(或是 -20 dB/dec),且其相移不可低于 $-180°$,也就是说其相位裕量必须大于 0。同样,在相位交越频率 $\widetilde{\omega}_g$(即相位为 $-180°$ 时),其增益大小则必须小于 0 dB,也就是增益裕量必须大于零。

当然,如果相位裕量和增益裕量的值只是稍大于零,虽然对系统而言也是稳定的,却会具有较大的超调量和调节时间。一般要求所设计的电源系统,相位裕量最好在 45° 左右,增益裕量最好在 10 dB 以上。如果稳定裕量过小,则系统阶跃响应的振荡次数较多,超调量较大;如果稳定裕量过大,则系统响应太慢,调节时间较长。

4.1.4 设计内容

有关开关电源控制方面的设计工作,包括根据选定的开关电源主电路的形式和功率变换技术的类型来设计一套完整的、合理的控制方案和具体的控制电路形式。主要工作如下:

（1）首先要确定控制方式，即是采用 PWM 方式还是采用 PFM 等其他调制方式、是采用电压控制模式还是采用电流控制模式（当然也可根据需要采用诸如单周期控制等方式）。

（2）确定控制电路的实现方式，即是采用以专用集成控制芯片为核心的模拟电路实现还是采用以 DSP 或 FPGA 为核心的数字电路实现。

（3）确定控制电路所包含的部分，例如采用模拟电路实现时，一般包含控制调节器、脉冲形成和时间比例控制电路、驱动电路、反馈电路、检测和保护电路、辅助电源等。

（4）采用模拟电路实现时，设计、确定控制调节器（即误差放大器与补偿网络）类型，选择合适的集成控制芯片；采用数字控制方式时，选择、确定控制策略，并设计相应的实现程序。

（5）按照开关电源技术指标要求，设计控制电路所包含的各部分电路的具体实现电路形式，并计算、确定电路各部分元器件的参数。

（6）根据需要，可通过建立仿真模型进行仿真，对相关参数进行修改、完善，并最终通过实验进行验证。

4.2   电压型 PWM 控制技术

PWM 控制技术主要分为两种：一种是电压型 PWM 控制技术，另一种是电流型 PWM 控制技术。开关电源最初采用的是电压型 PWM 控制技术，属于单闭环负反馈控制方式。随着电力电子技术的发展和对开关电源性能要求的不断提高，电流型 PWM 控制技术获得了大量应用，并大有取代电压型 PWM 控制技术的趋势。

4.2.1   PWM 脉冲形成原理

为了产生控制开关电源中的功率开关管工作的脉冲驱动信号，需要将误差放大器输出的连续信号调制为脉冲信号。按照驱动脉冲信号占空比的实现方式，电源控制方式可以分为定频控制和变频控制两种。定频控制即脉冲驱动信号的开关周期恒定不变，通过调整一个周期内开关管开通的时间（即脉冲宽度）来调节电源输出，即通常所说的脉宽调制（即 PWM）。变频控制则有定开通时间、定关断时间、迟滞比较等几种控制方式。

将误差放大器输出的连续信号 u_c 转换成频率固定、占空比可变的脉冲驱动信号（即 PWM 脉冲），可用图 4.6(a) 所示的集成比较器完成。

图 4.6 中的比较器也经常被称为 PWM 比较器，将误差放大器的输出 u_c 输入到该比较器的同相输入端，与反相输入端的固定频率的锯齿波 u_s 进行比较，在比较器输出端就可得到占空比 D 与控制量 u_c 对应的 PWM 脉冲信号。这样，PWM 比较器就将控制量 u_c 由连续电压信号转换成时间信号 D，转换波形如图 4.6(b) 所示。当控制量 u_c 发生变化时，PWM 脉冲信号的脉宽也会随之发生相应的变化，如图 4.6(c) 所示。

4.2.2   控制电路组成及作用

目前，开关电源的控制电路大部分都是以专用集成 PWM 控制芯片为核心构成的。

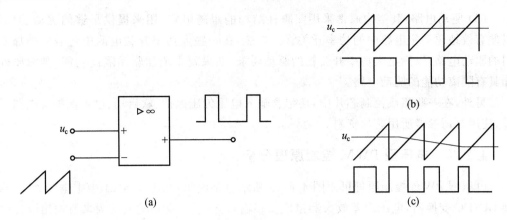

图 4.6　PWM 脉冲形成原理

通常集成 PWM 控制芯片生产厂家会将误差放大器、振荡器、PWM 比较器、驱动电路、基准源、保护电路等常用环节集成到同一芯片中，形成功能比较完整的集成控制电路，供设计人员选用，其构成示意图如图 4.7 所示。

在实现电压型 PWM 控制技术的芯片中，是用内部的锯齿波与误差放大器的输出 u_c 进行比较，产生 PWM 脉冲信号的，如图 4.7 所示。在实现电流型 PWM 控制模式的芯片中则不是这样，可参考相关芯片资料。

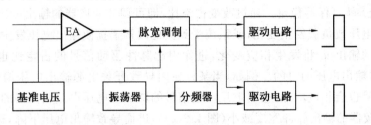

图 4.7　集成控制电路组成示意图

在图 4.7 中，各组成部分的作用如下：

（1）基准源：用于提供高稳定度的基准电压，可以作为电路中的给定（即为误差放大器提供基准）。

（2）振荡器：产生固定频率的时钟信号，该信号决定了开关电源的开关频率，其信号频率可以通过改变外接的电阻 R_T、电容 C_T 进行调整。

（3）误差放大器：实际上就是一个运算放大器，可以用来构成电压或电流控制调节器。

（4）脉宽调制器：即 PWM 比较器，负责将控制调节器的输出信号 u_c 转换成 PWM 脉冲的占空比，不同的控制模式有着不同的转换方式。例如，在电压模式控制的集成控制芯片中，常采用振荡器产生的锯齿波和误差放大器的输出 u_c 比较的方式；而在峰值电流型控制模式中，常采用误差放大器的输出 u_c 同电感电流瞬时值相比较。

（5）分频器：用于将 PWM 比较器产生的单一 PWM 脉冲信号分成两路互补对称的 PWM 脉冲信号，使之可以输出两路驱动信号，以便于在推挽、半桥等双端变换器中使用。

（6）驱动电路：其结构通常采用图腾柱结构的跟随电路，用来提供足够的驱动功率，以便有效地驱动主电路中的功率开关管。当然，在一些大功率开关电源中还需要外加专门的驱动电路，以满足大功率开关管的驱动要求；如果要求增加驱动隔离功能，则需要外加具有隔离功能的驱动电路。

另外，在一些集成控制芯片中，还包含输入电压欠压保护、软启动、过流保护等电路环节，使用时请参考所用芯片资料。

4.2.3 电压型 PWM 控制原理分析

电压型 PWM 控制原理可用图 4.8(a) 所示电路说明，在图 4.8(a) 中主电路为 Buck 型 DC/DC 变换器，电压误差放大器接成反相输入方式，其反相输入端为来自输出取样网络的反馈信号，可利用电阻分压等方式检测输出电压 U_o。U_{ref} 为给定电压（一般利用集成控制芯片的基准源提供），为误差放大器的同相输入端提供一个较稳定的参考电压，一般为 2.5 V。u_c 为电压误差放大器的输出，即控制电压。PWM 比较器的反相输入锯齿波与电压误差放大器输出 u_c 进行比较，产生出占空比为 D 的脉冲序列（脉冲频率不变），此脉冲序列通过驱动电路控制开关管 T 的通／断，进而控制了电源的工作。

当电路工作在稳态时，电压误差放大器输出 u_c 不变，经过 PWM 比较器比较产生的脉冲驱动信号的占空比也应保持不变，其波形如图 4.8(b) 所示。这样，稳态时的输出电压（或输出电流）就可保持稳定。通过改变占空比，即可调节变换器的输出电压。

当输入电压或负载发生变化，或系统受到其他因素干扰使输出电压发生波动时，电压误差放大器的输出 u_c 将发生相应变化，进而引起脉冲驱动信号的占空比也发生相应变化、达到稳定输出电压的目的。例如，当某种原因导致开关电源输出电压增加时，则输出电压反馈信号也会相应增加；输出电压反馈信号的增加使电压误差放大器的输出下降，导致 PWM 比较器的输出脉冲宽度减小（图 4.8(c)），进而导致输出电压下降，达到稳定输出电压的目的。

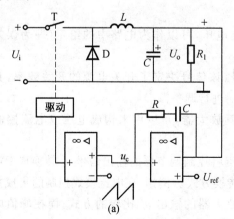 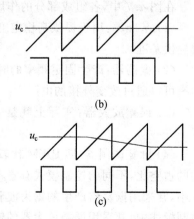

图 4.8　电压型 PWM 控制原理图

电压型 PWM 控制的主要缺点是动态响应速度较慢，例如当输入电压减小时，必须等到控制电路检测到输出电压减小后，才能产生负反馈调节作用。由于开关电源输出侧有较大的输出滤波电感及滤波电容,输出电压的变化必然延时滞后于输入电压的变化。另外,输出电压变化的信息还要经过电压误差放大器的补偿网络延时滞后,才能传至 PWM 比较器对输出脉冲宽度进行调节。这两个延时滞后是动态响应速度慢的主要原因。

改善电压型 PWM 控制技术动态响应速度较慢的方法一般有两种:一是增加电压误差放大器的带宽,保证具有一定的高频增益。但这样容易受高频噪声的干扰影响,需要在主电路和反馈控制电路上采取措施进行抑制。另一个方法是在电压型 PWM 控制技术中引入输入电压前馈,用输入电压的变化控制锯齿波的上升坡的斜率,进而直接影响脉冲宽度的变化,使得对输入电压变化的响应速度明显提高。

电压型 PWM 控制的优点是驱动信号的占空比调节不受限制,并且只需检测输出电压一个变量,因而只有一个控制环,设计和分析相对比较简单。同时,由于锯齿波的幅值比较大,对稳定的调制过程可提供较好的抗噪声余量,因此抗干扰能力也比较强。但由于电压型控制对负载电流没有限制,因而需要设计额外的电路来限制输出电流。另外,当主电路为全桥或推挽等双端拓扑结构时,电压型 PWM 控制在抑制变压器磁芯饱和方面也无能为力,还需要采取其他抑制措施。

4.3　电流型 PWM 控制技术

电流型 PWM 控制技术是针对电压型 PWM 控制技术的缺点发展起来的,其基本思想是在电压型 PWM 控制技术基础上,增加直接或间接的电流反馈控制,将原有的电压单环控制改为电压电流双环控制,即一个内环——电流控制环、一个外环——电压控制环。电流型 PWM 控制技术的引入,给开关电源的控制性能带来一次革命性的飞跃。

由于电压型 PWM 控制系统中仅有一个电压反馈控制环,而电流型 PWM 控制系统中不仅有一个电压反馈控制环,还有电流反馈控制环。因此,也经常称电压型 PWM 控制技术是单环控制,电流型 PWM 控制技术是双环控制。

常用的电流型 PWM 控制技术可分为峰值电流型控制、平均电流型控制和滞环电流型控制三种。

4.3.1　峰值电流型控制

峰值电流型控制,是最早的电流型控制方式,因此也常常将之简称为电流型控制。采用峰值电流型控制方式的开关电源是一个典型双环控制系统,其控制原理如图 4.9(a) 所示,主电路仍然以 Buck 型 DC/DC 变换器为例,并假设 Buck 型 DC/DC 变换器工作在电流连续(即 CCM)模式;峰值电流型控制系统的主要工作波形如图 4.9(b) 所示。

由 Buck 型 DC/DC 变换器的工作原理可知,开关管中的电流 i_T 峰值与电感电流 i_L 的峰值相同。在一个开关周期的开始,由时钟脉冲信号 CLK 通过触发器去驱动开关管 T 导通。开关管 T 导通后,电感电流 i_L 上升,当电感电流 i_L 的检测信号峰值达到电流给定值 u_C(即外环电压调节器的输出)时,比较器输出信号翻转,复位触发器,使开关管 T 关断。因此,只要系统中的电流稍有变化,占空比 D 就可以得到快速地调节,使输出电压接近给定值。

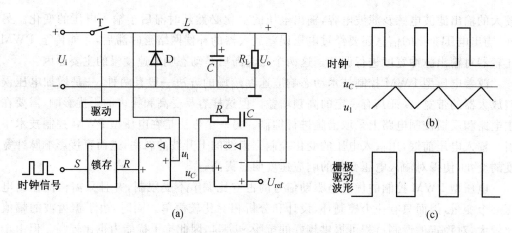

图 4.9　峰值电流型控制原理图

显然,这种方式可以逐个地检测和调节电流脉冲,进而控制电源的输出,使得峰值电流型控制的响应速度明显优于电压型 PWM 控制。

例如,采用电压型 PWM 控制技术时,当电源输入电压发生变化时必须要等到控制电路检测到输出电压产生相应的变化后,才能产生负反馈调节作用,导致输出电压的变化必然延时滞后于输入电压的变化。而采用电流型 PWM 控制技术时,当电源输入电压发生变化时,必然会引起电感电流上升斜率的变化,如电压升高,则电感电流增长变快,反之则变慢(图 4.9(a) 中所示的 Buck 型 DC/DC 变换器,当开关管导通时电感电流增长斜率为 $m_1 = (U_i - U_o)/L$),只要电流脉冲达到了预定的幅度,电流控制回路就动作,进而调整驱动脉冲宽度发生相应的改变,以保证电源输出电压的稳定。可见,采用电流型 PWM 控制技术提高了对输入电压变化的响应速度。

由于在采用峰值电流型控制的开关电源中,内环直接检测电感电流峰值,自然就形成了逐个电流脉冲检测电路。只要给定或限制电流给定信号,就能准确地限制流过功率开关管和变压器的最大电流,从而在发生意外导致输出过载或短路时,能保护功率管和变压器。这样,就不需要再设计额外的电路来限制输出电流。同时,当采用峰值电流型控制的多台开关电源并联运行时,也可实现多台开关电源之间的负载自动分配。然而,在使用电压型 PWM 控制技术的开关电源中,要进行负载的自动分配,就必须另设一个负载分配电路。

与电压型控制相比,峰值电流型控制的优点是:(1) 消除了输出滤波电感在系统传递函数中产生的极点,使系统传递函数由二阶降为一阶,解决了系统有条件的环路稳定性问题;(2) 固有的逐个开关周期的峰值电流限制,简化了过载保护和短路保护;(3) 在推挽电路和全桥电路中具有自动磁通平衡功能;(4) 多个电源并联时,容易实现均流;(5) 对输入电压变化的响应快。

峰值电流型控制的缺点主要有:(1) 因电流上升率不够大,抗干扰性能差;(2) 在没有斜坡补偿时,当占空比大于 50% 时控制环变得不稳定,容易发生次谐波振荡;(3) 峰值电流与平均电流之间存在误差。

另外,在半桥变换器中,因变压器的初级与电压可浮动的电容性电压分配器相连,峰值电流型控制所产生的电流脉冲峰值相同而宽度不同会造成安秒的不对称,这样电容分配器的中点电压分配点将向一个方向移动,移动结果又会造成伏秒不对称,再次调整会使安秒进一步不对称。于是恶性循环,直到电压分配器中点移向电源电压的一个极端。因此,峰值电流型控制不适合在采用半桥拓扑结构作为主电路的开关电源中应用。

4.3.2　平均电流型控制

1987 年,B. L. Wilkinson 提出了平均电流型控制方案,平均电流型控制的 PWM 集成电路则出现在 20 世纪 90 年代初期,成熟应用于 90 年代后期、专用于高速 CPU 的具有高 $\mathrm{d}i/\mathrm{d}t$ 动态响应供电能力的低压大电流开关电源中。其控制原理如图 4.10 所示。

在平均电流型控制方案中,是将电压外环的输出信号 u_e 接至电流误差放大器的同相输入端,作为电流内环的给定;将电感电流检测信号 i_L 接至电流误差放大器的反相输入端,电流检测信号与电流给定 u_e 进行比较后,经过电流调节器(一般采用 PI 型)放大调节后得到平均电流跟踪误差信号 u_c,u_c 再与锯齿波调制信号进行比较,得到 PWM 驱动脉冲的关断时刻。u_c 的波形与电流波形反相,所以是由 u_c 的下斜坡(对应于开关器件导通期间)与锯齿波的上斜坡比较产生关断信号。这样,就无形中增加了一定的斜坡补偿。为了避免产生次谐波振荡,u_c 的上斜坡不能超过锯齿波信号的上斜坡。

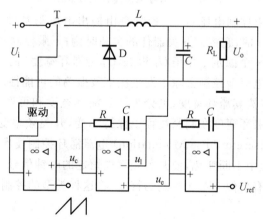

图 4.10　平均电流型控制原理图

与峰值电流型控制相比,平均电流型控制是直接控制电感电流的平均值,不存在峰值与平均值的误差问题,能够高度精确地跟踪电流给定信号。同时,不需要斜坡补偿,抗干扰性能好、系统稳定性能好,适合任何电路拓扑。但电感电流检测比较复杂,双环控制、参数设计调试也比较复杂。另外,需要注意的是电流误差放大器在开关频率处的增益有最大限制。

4.3.3　滞环电流型控制

滞环电流型控制可以认为是峰值电流型控制技术的一种特殊情况,是一种变频控制方式,其原理可用图 4.11 所示电路进行说明。在图 4.11 中,主电路仍然以 Buck 型 DC/DC 变换器为例。滞环电流型控制也需要全周期检测电感电流,并与电流给定值进行比较后,输入给滞环比较器。

为了实现滞环电流型控制,图 4.11 中的滞环比较器要设定上限基准电压 U_{Cmax} 和下限基准电压 U_{Cmin}。当电感电流 i_L 的检测信号下降到下限基准电压 U_{Cmin} 时,滞环比较器输出高电平,使开关管 T 开通,电感电流 i_L 上升;当电感电流 i_L 信号检测值上升到上限基准电压 U_{Cmax} 时,滞环比较器输出低电平,使开关管 T 关断,电感电流 i_L 下降。这样,通过检测电感电流,决定了开关管 T 的关断、导通时间。

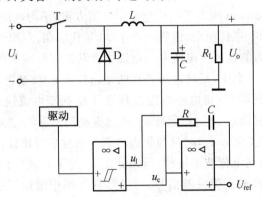

图 4.11　滞环电流型控制原理图

在实际使用中,上限控制电压 U_{Cmax} 通常是由输出电压与基准电压的差值放大得到(即电压外环的输出 u_c)的,它控制开关器件的关断时刻;下限控制电压 U_{Cmin} 一般是由上限控制电压 U_{Cmax} 减去一个固定电压值 U_h 得到(U_h 为滞环宽度)的,由它控制开关器件的开启时刻。因此,滞环电流型控制去除了发生次谐波振荡的可能性。

滞环电流控制技术按其滞环宽度,可分为恒定滞环宽度和可调滞环宽度两种方式。恒定滞环宽度方式,其滞环宽度在调制过程中保持不变,开关频率变化范围大,该类型控制技术也称为 DPM(Discrete Pulse Modulation) 电流滞环控制技术;可调滞环宽度方式,其滞环宽度在调制过程中不断变化,使开关频率以恒定的时钟信号频率为中心左右摆动,变化范围大大减小,具有类似 PWM 控制的特征,将这种类型的控制技术称为准 PWM 电流滞环控制技术。

滞环宽度过宽时,开关频率低、跟踪误差大;滞环宽度过窄时,跟踪误差小,但开关频率过高。因此,选择合适的滞环宽度对开关电源性能有着很大影响。

可见,滞环电流型控制方式下,电源是变频工作的,其开关频率一般要随输入电压、输出电压和负载的变化而变化。因此,其输入、输出滤波器的设计比较复杂,也容易产生变频噪声。另外,还需要对电感电流全周期的检测和控制。但是滞环电流控制不像峰值电流型控制需要斜坡补偿,不容易因噪声发生不稳定现象,其稳定性较好。同时,滞环电流型控制也不必像平均电流型控制那样需要设计两个调节器。

4.4　峰值电流型控制模式的理论分析

在开关电源中采用峰值电流型控制时,当占空比大于 50% 后,峰值电流型控制本质上是不稳定的(与电路拓扑无关),必须采取一定的稳定措施,才能使电源系统工作稳定。为此,本节将首先讨论峰值电流型控制的稳定性问题,然后在此基础上给出解决上述问题的方法 —— 斜坡补偿。

4.4.1　峰值电流控制模式的宽度稳定性

主电路仍然以 Buck 型 DC/DC 变换器为例进行说明,并假设 Buck 型 DC/DC 变换器工作在电流连续模式,为便于分析在图 4.12 中重新给出电路原理图及相关波形。

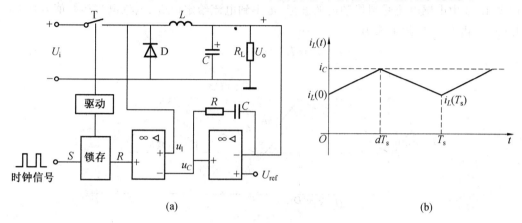

(a)　　　　　　　　　　　　　　　　(b)

图 4.12　宽度稳定性分析示意图

在图 4.12 所示电路中的电感电流的上升斜率 m_1 为

$$m_1 = \frac{U_i - U_o}{L} \tag{4.9}$$

电感电流的下降斜率 m_2 为

$$-m_2 = \frac{U_o}{L} \tag{4.10}$$

在图 4.12 所示电路中,当采用峰值电流型控制时,一个开关周期电感电流的变化情况如下:

阶段 1,时间区间 $[0, dT_s]$,开关管 T 导通、二极管 D 关断,电感电流线性增加,如图 4.12 中所示。当 $t = dT_s$ 时,电感电流达到电流给定值 i_C(实际是电压调节器的输出 u_c,此处为了与电感电流对应,用 i_C 表示)。此时的电感电流为

$$i_L(dT_s) = i_C = i_L(0) + m_1 dT_s \tag{4.11}$$

阶段 2,时间区间 $[dT_s, T_s]$,开关管 T 关断、二极管 D 导通,电感电流线性下降。当 $t = T_s$ 时,电感电流为

$$i_L(T_s) = i_L(dT_s) - m_2 d'T_s \tag{4.12}$$

将式(4.11)代入式(4.12)得

$$i_L(T_s) = i_L(0) + m_1 dT_s - m_2 d'T_s \tag{4.13}$$

达到稳态时,一个开关周期初始时刻的电感电流值应该等于该周期结束时刻的电感电流值,即 $i_L(T_s) = i_L(0)$。则由式(4.13)得到

$$m_1 dT_s - m_2 d'T_s = 0 \tag{4.14}$$

另外,达到稳态时的占空比 $d=D$、$d'=D'$,而 $D'=1-D$(假设变换器工作在电流连续模式),这样由式(4.14) 可得

$$\frac{m_2}{m_1} = \frac{D}{D'} = \frac{D}{1-D} \tag{4.15}$$

当电路受到扰动后,电感电流的变化情况如图 4.13 所示。在没有受到扰动前,电感电流在一个开关周期开始时刻的初始值 $i_L(0)=I_L(0)$,在 $t=dT_s$ 时,电感电流 $i_L(dT_s)$ 达到电流给定值 i_C,当 $t=T_s$ 时,电感电流下降到 $i_L(T_s)$,且 $i_L(T_s)=i_L(0)=I_L(0)$。这样,由图 4.13 中电感电流受到扰动前的波形,可得到电流给定值 i_C、电感电流初始值 $i_L(0)=I_L(0)$ 和占空比 D 的关系为

$$i_C = I_L(0) + m_1 DT_s \tag{4.16}$$

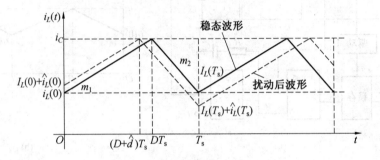

图 4.13　电感电流扰动波形

同理,由图 4.13 中电感电流受到扰动前的波形,可得到电流给定值 i_C、电感电流 $i_L(T_s)$ 和占空比 D' 的关系为

$$i_L(T_s) = I_L(T_s) = i_C - m_2 D' T_s \tag{4.17}$$

假设在 $t=0$ 时刻电感电流受到一扰动,其值变为 $i_L(0)=I_L(0)+\hat{i}_L(0)$,占空比从稳态时的 D 变为 $D+\hat{d}$,在 $t=(D+\hat{d})T_s$ 时,电感电流 $i_L\lceil(D+\hat{d})T_s\rceil$ 达到电流给定值 i_C,当 $t=T_s$ 时,电感电流下降到 $I_L(T_s)+\hat{i}_L(T_s)$。这时电路进入暂态过程,电感电流在一个开关周期的初始值不等于开关周期末的值。由图 4.13 中电感电流受到扰动后的波形,可得电流给定值 i_C、扰动后电感电流初始值 $i_L(0)=I_L(0)+\hat{i}_L(0)$ 和占空比 $(D+\hat{d})$ 的关系为

$$i_C = I_{L(0)} + \hat{i}_L(0) + m_1(D+\hat{d})T_s \tag{4.18}$$

同理,由图 4.13 中电感电流受到扰动后的波形,可得电流给定值 i_C、扰动后的电感电流 $i_L(T_s)=I_L(T_s)+\hat{i}_L(T_s)$ 和占空比 $(D'-\hat{d})$ 的关系为

$$I_L(T_s) + \hat{i}_L(T_s) = i_C - m_2(D'-\hat{d})T_s \tag{4.19}$$

用式(4.18) 减去式(4.16),可得

$$\hat{i}_L(0) = -m_1 \hat{d} T_s \tag{4.20}$$

用式(4.19) 减去式(4.17),可得

$$\hat{i}_L(T_s) = m_2 \hat{d} T_s \tag{4.21}$$

由式(4.21)和(4.20)可得

$$\hat{i}_L(T_s) = \hat{i}_L(0)(-\frac{m_2}{m_1}) \tag{4.22}$$

同理,可推得第 2 个开关周期末的电感电流扰动量为

$$\hat{i}_L(2T_s) = \hat{i}_L(T_s)(-\frac{m_2}{m_1}) \tag{4.23}$$

即

$$\hat{i}_L(2T_s) = \hat{i}_L(0)(-\frac{m_2}{m_1})^2 \tag{4.24}$$

依此类推,得

$$\hat{i}_L(nT_s) = \hat{i}_L((n-1)T_s)(-\frac{m_2}{m_1}) = \hat{i}_L(0)(-\frac{m_2}{m_1})^n \tag{4.25}$$

可见,经过 n 个开关周期后电感电流的扰动量 $\hat{i}_L(nT_s)$ 与 $(-m_2/m_1)^n$ 有关,当 $n \to \infty$ 时有

$$|\hat{i}_L(nT_s)| = \begin{cases} 0, & \left|\frac{m_2}{m_1}\right| < 1 \\ \infty, & \left|\frac{m_2}{m_1}\right| > 1 \end{cases} \tag{4.26}$$

式(4.26)表明,为使系统稳定,必须满足

$$\left|\frac{m_2}{m_1}\right| < 1 \tag{4.27}$$

对峰值电流型控制的 Buck 型 DC/DC 变换器,结合式(4.15)和式(4.27),可得到峰值电流型控制的稳定条件为

$$\left|\frac{m_2}{m_1}\right| = \frac{D}{D'} = \frac{D}{1-D} < 1 \tag{4.28}$$

可见,为实现稳定控制对占空比的要求是

$$D < 0.5 \tag{4.29}$$

通过以上分析可以看出,这里讨论的稳定性问题与其闭环传输函数无关,这是 PWM 开关变换器特有的稳定性问题,与传统控制理论中的稳定性问题是不同的。传统控制理论中所讨论的稳定性是反馈信号的幅值和相位问题,而此处所讨论的峰值电流型控制的稳定性问题是脉冲宽度问题,所以称这种稳定性为驱动脉冲宽度稳定性。

另外,电流模式控制的实质是使平均电感电流跟随误差电压 u_c 设定的值,即可用一个恒流源来代替电感,使整个系统由二阶降为一阶。但在峰值电流控制模式中,峰值电感电流的大小并不能与平均电流大小一一对应(即它们之间存在误差),因为在占空比不同的情况下,相同的电感电流峰值可以对应不同的平均电感电流值,如图 4.14 所示。而平均电感电流才是唯一决定输出电压大小的因素。

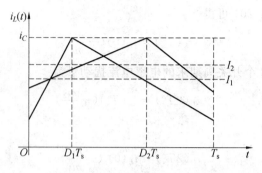

图 4.14 峰值与平均值示意图

4.4.2 改善方法 —— 斜坡补偿

通过 4.4.1 节的分析可知,使用峰值电流型控制时占空比 D 要限制在 0.5 以内。从开关电源主电路优化的角度,一般希望占空比要设计得大于 0.5,以有利于提高功率器件的利用率和功率变换的效率、减少输出纹波。这样一来,峰值电流型控制的稳定条件与主电路优化设计之间发生了矛盾。针对峰值电流型控制使用过程中的这一问题,人们提出了斜坡补偿技术。

所谓斜坡补偿就是在电感电流的给定信号上人为增加一个补偿坡度,如图 4.15 所示。

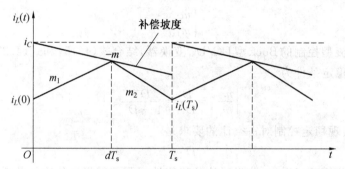

图 4.15 增加斜坡补偿后的峰值电流型控制原理

如图 4.15 所示,加入斜坡补偿后,电感电流给定值由恒定的 i_c 变成脉动的修正电流给定值 $i'_c = i_c - m(dT_s)$。假设在 $t=0$ 时电路受到扰动,电感电流的变化情况如图 4.16 所示。利用图 4.16,可得修正后的电流给定值 i'_c、电感电流初始值 $i_L(0) = I_L(0)$ 和占空比 D 的关系为

$$i'_C(DT_s) = I_L(0) + m_1 DT_s \tag{4.30}$$

同样,由图 4.16 中电感电流受到扰动前的波形,可得到电流给定值 i'_c、电感电流 $i_L(T_s)$ 和占空比 D' 的关系为

$$i_L(T_s) = I_L(T_s) = i'_C(DT_s) - m_2 D'T_s \tag{4.31}$$

由图 4.16 中扰动后的电感电流波形,可得电流给定值 i'_c、扰动后电感电流初始值 $i_L(0) = I_L(0) + \hat{i}_L(0)$ 和扰动后占空比 $(D + \hat{d})$ 的关系为

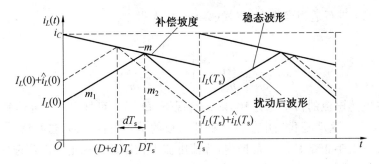

图 4.16　加入斜坡补偿后峰值电流型控制的扰动情况

$$i'_C\left[(D+\hat{d})T_s\right]=I_L(0)+\hat{i}_L(0)+m_1(D+\hat{d})T_s \tag{4.32}$$

同样,由图 4.16 中扰动后的电感电流波形,可得电流给定值 i'_c、扰动后的电感电流 $I_L(T_s)+\hat{i}_L(T_s)$ 和占空比 $(D'-\hat{d})$ 的关系为

$$I_L(T_s)+\hat{i}_L(T_s)=i'_c\left[(D+\hat{d})T_s\right]-m_2(D'-\hat{d})T_s \tag{4.33}$$

用式(4.32)减去式(4.30)得

$$i'_c\left[(D+\hat{d})T_s\right]-i'_c(D)T_s=\hat{i}_L(0)+m_1\hat{d}T_s \tag{4.34}$$

根据图 4.16 中的波形,也可得到

$$i'_c\left[(D+\hat{d})T_s\right]-i'_c(D)T_s=-m\hat{d}T_s \tag{4.35}$$

结合式(4.34)和式(4.35),得到

$$\hat{i}_L(0)=-\hat{d}T_s(m_1+m) \tag{4.36}$$

比较式(4.36)和式(4.20)可知,加入斜坡补偿后等效电感电流的上升斜率增加了。

用式(4.33)减去式(4.31),可得一个开关周期末的电感电流扰动,则

$$\hat{i}_L(T_s)=i'_c\left[(D+\hat{d})T_s\right]-i'_C(DT_s)+m_2\hat{d}T_s \tag{4.37}$$

将式(4.35)代入式(4.37),可得

$$\hat{i}_L(T_s)=(m_2-m)\hat{d}T_s \tag{4.38}$$

比较式(4.38)和式(4.21)可知,加入斜坡补偿后等效电感电流的下降斜率减小了。

由式(4.38)和式(4.36)可得

$$\hat{i}_L(T_s)=\hat{i}_L(0)\left(-\frac{m_2-m}{m_1+m}\right) \tag{4.39}$$

同理可推得电感电流初始扰动经过 n 个开关周期后变为

$$\hat{i}_L(nT_s)=\hat{i}_L((n-1)T_s)\left(-\frac{m_2-m}{m_1+m}\right)=\hat{i}_L(0)\left(-\frac{m_2-m}{m_1+m}\right)^n \tag{4.40}$$

由式(4.40)可知,当 $n\to\infty$ 时,为使 $\hat{i}_L(nT_s)\to0$,就必须满足以下条件:

$$\left|-\frac{m_2-m}{m_1+m}\right|<1 \tag{4.41}$$

这也表明,式(4.41)是保证加入斜坡补偿后的峰值电流型控制稳定工作必须满足的条件。

对式(4.41)进行适当变换,并将式(4.15)代入得

$$\left|-\frac{1-\dfrac{m}{m_2}}{\dfrac{m_1}{m_2}+\dfrac{m}{m_2}}\right|=\left|-\frac{1-\dfrac{m}{m_2}}{\dfrac{D'}{D}+\dfrac{m}{m_2}}\right|<1 \tag{4.42}$$

那么,在电感电流的占空比为100%的情况下($D=1$),可推得所需补偿斜坡的最小斜率为$m>0.5m_2$。这就是我们用来选择补偿斜坡的基本条件。即,当补偿斜坡斜率$m>0.5m_2$时,占空比在$0 \leqslant D < 1$范围内,峰值电流型控制总是稳定的。若选择$m=m_2$,经过一个开关周期就可使电感电流进入稳态,如图4.17所示。

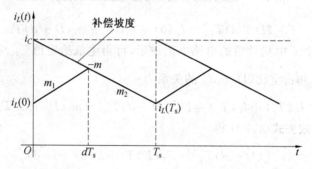

图4.17　$m=m_2$ 时的电感电流波形

另外,在峰值电流型控制中,加入斜坡补偿(必须满足$m>0.5m_2$)后可以去除不同占空比对平均电感电流大小的扰动作用,使得所控制的峰值电感电流最后收敛于平均电感电流,如图4.18所示。

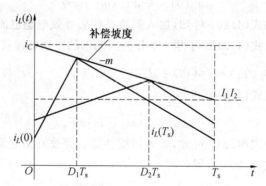

图4.18　峰值电流控制模式中带斜坡补偿的平均电流和峰值电流波形图

4.4.3　斜坡补偿电路设计

由图4.9所示峰值电流控制的原理电路和4.4.2节的介绍可知,加入斜坡补偿有两种方法。一种是将斜坡补偿信号从误差电压信号中减去,实际上是间接加到PWM比较器的反相输入端,也就是将电流给定信号与一个斜率为$-m$的斜坡补偿信号进行叠加后再与电感电流进行比较,如图4.19(a)所示。另一种是将斜坡补偿信号加到电感电流检测信号中,即加到PWM比较器的同相输入端,也就是将电感电流检测信号叠加一个斜率为m的斜坡补偿信号后再与电流给定信号进行比较,如图4.19(b)所示。

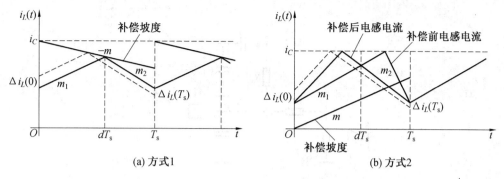

(a) 方式1　　　　　　　　　　(b) 方式2

图 4.19　斜坡补偿原理图

在图 4.19 中,实线是稳态时的电感电流波形,虚线是受到扰动后的电感电流波形。由于第一种方法的斜坡补偿信号不是直接加到 PWM 比较器上的,实现起来就相对困难些,因此我们主要讨论第二种补偿方法的实现。

在设计斜坡补偿电路时,首先要确定输出电压 U_o、输出滤波电感 L、变压器匝数比 N、功率开关管的最大开通时间 T_{on}、检测电阻 R_s 阻值等参数。在图 4.20 中给出一种斜坡补偿电路的原理图,用虚线框代表集成 PWM 控制芯片,电阻 R_1 和电阻 R_2 组成了从集成 PWM 控制芯片振荡器外接电容引脚(从振荡器外接电容上取补偿斜坡)到限流引脚的分压网络,叠加斜坡补偿信号到初级的电流波形,电阻 R_1、R_2 的比例决定了所加的斜坡补偿量。

在图 4.20 中,电容 C_1 是交流耦合电容,使振荡器外接电容上的锯齿波信号中的交流分量耦合到 R_2,去掉了直流偏置部分;C_2 和 R_1 组成滤波电路,滤去变压器初级电流检测信号 I_p 中的前沿尖峰,以避免误动作;U_{osc} 是集成 PWM 控制芯片振荡器锯齿波的峰一峰值。斜坡补偿电路设计步骤如下:

(1)计算输出电感电流下降斜率 $m'_2 = \dfrac{\mathrm{d}i}{\mathrm{d}t} = \dfrac{U_O}{L}(\mathrm{A/s})$。

(2)计算反映到初级的电感电流下降斜率 $m_2 = \dfrac{m'_2}{N}$。

(3)计算电感电流反馈电压下降斜率 $U_{m2} = m_2 R_s(\mathrm{V/s})$。

(4)计算振荡器的充电斜率 $dU_{OSC} = \dfrac{U_{OSC}}{T_{ON}}(\mathrm{V/s})$。

(5)图 4.20 电路可用图 4.21 所示电路等效,根据叠加定理,补偿后加到集成 PWM 控制芯片电流检测输入端的反馈电压计算式为

$$U_{RAMP} = \frac{U_{m2}R_2 + d(U_{OSC})R_1}{R_1 + R_2}$$

(6)确定斜坡补偿比例 M 和 R_1、R_2 值,斜坡补偿电压为

$$U_{COMP} = \frac{d(U_{OSC})R_1}{R_1 + R_2} = M\,\frac{U_{m2}R_2}{R_1 + R_2}$$

根据工程经验,一般取 $M = 0.7 \sim 0.8$,电阻 R_2 取值范围为 $2 \sim 5\ \mathrm{k}\Omega$,电阻 R_1 值可由上式计算得到。在实际调试电路时,可适当调整电阻 R_1 和 R_2,以改善斜坡补偿的作用。

在峰值电流型控制中采取斜坡补偿措施后,可以使开关电源在占空比大于 50% 的情

135

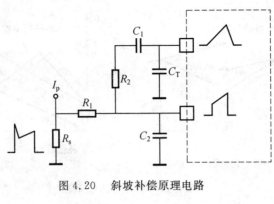

图 4.20　斜坡补偿原理电路

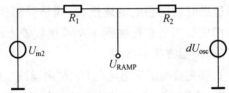

图 4.21　斜坡补偿等效电路

况下稳定工作,同时由于占空比范围的增加,提高了高频变压器的利用率,在输出相同功率时可使用体积更小的变压器,有利于电源的小型化。

在峰值电流型控制中采取斜坡补偿措施后,还会提高抗噪声干扰能力。因为峰值电流型控制方式需要利用电感电流作为控制变量,所以希望电感电流是一个干净的锯齿波形,特别当电感电流上升斜率 m_1 值较小时,电流在功率开关管开通期间变化小,对噪声的敏感程度升高,尤其是在功率开关管开通瞬间,变压器副边二极管的反向恢复产生的尖峰电流将成为一个巨大的干扰源;而斜坡补偿相当于增加了电感电流上升斜率,使电流在开通时间内变化量变大,因而起到了抑制干扰的作用。

4.5　反馈补偿网络设计

如果要求开关电源具有恒压特性,则需要对输出电压进行采样,并通过闭环控制来稳定输出电压。构成闭环时,一般要选择稳定的基准电压(可为 2.5 V),并要求极小的动态电阻和温度漂移;其次要求环路增益高,输出电压才能不受输入电压和负载变化的影响。由于开关电源的功率电路、滤波环节和 PWM 调制器增益低,只有采用误差放大器来获得高增益。另外,由于输出滤波器的存在,导致附加相移较大,因此也需要相位补偿。因此,开关电源的闭环控制问题可归结为误差放大器的设计问题。

4.5.1　闭环控制与稳定性

在 4.1 节中已经给出系统稳定性准则,判断一个开关电源系统是否符合稳定性准则的要求,一般可通过理论分析或是通过实际测量电源系统的频率响应进行分析。

一个电源系统的方框图如图 4.2 所示,如果能够获得每一方框的传递函数,即可得出系统的回路增益函数,进而用于判断系统的稳定性。

在图 4.2 中,$G_{vd}(s)$ 就是占空比至输出的传递函数$(\hat{U}_o(s)/\hat{d}(s))$,可利用状态空间平均法来推导。$G_m(s)$ 为脉宽调制器的传递函数,由于脉冲宽度调制的作用就是将模拟控制电压信号转换成为频率固定、脉冲宽度可调的脉冲信号,进而控制功率开关管。因此,脉宽调制器的输出变量是占空比 D,输入变量是误差放大器的输出信号 U_c,其增益是有量纲的,其单位为 1/V。

由于在脉宽调制器中是将误差放大器输出的误差信号与锯齿波进行比较,当误差放大器输出的误差信号电平等于锯齿波电压高度时,则输出的脉冲占空比为 100%,其输入输出信号关系如图 4.22 所示,其中 U_m 为锯齿波信号幅值,由相似三角形定理可得

$$\frac{U_c}{U_m} = \frac{DT}{T} = D \tag{4.43}$$

由式(4.43)可得

$$G_m(s) = \frac{\hat{d}(s)}{\hat{U}_c(s)} = \frac{D}{U_c} = \frac{1}{U_m} \tag{4.44}$$

由式(4.44)可知,脉宽调制器的传递函数只与锯齿波的峰峰值有关。

图 4.2 中的 $H(s)$ 是反馈分压网络的传递函数,其典型电路如图 4.23 所示。其传递函数为

$$H(s) = \frac{\hat{U}_1(s)}{\hat{U}_o(s)} = \frac{R_2}{R_1 + R_2} \tag{4.45}$$

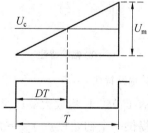

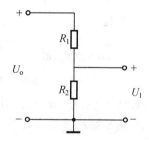

图 4.22　脉宽调制器传递函数示意图　　图 4.23　典型反馈分压电路

当然,如果采用其他形式的反馈电路,其传递函数会有所不同。将上面已知的传递函数结合到一起,则可以得到控制至输出的传递函数为

$$\frac{\hat{U}_1(s)}{\hat{U}_c(s)} = G_m(s)G_{vd}(s)H(s) \tag{4.46}$$

为了使系统更稳定,一般都需加入反馈补偿网络 $G_1(s)$。可以根据式(4.46)的频率响应来设计误差放大器的补偿网络。虽然补偿网络只是电源系统中极小的一部分,但是对稳定性而言却是最重要的一部分。同时,也会影响到电源系统的输出精度、电压调整率、频带宽度以及暂态响应等。

设计好反馈补偿网络后,图 4.2 所示方框图中各个传递函数就都已获得,可以得出回路增益的传递函数为

$$T' = G_{\mathrm{m}}(s)G_{\mathrm{vd}}(s)H(s)G_1(s) \tag{4.47}$$

并且可以在波特图上得出其频率响应,根据前面的稳定性准则(或条件),就可以判断电源系统是否达到设计要求。

4.5.2 误差放大器种类

误差放大器一般由集成运算放大器构成,在设计开关电源控制电路时常利用误差放大器的输入网络或反馈网络来改变其阻抗参数,以补偿或校正系统的瞬态性能。因此,误差放大器也被称为补偿网络或校正网络。

利用误差放大器构成开关电源的补偿网络时有多种形式,对于开关电源控制电路来说,根据不同的电路条件,经常采用的有 Venable 提出的 3 种误差放大器,即 Ⅰ 型、Ⅱ 型和 Ⅲ 型放大器。

图 4.24 所示电路是 Ⅰ 型放大器,其传递函数为

$$\dot{A} = \frac{\hat{U}_{\mathrm{c}}(s)}{\hat{U}_{\mathrm{i}}(s)} = -\frac{1}{R_1 C_1 s} \tag{4.48}$$

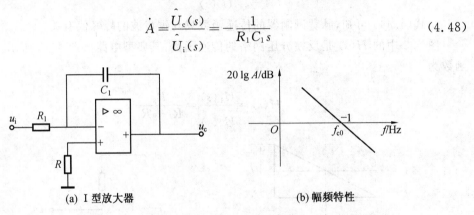

(a) Ⅰ 型放大器   (b) 幅频特性

图 4.24 Ⅰ 型放大器及其幅频特性

幅频特性如图 4.24(b) 所示,其中 $f_{\mathrm{co}} = 1/(2\pi R_1 C_1)$。Ⅰ 型放大器就是积分器,相移固定为滞后 90°,幅频特性是在 $f = f_{\mathrm{co}}$ 穿越 0 dB,提供一个初始极点 $f_{\mathrm{po}} = f_{\mathrm{co}}$。

Ⅰ 型放大器可用于静态精度要求较高,而动态特性要求不高的场合。

图 4.25 所示电路是 Ⅱ 型放大器,是比例积分放大器,通常称为 PI 调节器,其传递函数为

$$\dot{A} = \frac{\hat{U}_{\mathrm{c}}(s)}{\hat{U}_{\mathrm{i}}(s)} = -\frac{1/(sC_2)(R_2 + 1/(sC_1))}{R_1(1/(C_2 s) + R_2 + 1/(sC_1))} \tag{4.49}$$

化简后为

$$\dot{A} = \frac{\hat{U}_{\mathrm{c}}(s)}{\hat{U}_{\mathrm{i}}(s)} = -\frac{R_2 C_1 s + 1}{R_1(C_1 + C_2)s(1 + R_2 \dfrac{G C_2 S}{C_1 + C_2})} \tag{4.50}$$

Ⅱ 型放大器给出了 3 个重要频率点,式(4.50)分母第 1 项 $R_1(C_1 + C_2)s$ 提供一个初

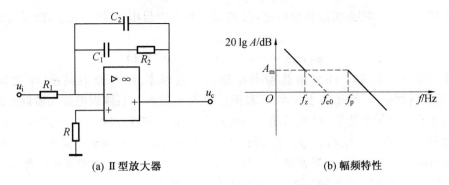

(a) Ⅱ型放大器　　　　　　　　(b) 幅频特性

图 4.25　Ⅱ型放大器及其幅频特性

始极点 f_{po}，也是幅频特性的穿越频率点 f_{co}；分母第 2 项 $(1+R_2C_1C_2/(C_1+C_2))s$ 提供一个单极点 f_p；分子提供一个单零点 f_z。这 3 个频率分别表示为

$$f_{co} = f_{po} = \frac{1}{2\pi R_1(C_1 + C_2)} \tag{4.51}$$

$$f_{p1} = \frac{1}{2\pi R_2 \dfrac{C_1 C_2}{C_1 + C_2}} \tag{4.52}$$

$$f_{z1} = \frac{1}{2\pi R_2 C_1} \tag{4.53}$$

Ⅱ 型放大器的幅频特性曲线如图 4.25(b) 所示，其中 A_m 是传递函数水平部分（即中频段）的增益，由 R_2/R_1 决定，用分贝表示时等于穿越频率 f_{co} 处增益 G_t（除误差放大器外的电源系统增益）对数值的相反数。零点、极点就是误差放大器增益斜率的变化点，一个零点表示增益斜率将为 $+1$（即幅频特性曲线的斜率向上增加转折 20 dB/dec），例如，零点出现前增益斜率为 -1，那么它将使增益斜率变为 0；一个极点表示增益斜率为 -1（即幅频特性曲线的斜率向下增加转折 -20 dB/dec），例如极点出现前增益斜率为 0，那么它将使增益斜率变为 -1；初始极点和其他极点一样，表示的增益斜率为 -1，也表示在该点的增益为 1 或 0 dB。

零点，比如 RC 微分器会使相位超前；极点，比如 RC 积分器会使相位滞后。由零点 f_z 引起频率 f 超前的相位为

$$\varphi_{1d} = \arctan\frac{f}{f_z}$$

由零点 f_z 引起的在穿越频率 f_{co} 处的相位超前为

$$\varphi_{1d} = \arctan\frac{f_{co}}{f_z} = \arctan k$$

由极点 f_p 引起频率 f 滞后的相位是

$$\varphi_{1ag} = \arctan\frac{f}{f_p}$$

由极点 f_p 引起的在穿越频率 f_{co} 处的相位滞后为

$$\varphi_{1ag} = \arctan\frac{f_{co}}{f_p} = \arctan\frac{1}{k}$$

在频率 f_z 处的零点引起相位超前,在 f_p 处的极点引起相位滞后,在 f_{co} 处系统的总相移为

$$\varphi(f_{co}) = -\arctan k + \arctan(1/k)$$

Ⅱ 型放大器适用于环路增益频率特性在零点频率 f_z 和极点频率 f_p 之间穿越 0 dB(即穿越频率 f_{co} 位于零点频率 f_z 和极点频率 f_p 之间),且除误差放大器以外的环路特性斜率在穿越频率处是 -1 的系统。一般零点频率 f_z 和极点频率 f_p 在穿越频率 f_{co} 两侧对称分布,若令 $k = f_{co}/f_z = f_p/f_{co}$,则 k 值越大,零点频率 f_z 和极点频率 f_p 离得越远,在穿越频率 f_{co} 处的相位裕量就越大。当 k 值无穷大时(零点、极点频率相距很远),零点引起的相位超前为最大值 $90°$,极点引起的相位滞后趋于 $0°$。

在低频段,C_1 的阻抗远大于 R_2。因此,反馈支路仅是 C_1 和 C_2 并联。这样,可认为电路是一个电阻输入、电容反馈的积分器,则初始极点引起 $90°$ 相位滞后。零点、极点引起的相移要与误差放大器初始极点带来的低频相移相加,且误差放大器是反相输入(本身有 $180°$ 的相位滞后),总相位滞后为

$$\varphi = 270° - \arctan k + \arctan(1/k) \tag{4.54}$$

利用式(4.54)可计算出不同 k 值 Ⅱ 型放大器相位滞后角度见表 4.1,从表 4.1 中可以看出,k 值越大,相位滞后角度越小,相位裕量越大。

表 4.1 不同 k 值 Ⅱ 型放大器滞后相位

k	2	3	4	5	7	10
滞后相位	$233°$	$216°$	$208°$	$202°$	$198°$	$191°$

大的相位裕度是设计中所期望的,但是如果 k 值选得太大,则 f_z 太低,在低频处的增益不足,对低频纹波的抑制效果会很差;而 f_p 太高,高频增益会过大,高频尖峰噪声将被放大。因此,选择 k 值必须在两者之间折中。

图 4.26 所示电路是 Ⅲ 型放大器,通常称为 PID 调节器,其传递函数为

$$\dot{A} = \frac{\dot{U}_c(s)}{\dot{U}_i(s)} = -\frac{(1 + R_2 C_1 s)(R_1 + R_3)C_3 s + 1)}{R_1(C_1 + C_2)s(R_2 \dfrac{C_1 C_2}{C_1 + C_2}s + 1)(R_3 C_3 s + 1)} \tag{4.55}$$

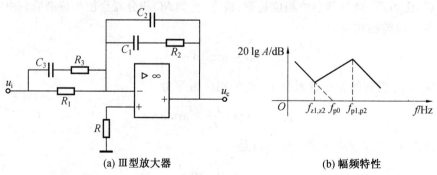

(a) Ⅲ型放大器　　　　　　　　　(b) 幅频特性

图 4.26 Ⅲ 型放大器及其幅频特性

由式(4.55)可以得到传递函数涉及 5 个频率,分别为

初始极点
$$f_{po} = \frac{1}{2\pi R_1(C_1 + C_2)} \tag{4.56}$$

第 1 个极点
$$f_{p1} = \frac{1}{2\pi R_2 \dfrac{C_1 C_2}{C_1 + C_2}} \tag{4.57}$$

第 2 个极点
$$f_{p2} = \frac{1}{2\pi R_3 C_3} \tag{4.58}$$

第 1 个零点
$$f_{z1} = \frac{1}{2\pi R_2 C_1} \tag{4.59}$$

第 2 个零点
$$f_{z2} = \frac{1}{2\pi (R_1 + R_3)C_3} \tag{4.60}$$

在实际应用中,一般取 $f_{p1} = f_{p2}$、$f_{z1} = f_{z2}$。与 Ⅱ 型放大器同样安排,零点频率 f_z 和极点频率 f_p 在穿越频率 f_{co} 两侧对称分布,令 $k = f_{co}/f_z = f_p/f_{co}$,由零点 f_z 引起的穿越频率 f_{co} 的相位超前是

$$\varphi_1 = \arctan \frac{f_{co}}{f_z} = \arctan k$$

如果在频率 f_z 有两个零点,则超前的相位相互叠加。这样,两个相同的零点 f_z 在穿越频率 f_{co} 处产生相位超前 $\varphi_2 = 2\arctan k$。

同理,由极点 f_p 引起的穿越频率 f_{co} 的相位滞后是:$\varphi_3 = \arctan 1/k$,在频率 f_p 有两个极点,则滞后的相位相互叠加。这样,两个相同的极点 f_p 在穿越频率 f_{co} 处产生相位滞后 $\varphi_4 = 2\arctan 1/k$。

由零点 f_z、极点 f_p 在穿越频率 f_{co} 处引起的超前相位和滞后相位与误差放大器初始极点带来的低频相移相加,且误差放大器是反相输入(本身有 180° 的相位滞后),总相位滞后为

$$\varphi = 270° - 2\arctan k + 2\arctan (1/k) \tag{4.61}$$

利用式(4.61)可计算出不同 k 值 Ⅲ 型放大器相位滞后角度见表 4.2,调整 k 值可以获得不同的相位滞后角。

表 4.2　不同 k 值 Ⅲ 型放大器滞后相位

k	2	3	4	5	7
滞后相位	196°	164°	146°	136°	128°

比较表 4.1 和表 4.2 可以看到,带有两个零点和两个极点的 Ⅲ 型放大器远小于仅有一个零点和一个极点的 Ⅱ 型放大器的相位滞后。因此,Ⅲ 型放大器适用于输出级采用 LC 滤波,且输出滤波电容无 R_{esr} 或 R_{esr} 非常小的开关电源系统,这是因为没有 R_{esr} 的 LC 滤波器相位滞后大(接近 180°),所以必须使用低相位滞后的 Ⅲ 型放大器进行补偿。

4.5.3　误差放大器幅频特性曲线的设计

由前面的分析可知,为了保证电源系统的稳定工作,有必要利用误差放大器构成适当的补偿网络。加入该补偿网络后,应使电源系统总环路幅频特性在穿越频率 f_{co} 处以斜率 -1 穿越 0 dB,并使得穿越频率 f_{co} 处的相移小于 135°,即相位裕度要大于 45°。

补偿网络的实现大都是利用集成 PWM 控制芯片内部的误差放大器外加 RC 无源元件构成的,或者是将集成 PWM 控制芯片内部的误差放大器接成跟随器,再利用外加的集成运算放大器和 RC 无源元件构成。一般,可按照下面的步骤选择采用哪种类型的误差放大器,确定零点和极点位置,并进而确定补偿网络中元器件的参数。

(1) 获得控制至输出的传递函数的频率响应。

为了选择合适的反馈补偿网络,必须事先知道电源系统需要补偿多少增益、修正多少相位,这样,就需要知道控制至输出的传递函数的频率响应。通过两个途径可以获得该频率响应,一个是利用后面 4.5.5 节中介绍的测量方法,另外一个是利用 4.5.1 节中介绍的方法。

(2) 确定系统开环增益为 0 dB 时的频率,即穿越频率。

根据采样定理,为了保证电源系统稳定,穿越频率 f_{co} 必须小于开关频率 f_s 的 1/2。实际上,必须远小于开关频率的 1/2,否则会有较大的开关纹波。在实际使用时,穿越频率 f_{co} 一般取小于开关频率 f_s 的 $1/4 \sim 1/5$ 较为合适。

(3) 选定误差放大器增益,使系统总开环增益在此频率处为 0 dB。

当增益用对数坐标来表示时,各串联环节的增益和增益斜率是相加的。因此,当反馈补偿网络设计完成后,按照稳定要求应使总环路幅频特性在穿越频率 f_{co} 处以斜率－1 穿越 0 dB。可见,在穿越频率 f_{co} 处的误差放大器增益应该等于此频率处的增益 G_t 的相反数(代数上两者是倒数关系,G_t 除误差放大器外的电源系统增益)。

(4) 设定误差放大器的增益斜率(即确定误差放大器的类型),使系统总开环增益曲线在穿过穿越频率时的斜率为－1。

根据稳定要求,环路增益应该在穿越频率 f_{co} 处以－1 斜率穿越。如果输出滤波电容有 R_{esr},而穿越频率 f_{co} 又落在大于 f_{esr} 区,环路增益在穿越频率 f_{co} 处的斜率为－1,可以选择 Ⅱ 型放大器。如果让 Ⅱ 型误差放大器在 f_{co} 处的增益斜率是水平的,由于增益 G_t 的曲线在 f_{co} 处的斜率为－1,则误差放大器曲线斜率加上增益 G_t 曲线斜率之和后,在穿越频率 f_{co} 处的斜率仍为－1,

如果输出滤波电容没有 R_{esr},环路增益在穿越频率 f_{co} 处的斜率为－2,要使环路增益以－1 斜率穿越,放大器必须提供＋1 斜率,可以考虑选择 Ⅲ 型放大器。

(5) 调整误差放大器的增益曲线,以获得所需要的相位裕量。

为了保证电源系统稳定工作,系统的相位裕度一般要大于 45°。在步骤(1) 中已经得到误差放大器以外的电源系统频率特性,这样就可得到误差放大器允许的相位滞后角度,进而按照表 4.1 或表 4.2 选择合适的 k 值,同时也就确定了零点和极点位置。

需要注意的是,虽然选择的 k 值越大(即零点频率 f_z 和极点频率 f_p 离得越远),在穿越频率 f_{co} 处的相位裕量就越大,但如果零点频率 f_z 选得太低,在工频处的低频增益将会不足,对工频纹波的衰减会很差;如果极点频率 f_p 选得太高,高频增益将会过高,高频噪声将被放大。因此,应该根据电源系统的实际要求,合理选择 k 值或合理确定零点和极点位置。

(6) 计算反馈补偿网络参数。

按以上步骤确定选用了 Ⅱ 型放大器还是 Ⅲ 型放大器后,可以先根据需要的误差放

大器增益确定 R_1 或 R_2(先选定 R_1 或 R_2 中的一个,而后即可计算另外一个),然后利用已确定的零点、极点频率、穿越频率处的增益及式(4.51)~(4.53)或式(4.56)~(4.60),即可计算确定补偿网络中其他的元器件参数,具体过程请参阅 4.5.4 节中的例题。

4.5.4　设计举例

例题　一电源电路如图 4.27 所示,主电路为 Buck 变换器,并假设其工作在 CCM 模式。其主要参数:输入电压 $U_{in}=200$ V,输出电压 $U_o=100$ V,滤波电感 $L=0.5$ mL,滤波电容 $C=270$ μF(选用 CDE 公司 381LR 型电解电容,额定电压 200 V,$R_{esr}=0.249$ Ω),开关管选用功率 MOSFET,负载 $R=10$ Ω,$R_2=10$ kΩ,$R_1=390$ kΩ,开关频率 $f_s=50$ kHz,PWM 调制器锯齿波幅度 2.5 V,参考电压 2.5 V。请设计补偿网络,并确定补偿网络的主要参数。

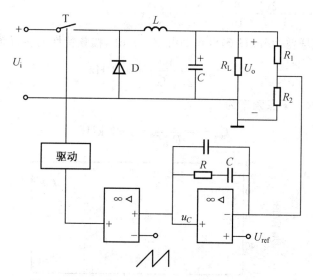

图 4.27　Buck 变换器电路图

解　由式(4.42)可得脉宽调制器的传递函数为

$$G_m(s) = \frac{\hat{d}(s)}{\hat{U}_c(s)} = \frac{D}{U_c} = \frac{1}{U_m} = \frac{1}{2.5}$$

由式(4.43)可得反馈分压网络的传递函数为

$$H(s) = \frac{\hat{U}_1(s)}{\hat{U}_o(s)} = \frac{R_2}{R_1 + R_2} = \frac{10}{10 + 390} = \frac{1}{40}$$

考虑输出滤波电容串联等效电阻时,Buck 变换器占空比至输出的传递函数 $G_{vd}(s)$ 为

$$G_{vd}(s) \approx \frac{U_o}{D} \frac{1 + sR_{res}C}{1 + s(\frac{L}{R} + R_{res}C) + s^2 LC}$$

由于 Buck 变换器工作在 CCM 模式,$U_o = DU_{in}$,则有

$$G_{vd}(s) = \frac{U_{in}(1+sR_{res}C)}{1+s(\frac{L}{R}+R_{res}C)+s^2LC}$$

$$= \frac{200 \times (1+0.249 \times 270 \times 10^{-6}s)}{1+(\frac{0.5 \times 10^{-3}}{10}+0.249 \times 270 \times 10^{-6})s+0.5 \times 10^{-3} \times 270 \times 10^{-6}s^2}$$

$$= \frac{200(1+6.723 \times 10^{-5}s)}{1+1.17 \times 10^{-4}s+1.35 \times 10^{-7}s^2}$$

则原始回路增益函数 $G_t(s)$ 为

$$G_t(s) = H(s)G_m(s)G_{vd}(s)$$

$$= \frac{1}{40} \times \frac{1}{2.5} \times \frac{200(1+6.723 \times 10^{-5}s)}{1+1.17 \times 10^{-4}s+1.35 \times 10^{-7}s^2}$$

$$= \frac{2(1+6.723 \times 10^{-5}s)}{1+1.17 \times 10^{-4}s+1.35 \times 10^{-7}s^2}$$

$G_t(s)$ 的直流增益 $20\lg|G_t(0)| \approx 20\lg 2 = 6$ dB,幅频特性的转折频率为

$$f_c = \frac{1}{2\pi\sqrt{LC}} = 433 \text{ Hz}$$

滤波电容的 R_{esr} 零点频率为

$$f_{esr} = \frac{1}{2\pi R_{res}C} = 2.37 \text{ kHz}$$

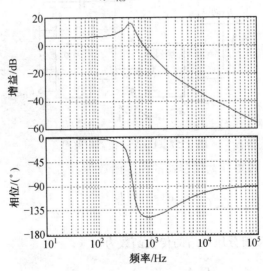

图 4.28　原始回路函数 $G_t(s)$ 的频率特性

$G_t(s)$ 的幅频特性和相频特性如图 4.28 所示,选择穿越频率 f_{co} 为开关频率的 $1/4$,即 $f_{co}=12.5$ kHz。从其幅频特性曲线上看,穿越频率 f_{co} 处的增益是 -37.8 dB,为保证环路增益在此频率处为 0,误差放大器在穿越频率 f_{co} 处的增益应为 37.8 dB;由于 $G_t(s)$ 的幅频特性在穿越频率 f_{co} 处的斜率为 -1,为保证误差放大器的增益加上 $G_t(s)$ 的增益在穿越频率 f_{co} 处的斜率仍为 -1,误差放大器增益在穿越频率 f_{co} 处的斜率必须为 0。

用 Ⅱ 型放大器可获得在穿越频率 f_{co} 处的水平增益,该部分的增益由 R_2/R_1 决定。

若取 $R_1 = 2$ kΩ，则 $R_2 = 155$ kΩ。

由图 4.28 的相频特性曲线可知，$G_t(s)$ 在穿越频率 f_{co} 处的相移为 $-100°$。为使相位裕度为 $45°$，在穿越频率 f_{co} 处误差放大器允许的相移为 $360°-45°-100°=215°$，从表 4.1 中查得 $k = f_{co}/f_z = f_p/f_{co} = 3$ 即可，为保证足够的裕度，可取 $k = 4$。

当取 $k = 4$ 时，在穿越频率 f_{co} 处有 $52°$ 的相位裕度。同时，$f_z = f_{co}/k = 3.125$ kHz、$f_p = kf_{co} = 50$ kHz。

这样，由式（4.55）得

$$C_1 = \frac{1}{2\pi R_2 f_z} = \frac{1}{2 \times 3.14 \times 155 \times 10^3 \times 3125} \approx 328 \text{（pF）}$$

由式（4.54）得

$$C_2 \approx \frac{1}{2\pi R_2 f_p} = \frac{1}{2 \times 3.14 \times 155 \times 10^3 \times 50 \times 10^3} \approx 20 \text{（pF）}$$

则补偿网络的传递函数为

$$G_1(s) = \frac{R_2 C_1 s + 1}{R_1(C_1 + C_2)s(1 + sR_2 \frac{C_1 C_2}{C_1 + C_2})}$$

$$= \frac{1 + 5.084 \times 10^{-5} s}{6.96 \times 10^{-7} s + 2.032 \times 10^{-12} s^2}$$

进而可得补偿网络的频率特性如图 4.29 所示，并由式（4.47）可得回路增益传递函数为

$$T' = G_m(s)G_{vd}(s)H(s)G_1(s)$$

$$= \frac{2(1 + 6.723 \times 10^{-5} s)}{1 + 1.17 \times 10^{-4} s + 1.35 \times 10^{-7} s^2} \times$$

$$\frac{1 + 5.084 \times 10^{-5} s}{6.96 \times 10^{-7} s + 2.032 \times 10^{-12} s^2}$$

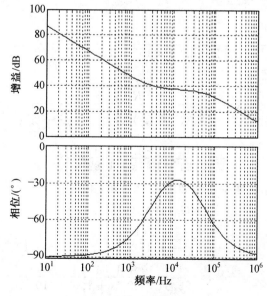

图 4.29　补偿网络的频率特性

由其传递函数,可得加入补偿网络后的回路幅频特性和相频特性如图 4.30 所示,可以看出在穿越频率 f_{co} 处以 -1 斜率通过 0 dB 线,相位裕度为 52°。

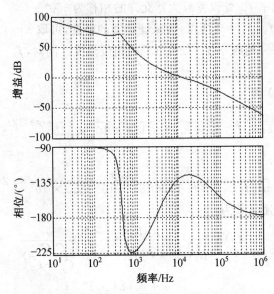

图 4.30　加入补偿网络后的回路频率特性

也可以按有些文献介绍的方法,将补偿网络的零点设置为 $G_1(s)$ 的转折频率以内,将补偿网络的极点设置在开关频率附近。按此方法,将本例题中的补偿网络的零点选择为 $f_z = 350$ Hz、极点选择为 $f_p = 50$ kHz。

这样,由式(4.53)得

$$C_1 = \frac{1}{2\pi R_2 f_z} = \frac{1}{2 \times 3.14 \times 155 \times 10^3 \times 350} \approx 2\ 935\ (\text{pF})$$

由式(4.52)得

$$C_2 \approx \frac{1}{2\pi R_2 f_p} = \frac{1}{2 \times 3.14 \times 155 \times 10^3 \times 50 \times 10^3} \approx 20\ (\text{pF})$$

则补偿网络的传递函数为

$$G_1(s) = \frac{R_2 C_1 s + 1}{R_1(C_1 + C_2)s(1 + sR_2 \dfrac{C_1 C_2}{C_1 + C_2})}$$

$$= \frac{1 + 4.54 \times 10^{-4} s}{5.91 \times 10^{-6} s + 1.82 \times 10^{-11} s^2}$$

进而可得补偿网络的频率特性如图 4.31 所示,由式(4.47)可得回路增益传递函数为

$$T' = G_m(s)G_{vd}(s)H(s)G_1(s)$$

$$= \frac{2(1 + 6.723 \times 10^{-5} s)}{1 + 1.17 \times 10^{-4} s + 1.35 \times 10^{-7} s^2} \times$$

$$\frac{1 + 4.54 \times 10^{-4} s}{5.91 \times 10^{-6} s + 1.82 \times 10^{-11} s^2}$$

则可得加入补偿网络后的回路幅频特性和相频特性如图 4.32 所示,补偿后回路函数

的幅频特性在穿越频率 f_{co} 处以 -1 斜率通过 0 dB 线,相位为 64.7°。

对比图 4.30 和图 4.32 可知,将补偿网络的零点设置为 $G_t(s)$ 的转折频率以内,将补偿网络的极点设置在开关频率附近,在穿越频率 f_{co} 处的相位裕量要比第一种设置方法($k=4$)的大。但显然第 2 种设置方法的零点频率 f_z 选得较低,其低频增益相对较低,对工频纹波的衰减会相对较差。因此,应该根据电源系统的实际要求,合理选择 k 值或合理确定零点和极点位置。

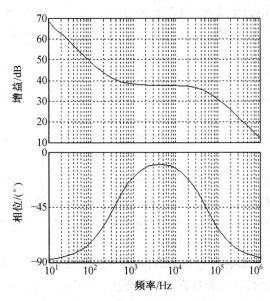

图 4.31　补偿网络的频率特性

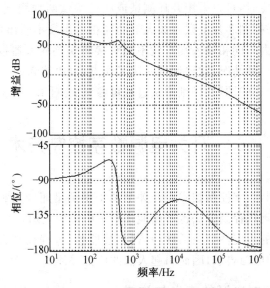

图 4.32　加入补偿网络后的回路频率特性

需要说明的是本节中仅以工作在 CCM 模式的 Buck 变换器为例,介绍了采用电压型 PWM 控制技术时补偿网络的设计方法。当采用电流型 PWM 控制技术时,由于存在电压外环和电流内环,因此有两个环的参数需要进行设计,其设计过程要比采用电压型 PWM 控制技术时的复杂一些,请参阅有关文献,限于篇幅不再一一介绍。

4.5.5　开关电源环路稳定实验方法

频率特性分析方法是以元器件小信号参数为基础的,如果在线性范围内,似乎很准确,但是元器件参数的离散性很大,很难准确建模;同时开关电源一直在大信号开关工作,控制环路内本身就是很大干扰源,包含丰富的谐波,对元器件的寄生参数也很敏感。因此,以上的分析有很大的局限性,往往分析的结果与实际电路不相吻合,有时甚至相差较大。

因此,一般理论分析方法只是作为实际调试的参考和指导。在开关电源的实际设计、调试过程中,可通过直接测量误差放大器以外环路的频率响应的方法来进行补偿网络的设计工作。具体工作包括:

(1)在不同工作条件下(例如最高和最低输入电压,重载和轻载),测量误差放大器以外环路的频率响应。

(2)根据开关频率 f_s 选择闭环穿越频率 f_{co},这样就能知道除误差放大器以外的环路增益在穿越频率处的斜率和衰减量,由此得到放大器需要的增益以及需要补偿的相位。

(3)根据前面的理论分析,利用测得的频率特性来选择误差放大器的类型。

(4)计算补偿网络中各元件的参数。

(5)通过实验进一步验证补偿效果,对补偿网络参数进行修改和完善。

应当说这是一种比较直接和可靠的设计方法,采用这个方法可以在较短时间内将电源闭环调试好。当然,测试时需要一台测试仪器,比如网络分析仪。

测试环路频率响应时,可以采用开环测试或闭环测试两种测试方法。利用开环测试方法进行测试时,如果控制芯片上误差放大器的同相输出端不引出(PWM 芯片内部参考电压直接接到误差放大器同相输入端),就不能直接将误差放大器接成跟随器,测试就无法进行;同时,每测试一种情况,就要调试一次工作点,也比较麻烦。利用闭环测试方法进行测试时,则不存在上述问题,其详细测试过程可参考文献[39]或文献[40]中的介绍。

4.6　开关电源数字控制技术

进入 21 世纪以来,数字控制技术在开关电源中得到迅速应用和发展,使得各种在模拟电路中难以实现的现代控制方法也开始能在开关电源中应用。采用数字控制技术的开关电源提供了智能化的适应性与灵活性,具备直接监控、远程控制、故障诊断等电源管理功能,能够满足复杂的电源要求,因而引起人们的广泛关注并在诸多领域获得大量应用。

4.6.1　数字控制电源的定义与构成

目前,人们对采用数字控制技术的开关电源(即数字电源)有以下几种典型定义方法:

定义一,通过数字接口控制的开关电源,包括通过 I²C 总线或其他类似的数字总线控制开关电源的输出电压、电源启动等,它强调的是数字电源的通信功能;

定义二,具有数字监测功能的开关电源,可以监测开关电源的状态,如温度、输出电流、输出电压、输入电流、输入电压等,它强调的是数字电源对相关参数的"监测"功能;

上述两种定义的共同特点是"模拟开关电源改造升级",所强调的是"对电源的控制或监测",其控制对象主要是开关电源的外特性。

定义三,用数字电路彻底取代开关电源中的所有模拟电路,以使开关电源更容易设计、配置和调节。目前,这类数字电源基本上是以数字信号处理器(DSP)或带有 PWM 输出口的单片机为核心构成的,可通过设定开关电源的内部参数来改变其外在特性,并在"电源控制"的基础上增加了"电源管理和监测"功能。

数字控制电源的核心是数字控制部分,一般由模数变换器、数字脉宽调制器(即DPWM)、数字控制器 3 部分组成,其构成示意图如图 4.33 所示。

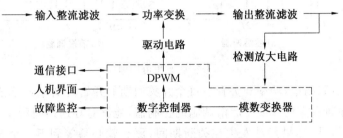

图 4.33　数字控制电源构成示意图

模数变换器负责将时间、幅值均连续的模拟量(如电源的输出电压或输出电流)转换为时间、幅值均离散的数字信号,供数字控制器使用。为了实现高精度的电压调节,模数变换器必须具有足够高的分辨率(如在输出电压范围为 5 V、输出电压的误差不超过5 mV 时,其分辨率必须达到 1/1 000 以上)。

为了实现快速地调节动态响应特性,模数变换器至少需要以开关频率对输出电压进行采样和转换,而且转换周期只能占用开关周期中的一部分(如当开关频率为 1 MHz 时,模数转换时间通常要少于 100 ns)。

在开关电源中使用模数变换器时,除了要考虑模数变换器的分辨率和转换周期外,有时也要注意开关电源噪声对模数变换器的影响。

数字控制器可以采用经典 PID 控制算法,也可采用比较复杂的算法,如预测控制、无差拍控制等新算法;数字控制器的设计方法通常可分为间接数字设计方法和直接数字设计方法,应用不同方法会产生不同的控制器模型,其控制性能也会有所差异,读者可参考相关文献。

数字脉宽调制器(DPWM)充当数字控制器中数模转换单元,将数字控制器给出的数字控制信号转换为时间信号(即产生具有一定脉宽的脉冲信号),进而控制电源主电路的工作,因此电源的输出电压的精度将直接取决于 DPWM 的时间分辨率。利用计数器和比较器实现 DPWM 是最基本的实现方法,根据调制波不同,DPWM 控制可以分为单沿调制和双沿调制,其调制原理分别如图 4.34 和图 4.35 所示。

　　单沿调制采用锯齿波作为参考信号,因周期起始处锯齿波相位的不同分为后沿调制和前沿调制。在每个开关周期起始处,数字控制器对信号进行采样计算得到给定信号 u_c,当给定值大于参考值 u_m 时,开关管导通;当给定值小于参考值时,开关管关闭,调制原理如图 4.34 所示。

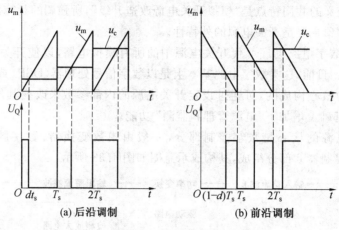

(a) 后沿调制 　　　　　　(b) 前沿调制

图 4.34　单沿调制

　　在数字后沿调制里,功率开关管在每个开关周期的开始时刻导通,经过时间 dT_s 后关断,其中 d 为导通占空比。使用后沿调制的控制器,能够对导通期间所发生的任何扰动立即做出反应。但是,如果扰动发生在关断期间,那么就必须等到下一个开关周期才能处理。在数字前沿调制里,功率开关管在每个开关周期的开始时刻关断,经过时间 $(1-d)T_s$ 后开通,并且一直保持到当前周期结束。与后沿调制相比,采用前沿调制的控制器能够对关断时的扰动做出反应。同样,如果扰动发生在导通期间,也需要等到下一个开关周期才能进行处理。

　　双沿调制采用三角波作为参考信号,因周期起始处三角波相位的不同分为三角波前沿调制和三角波后沿调制。在三角波后沿调制中,在每个开关周期,三角波从零开始上升,半周期处达到峰值。与三角波后沿调制不同,三角波前沿调制在每个开关周期,三角波是从峰值开始,在半周期处降到最小值。

　　双沿调制在每个开关周期起始处,数字控制器对信号进行采样,一个周期里两段导通时间相等,其调制原理如图 4.35 所示。

　　单沿调制模式的处理器中需要设置两个寄存器,一个决定 PWM 周期,另一个决定一个周期中的电平翻转的时间;而双沿调制模式则需要设置 3 个寄存器,一个决定 PWM 周期,另两个寄存器决定在一个周期中间电平状态翻转的两个时间点。在实现控制算法的时候,双沿调制模式有一定的灵活性,但其复杂的控制算法必须在半周期内计算完;而在单沿调制模式中,同样的开关频率用户有两倍的时间来完成控制规律或算法的计算,因此单沿调制模式更适合高频开关电源。

　　由图 4.33 也可以看出,采用数字控制方式的开关电源(即数控电源)的主电路、驱动电路、缓冲电路等部分与采用模拟控制方式的开关电源是相同的;不同的仅是控制部分的构成以及所采用的控制策略而已。

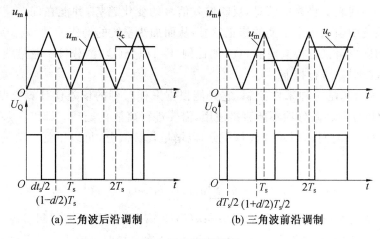

(a) 三角波后沿调制　　　　　(b) 三角波前沿调制

图 4.35　双沿调制

4.6.2　经典数字控制算法及改进

随着高性能单片机、DSP、FPGA 等技术的不断进步,在模拟电路中难以实现的现代控制方法(如自适应控制、模糊控制、预测控制等)也已开始应用于开关电源的控制中。但经典的 PID 控制仍是开关电源等电力电子装置中应用最广泛的一种控制算法,常规 PID 控制系统原理框图如图 4.36 所示。

由图 4.36 可知,PID 控制器是一种线性控制器,它根据给定值 $r(t)$ 与实际输出值 $c(t)$ 构成的控制偏差 $e(t)$ 来计算。

控制偏差 $e(t)$ 为

$$e(t) = r(t) - c(t) \tag{4.62}$$

PID 的控制规律为

$$u(t) = k_P \left[e(t) + \frac{1}{T_I} \int_0^t e(t)\,\mathrm{d}t + T_D\,\frac{\mathrm{d}e(t)}{\mathrm{d}t} \right] \tag{4.63}$$

式中,k_P 为比例系数;T_I 为积分时间常数;T_d 为微分时间常数。PID 控制器各校正环节的作用如下:

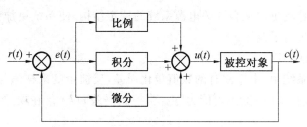

图 4.36　PID 控制系统原理框图

比例环节:代表了当前的信息,即时地、成比例地反映控制系统的偏差信号 $e(t)$。偏差一旦产生,控制器立即产生控制作用,以减少偏差,使过渡过程反应迅速。

积分环节:代表了过去的信息,主要用于消除静差、提高系统的无差度,改善系统的稳定性能。

微分环节：代表了将来的信息，反映偏差信号的变化趋势，并能在偏差信号值变得太大之前，在系统中引入一个早期的修正信号，从而加快系统的动作速度，减少调节时间。

可见，PID控制就是将偏差值$e(t)$的比例（P）、积分（I）、微分（D）通过线性组合构成控制量，对被控对象进行控制。

由于数字控制是一种采样控制，它只能根据采样时刻的偏差值计算控制量，因此式（4.63）中的积分项和微分项不能直接使用，需要进行离散化处理。即以一系列的采样时刻点kT代表连续时间t，以求和代替积分，以增量代替微分，可以得到离散的位置式PID表达式为

$$u(k) = k_P e(k) + k_I \sum_{j=0}^{k} e(j) + k_D[e(k) - e(k-1)] \qquad (4.64)$$

式（4.64）中，k为采样序列，$k = 0,1,2,\cdots$；$u(k)$为第k次采样时刻控制器输出值；$e(k)$为第k次采样时刻输入的偏差值；$e(k-1)$为第$k-1$次采样时刻输入的偏差值；k_I为积分系数，$k_I = k_P T / T_I$；k_D为微分系数，$k_D = k_P T_D / T$。

当执行机构需要的是控制量的增量时，由式（4.64）可以导出增量式的PID控制算法，即

$$\Delta u(k) = k_P \Delta e(k) + k_I e(k) + k_D[\Delta e(k) - \Delta e(k-1)] \qquad (4.65)$$

式中，$\Delta e(k) = e(k) - e(k-1)$；$\Delta u(k) = u(k) - u(k-1)$。

则由式（4.65）得到

$$u(k) = u(k-1) + k_P \Delta e(k) + k_I e(k) + k_D[\Delta e(k) - \Delta e(k-1)] \qquad (4.66)$$

比较式（4.64）和式（4.66）可知，位置式算法是全量输出，每次的输出都与过去的状态有关，计算时要对$e(k)$进行累加，数字处理器运算量很大。而且，一旦出现问题，控制器的输出幅值会很大，从而导致执行机构大幅度变化，这种情况应该避免。而增量式算法就不存在这个问题，它是增量输出，不需要对过去的状态进行累加，因此比全量式算法简便、易行，适合于软件实现，所以被广泛采用。增量算法也有不足，即积分截断效应大，有静态误差。因此，在选择的时候不可一概而论，在精度要求高、动作比较快的场合可选用位置式算法，如电力电子变换器的控制；如果执行的时间比较长，如电机控制等，则选择增量式算法。

为了使PID算法更加适合开关电源系统的特定结构，使系统更加稳定和可靠，人们在实际使用时对其进行了改进。

（1）带死区的PID。

在数字控制系统中，由于固有的数值量化误差，反馈量的采样值与数字给定量之间的偏差（即控制误差）$e(k)$一般不可能为零。当控制误差$e(k)$落在误差带Δ以内，即

$$|e(k)| < \Delta$$

就可以认定为$e(k)$已经为零，不再改变控制量$u(k)$，也就是说，以Δ为控制误差死区。控制算法如图4.37所示。

如果不加入控制死区，则当误差$e(k)$已经落在误差带内，但始终大于或者小于零时，根据式（4.64），误差积分项的数值会随着时间不断地累积增大，容易引起控制系统的振荡。如果Δ太小，两种方式的转换将很频繁，导致在稳态时输出电压的振荡增加。另一方

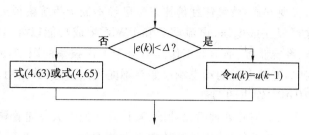

图 4.37　带死区的 PID 算法

面,如果 Δ 过大则系统响应会大大滞后。

（2）积分分离控制算法。

在常规 PID 控制中,引入积分环节是为了消除静差、提高系统的稳态精度。但是在开关电源启动,或者突加／突卸负载的时候,短时间内输出电压的偏差会很大,同时积分项的输出是个累加输出,这样在这个短时间内控制量会超过占空比的最大调节范围,从而进入深度饱和,影响系统的动态性能,也可能会引起电源系统产生比较大的超调,情况严重的时候会造成输出的振荡,这是开关电源工作时所不允许的。

针对这种情况,可以考虑采用积分分离的方法。其基本思想是输出电压与电压基准偏差较大的时候,取消积分,以免积分作用造成超调变大,系统稳定性下降;当输出电压接近基准的时候,引入积分项,用来消除静差,提高系统的稳态精度。实际使用时,首先设定一个大于零的合适阈值 ε,如这个阈值可以有多个,即分段选择积分系数。当输出电压的偏差值大于这个阈值 ε 时,采用 PD 控制,以避免较大的超调;当输出电压的偏差值小于这个阈值 ε 时,采用 PID 控制保证控制精度。

与常规的 PID 相比,积分分离算法只是多了一个判断语句,所以对资源要求与常规的算法相差无几。阈值 ε 的大小直接影响积分分离控制的性能。阈值太大,积分作用减小,调节时间长,但是峰值时间小;阈值太小,系统的超调量大。

（3）变参数 PID。

普通 PID 算法中,k_P、T_I、T_D 是固定不变的。所谓变参数 PID,是指根据被控对象（开关电源）的各种不同的运行工况,如空载和满载,输入电压高或低等,根据需要采用不同的比例系数 k_P、积分时间常数 T_I 和微分时间常数 T_D,使得控制系统的特性在各种情况下都能保持最优。

4.6.3　开关电源数字控制的实现方式

目前,开关电源的数字控制可以通过数字信号处理器（DSP）、带有 PWM 输出口的单片机或现场可编程门阵列（FPGA）来实现。

（1）利用带有 PWM 输出的单片机。

用单片机控制的开关电源,信号采样由一个高精度 A/D 来完成;基准信号由外接键盘输入或者通过程序来设定,两路信号比较得到误差信号,再根据误差信号生成不同脉宽的 PWM 波形以驱动开关管。这种方式的控制电路结构比较简单,而且可以通过软件实现很多较复杂的算法。

这种数字控制实现方式,就整体性价比来看已经不低于传统模拟集成 PWM 芯片了,因为单片机电路除可以完成电压、电流调节和 PWM 生成功能以外,还可完成数据的采集、显示、参数调整、系统监控、通信等工作。但由于工作频率的限制,利用单片机实现开关电源的数字控制时,开关电源的动态响应始终不能令人满意,其应用范围非常有限。

（2）利用带有 PWM 输出的 DSP。

DSP 构架是专为数字信号处理而设计的,其计算功能强大毋庸置疑,所以对于动态响应要求比较高的开关电源,可以选用计算功能强大的 DSP 芯片来实现数字控制功能。与单片机相比,DSP 芯片在总线结构、数据处理能力以及指令执行时间上,都有明显的优势。它的控制过程与单片机控制过程相似,只是运算功能更加强大,解决了单片机动态响应不足的缺点。

例如 TI 公司的 C28XXX 系列,具有高精度 A/D 和高速 PWM 输出,非常适合用于开关电源控制。不过 DSP 芯片的价格却不能与传统模拟 PWM 芯片和单片机相比,这也是制约 DSP 芯片大量应用于开关电源控制领域的一个重要因素。

（3）利用 FPGA。

FPGA 具有容量大、逻辑功能强的特点,而且兼有高速、高可靠性。它能够在产生数字 PWM 波形的同时实现外部通信、显示等功能,由于内部有多个 DSP 块,因此它可以采用非常复杂的算法来进行控制和时延补偿。

用 FPGA 控制可以得到非常好的控制精度和动态响应,只是在使用的时候需要外加高精度 A/D。与 DSP 相同,虽然它的性能优越,但是价格昂贵,有时甚至一块 FPGA 芯片的价格就比一台用传统模拟 PWM 芯片设计的开关电源高出许多。

除了上述 3 种采用单独数字芯片来实现开关电源的数字控制功能外,还有几种组合应用方式,如单片机和 CPLD 组合、DSP 和 CPLD 组合等。

4.6.4 开关电源数字控制特点

开关电源的模拟控制经过多年研究已经非常成熟,但随着电力电子技术及其相关控制理论的不断发展,模拟控制的局限性也越来越明显,主要体现在以下几个方面:

（1）控制电路的元器件比较多,体积庞大,结构复杂;

（2）灵活性不够,硬件电路一旦设计完成,控制策略就不能改变;

（3）调试比较麻烦,由于元器件特性的差异,致使电源一致性差,且模拟器件的工作点漂移,会导致系统参数的漂移,从而给调试带来不便。

与模拟控制方式相比较,在开关电源中采用数字控制方式,则可以很好地解决上述问题。同时,开关电源数字控制还具有以下特点:

（1）可以实现一些先进的,但又比较复杂的控制方法,而这些方法用模拟电路是不能或不容易实现的;

（2）外围模拟器件数目很少,由于模拟器件的老化和温度漂移引起的性能变差的问题,可以得到有效的改善,可靠性大大提高;

（3）控制算法通过软件来实现,可以避免模拟器件参数的离散性所引起的控制特性的不一致问题;

（4）控制方法或参数的修改成本低、周期短；

（5）可满足对电源不断提高的智能化要求，能使控制与监控集成在一起，由一个芯片来完成；

（6）控制算法的运算速度受限于微处理器芯片的工作频率和运算能力，造成控制点在时间轴上的离散化，引入了纯滞后环节，有可能不满足频带要求较宽的系统。

总之，基于数字控制的开关电源具有设计灵活、便于修改的特点，克服了模拟控制方式存在的问题。随着现代控制理论的不断发展，控制策略和控制算法也日益复杂（如滑模控制、无差拍控制、向量控制等），通过数字控制实现可大范围地提高开关电源的性能和技术水平。

当然，在设计数字电源时，目前还有很多挑战，需要引起设计者的注意。例如以下几个问题：

（1）数字电源在控制与调节方面遇到的问题。如通常要求在数据采样速率变快很多的前提下，数字电源开关频率才能提高，因此对 AD 转换芯片的速度就有严格的要求。

（2）如何改善 PWM 驱动脉冲占空比的分辨率？当芯片的时钟频率固定不变的时候，只有通过降低开关频率才能达到 PWM 分辨率的提高，反之亦然，二者是不可能同时达到的。

（3）变换器的开关动作会干扰采样的数字信号，同时检测与计算的量化误差也会对控制精度造成不良影响。

第 5 章　开关电源中的有源功率因数校正技术

目前,随着电力电子技术的不断发展,开关电源技术已经广泛地应用于工业和民用的各个领域。然而,以开关电源为代表的各类电力电子装置已成为主要的谐波污染源,这就迫使电力电子技术领域的研究人员针对谐波污染问题给出有效的解决方法。本章主要介绍一种可有效解决这一问题的方法 —— 有源功率因数校正(Active Power Factor Correction,APFC)技术。

5.1　提高功率因数的必要性

交流输入的开关电源是应用范围较大、数量较多的典型电力电子装置,这类电源内部的输入整流滤波环节一般是由二极管构成的不控整流电路与电容滤波型电路组成,这就造成了开关电源的输入侧功率因数低、谐波含量大的问题。因此,有必要采取措施提高开关电源的功率因数,降低其对电网的谐波污染。

5.1.1　功率因数和 THD

1. 功率因数定义

在电工学中,线性电路的功率因数(Power Factor,PF)习惯用 $\cos \varphi$ 表示,其中,φ 是正弦电压和正弦电流的相位差。而在开关电源电路中,由于输入整流滤波电路中二极管的非线性特性和电容的储能作用,使得尽管输入电压为正弦波,输入电流却发生了相位的变化和波形的严重畸变,所以线性电路中的功率因数定义不再适用于开关电源电路。为此,本书用 PF 来表示开关电源电路的网侧输入功率因数。

定义功率因数为有功功率与视在功率的比值,即

$$PF = \frac{P}{S} = \frac{U_1 I_1 \cos \varphi_1}{U_R I_R} \tag{5.1}$$

式中,P 为输入有功功率;S 为视在功率;U_R 为电网电压的有效值;I_R 为输入电流的有效值;U_1 为输入电压的基波有效值;I_1 为输入电流的基波有效值;φ_1 为输入电流基波与输入电压的相位差。

在交流输入的开关电源等电力电子装置中,可以认为其输入电压为正弦,而输入电流是非正弦的,其有效值可表示为

$$I_R = \sqrt{I_1^2 + I_2^2 + \cdots + I_n^2} = \sqrt{\sum_{k=1}^{n} I_k^2} \tag{5.2}$$

式中，I_1，I_2，$\cdots$，I_n 为输入电流中各次谐波成分的有效值。

由于电网电压是正弦波，因此 $U_R = U_1$。那么，式(5.1)可以表示为

$$PF = \frac{I_1}{I_R} \cos \varphi_1 = \xi \cos \varphi_1 \tag{5.3}$$

其中

$$\xi = \frac{I_1}{I_R} = \frac{I_1}{\sqrt{I_1^2 + I_2^2 + \cdots + I_n^2}} \tag{5.4}$$

式(5.3)中的 ξ 为畸变因数，它标志着电流波形偏离正弦波的程度，$\cos \varphi_1$ 为位移因数，它标志着输入基波电流与输入电压间相位差的大小。因此，功率因数也可以看作是畸变因数与位移因数的乘积。

可以看出，当电流中不含谐波成分时，功率因数的定义为 $PF = \cos \varphi_1$，这与传统的功率因数定义一样。因此，式(5.1)可以认为是传统功率因数定义在电流存在谐波情况下的推广。

2. 功率因数和 THD 的关系

在工程中，电流谐波或者电压谐波成分的含量经常用谐波畸变率(Total Harmonic Distortion，THD)来表示，THD 定义为总谐波有效值与基波有效值之比，即

$$THD = \sqrt{\frac{I_2^2 + I_3^2 + \cdots + I_n^2}{I_1^2}} \times 100\% = \sqrt{\frac{\sum\limits_{j=2}^{n} I_j^2}{I_1^2}} \times 100\% \tag{5.5}$$

由式(5.4)和式(5.5)可得 THD 与畸变因数 ξ 的关系为

$$\xi = \frac{1}{\sqrt{1 + THD^2}} \tag{5.6}$$

所以功率因数可以表示为

$$PF = \xi \cos \varphi_1 = \frac{1}{\sqrt{1 + THD^2}} \cos \varphi_1 \tag{5.7}$$

当 $\varphi = 0$ 时，$THD < 5\%$ 即可使 PF 值控制在 0.999 9 左右。

由式(5.7)可知，电流中的谐波含量越大，ξ 值就会越小，从而导致功率因数越低。所以，只有从输入电流的相位校正技术和高次谐波抑制技术两个方面来考虑，才能真正提高电路的功率因数。

5.1.2　谐波电流的危害

近几十年来，公用电网中的谐波源主要是各种电力电子装置(包括家用电器、计算机的开关电源部分)、变压器、发电机、电弧炉等。其中，在各种电力电子装置中整流装置所占的比例最大，由于其输入电流中的谐波分量很大，给公用电网造成严重的污染。谐波电流的主要危害有：

(1)谐波电流在输电线路阻抗上的压降会使电网电压(原来是正弦波)发生畸变(称之为二次效应)，影响供电系统的供电质量。

(2)谐波会增加电网电路的损耗，在电力变压器中谐波分量不但增加了铜损，还增加

了磁滞和涡流损耗,在电机中,谐波也会给定、转子带来额外的损耗。

(3)谐波电流造成输电线路故障,影响电气设备的正常工作,例如,谐波对电机的影响除引起附加损耗外,还会产生机械振动、噪声和过电压,使变压器、电容器和电缆等设备因过热而损坏。

(4)谐波会对通信电路和雷达设备造成干扰,高次谐波噪声会对周围的通信系统产生很大的干扰,严重时会使通信系统无法正常工作。

(5)谐波会引起同一系统中的继电保护装置误动作,还会使常规测量仪表产生谐波误差。

因此,从根本上解决开关电源等电力电子装置的谐波污染问题对于提高电网供电质量和用电效率、缓解能源短缺等问题都具有重要的现实意义。

为此,一些国际组织或国家分别颁布或实施了一些输入电流的谐波限制标准,如国际电气标准委员会制定的 IEC 6000−3−2(旧称 IEC 555−2)等国际标准。我国也在近年相继发布了《电能质量公用电网谐波》(GB/T 14549—93)、《电能质量三相电压容许不平衡度》(GB/T 15543—1995)、《电能质量》(GB/T 15945—1995)等标准来保证我国的电能质量。

5.1.3　提高功率因数的主要方法

提高用电设备输入侧功率因数、降低其谐波污染的途径主要有两种:(1)增设电网补偿装置(如有源滤波器和无源滤波器)以补偿电力电子设备及装置产生的谐波;(2)改造电力电子装置本身,使之不产生或只产生很少的谐波,即功率因数校正。相比较而言,前者是被动的方法,即在装置产生谐波后,进行集中补偿;而后者是更为主动的方法,也是谐波抑制的重要方法,具有广泛的应用前景。

1.功率因数校正实现方法

功率因数校正(Power Factor Correction,PFC)技术根据电路中是否使用有源器件可以分为无源功率因数校正(Passive Power Factor Correction,PPFC)技术和有源功率因数校正(Active Power Factor Correction,APFC)技术两大类。

(1)无源功率因数校正(PPFC)技术。

PPFC 技术是通过在二极管整流电路中增加电感和电容等无源元件与二极管构成无源网络,通过对电路中的电流脉冲进行抑制,以降低电流的谐波含量,提高功率因数。如图 5.1 所示,在二极管整流桥后添加一个滤波电感和滤波电容结合的无源网络使得输入电流满足谐波限制的要求。

PPFC 技术的主要优点是:简单可靠、不需控制电路、EMI 小。其主要缺点是:

① 滤波电感和滤波电容的值较大,因此体积较大,有色金属耗材多,而且难以得到高功率因数(一般可提高到 0.9 左右),在有些场合无法满足现行谐波标准的限制要求。

② 功率因数校正效果随工作条件的变化而变化。

③ 如果电路产生的谐波超过设计时的指标,会造成滤波器过载或损坏。

④ 滤波电容的电压是后级 DC/DC 变换器的输入电压,它随输入交流电压和输出负载的变化而变化,这个变化的电压影响了 DC/DC 变换器的性能。

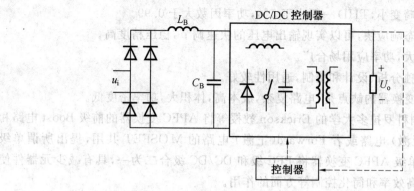

图 5.1　PPFC 变换器

由于 PPFC 技术采用低频电感和电容进行输入整形和滤波,其工作性能与频率、负载变化及输入电压变化均有关,因此,PPFC 技术比较适合于功率等级相对较小(如小于 300 W)、对体积和质量要求不高并且对价格敏感的场合应用。

(2) 有源功率因数校正(APFC)技术。

APFC 技术的基本思想是在整流器之后接入 DC/DC 开关变换器,应用电流反馈技术,使输入电流接近正弦波并且与输入电压同相位,进而达到功率因数校正的目的。根据电路构成的不同,APFC 技术通常分为两级 APFC 技术和单级 APFC 技术两种。

两级 APFC 技术经过多年大量的研究,相对来说已经比较成熟,是较为常用的方案。图 5.2 所示为两级 APFC 方案的方框图,通常,该结构的前级与整流后的输入电源侧相连,为实现功率因数校正的部分,中间为储能电容,后级为实现稳定输出电压和输出电压的快速调节部分。前级经常采用 Boost 变换器,并且工作在电流连续模式下来实现功率因数校正,其母线电压变化范围一般为 380 ～ 400 V(对于单相 APFC 变换器而言),这个中部的直流母线电压再经过后级的 DC/DC 变换器(通常由带有隔离变压器的 DC/DC 变换器构成)实现隔离与变换,进而得到实际中负载所需的直流输出电压。由于母线电压近似恒定,后级的 DC/DC 变换器可以被优化。

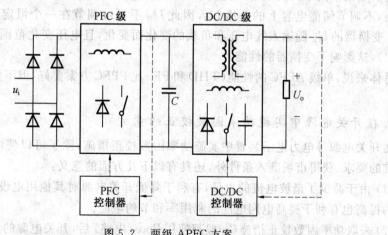

图 5.2　两级 APFC 方案

两级 APFC 变换器有着明显的优点:

① 输入电流畸变小，THD 一般小于 5%，功率因数大于 0.99。

② 系统的动态响应快，可以实现输出电压的快速调节，稳压精度高。

③ 调压范围大，功率应用场合广。

④ 各级可单独分析、设计和控制，通用性较好。

两级 APFC 变换器的缺点是：电路复杂，成本高，体积大，功率密度低。

1990 年，美国科罗拉多大学的 Erickson 教授等将 APFC 变换器的前级 Boost 电路和后级 Flyback（反激）电路或者 Forward（正激）电路的 MOSFET 共用，提出所谓单级 APFC 变换器。单级 APFC 变换器将 PFC 级和 DC/DC 级合二为一，具有减少元器件使用、节约成本、提高效率和简化控制等方面的作用。

图 5.3 所示为单级 APFC 变换器的方框图，同两级 APFC 变换器相比，该单级 APFC 变换器只使用一个开关管和一套控制电路，但同时实现了输入电流的整形和输出电压的快速调节功能。实际上，该变换器的控制电路只负责对输出电压进行快速调节。因此，图 5.3 的变换器工作在稳定状态时，在半个交流周期里占空比基本不变，在恒定占空比下，升压电感自动实现输入电流整形。

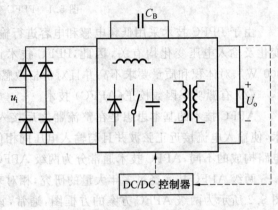

图 5.3 单级 APFC 方案

在图 5.3 中，储能电容 C_B 用来平衡 APFC 级和 DC/DC 级之间瞬时不相等的能量。很多单级 APFC 变换器的拓扑可以直接从两级 APFC 变换器拓扑经过简单的组合得到，在所有的 APFC 变换器中，在一个交流周期里瞬态输入功率是脉动的，而后接 DC/DC 变换器的输出功率是恒定的，因此，任何 APFC 电路都必须有一个储能电容存储这些不平衡的能量。然而不同于两级 APFC 变换器，在单级 APFC 变换器中，由于控制电路只调节输出电压，不调节储能电容上的电压 U_B，因此 U_B 不再被调节在一个恒定值。因此，单级 APFC 变换器的 U_B 随输入线电压和负载的变化而变化，且电压变化范围较大（轻载时尤为突出），这影响了变换器的性能。

总体来说，单级 APFC 的性能（THD 和 PF）比 PPFC 方案要好，但不如两级 APFC 方案。

2. 在开关电源中实施功率因数校正的意义

在开关电源等电力电子装置中实施功率因数校正措施，除了可以使电源满足各种强制标准的要求、获得市场准入条件外，还具有以下几方面的意义：

（1）由于减少了谐波电流的含量，有利于降低开关电源对其他用电设备的干扰，功率因数的提高也有利于提高电网电能的利用率和节约电能。

（2）采取功率因数校正措施（一般都使用 Boost 电路）后，开关电源的允许输入电压范围扩大，可以达到 90～270 V（对于单相 APFC 变换器而言），这能适应世界各国不同的电网电压，大大提高了开关电源的可靠性与使用的灵活性。

（3）由于功率因数校正电路的稳压作用，其输出电压是基本稳定的，这有利于后级 DC/DC 变换器的稳定工作以及控制精度的提高。

（4）可以提高电网设备的安全性，在三相四线制电路中，3 倍数次谐波在中线中的电流同相位，导致中线电流很大（有可能超过相线电流），中线又无保护装置，致使中线有可能因过电流发热而引起火灾、损坏电气设备，而在开关电源等电力电子装置中采取功率因数校正措施，减小了高频谐波电流的成分，并减小了中线电流（理论上应为零），有效提高了供电系统的可靠性。

（5）采取功率因数校正措施可以提高开关电源等电力电子装置自身的可靠性，如果不采取功率因数校正措施，过大的尖峰脉冲电流将严重危害直流侧的滤波电容，引起整流管正向压降增加，导致功耗增加。

3. APFC 电路与 DC/DC 变换器的主要区别

很多电路拓扑既可以用于构成 APFC 电路，也可以用于构成 DC/DC 变换器，但相同的电路拓扑构成上述两种变换器后，却有以下几方面的不同之处：

（1）输入电压不同。构成 DC/DC 变换器时，变换器的输入一般是比较稳定的直流电压；而构成 APFC 电路时，变换器的输入通常是经过二极管整流后的脉动电压（即半波正弦交流电压），变换器的输入电压变化范围要远大于前者。

（2）输出电压与输入电压的变比不同。当构成 DC/DC 变换器时，变换器输出电压与输入电压的变比一般是不随时间变化的定值；而当构成 APFC 电路时，由于要求保持变换器的输出电压近似不变，因此，其输出电压与输入电压的变比可表示为

$$m(\omega t) = \frac{U_\circ}{|U_I \sin \omega t|} \tag{5.8}$$

式（5.8）表明，构成 APFC 电路的变换器输出电压与输入电压的变比 $m(\omega t)$ 在半个工频周期里是随时间变化的。当 $\omega t = \pi/2$ 时，变换器的输入电压达到其峰值，此时变换器的电压变比最小，可表示为

$$m_{\min} = \frac{U_\circ}{U_I} \tag{5.9}$$

一般称式（5.9）中的 $m_{\min}$ 为该 APFC 变换器的最小电压变比。而当 $\omega t = 0$ 或 $\omega t = \pi$ 时，APFC 变换器的电压变比趋于无穷大。

（3）分析的复杂程度不同。由于存在上述差异，构成 APFC 电路的变换器分析相对 DC/DC 变换器要更加复杂。从工频周期来看，变换器处于稳态；但从开关周期（为几十 kHz 到几百 kHz，通常远高于工频频率）来看，变换器工作在不稳定的状态，即变换器中一些状态变量（如电感电流）在各个开关周期内是不断变化的。

（4）控制难易程度不同。构成 DC/DC 变换器时，一般只要求变换器的输出电压或者输出电流稳定；而构成 APFC 电路时，一般都要同时对输入电流和输出电压进行控制，这要比构成 DC/DC 变换器时的控制更加复杂。

5.2 典型的单相 Boost APFC 变换器

开关电源中的几种基本变换器拓扑有 Buck、Boost、Buck－Boost、Cuk、Sepic 和 Zeta，它们原则上都可以用于 APFC 变换器的主电路。但是由于 Boost（升压型）变换器的一些特殊优点，使其在 APFC 变换器中获得了更为广泛的应用。

5.2.1 变换器的结构与特点

在开关电源中常用的单相 Boost 型 APFC 变换器结构如图 5.4 所示，该变换器实际上是二极管整流电路加上基本的 Boost 型变换电路构成的。该变换器的直流输出电压 U_o 高于交流输入电压 u_i 的最大值，因此，称为 Boost 型 APFC 变换器。

在众多的 APFC 变换器中，Boost 型

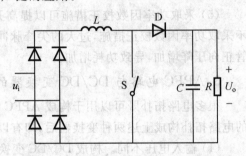

图 5.4　典型的单相 Boost 型 APFC 变换器

APFC 变换器获得广泛应用，是由于其电路本身具有以下几方面的优势：

（1）输入侧有电感，可以减少对输入滤波器的要求，并且可以防止市电电网对变换器主电路的高频瞬态冲击。

（2）开关器件承受的电压不超过输出电压。

（3）开关器件的参考点电位为零，控制驱动容易。

（4）能在国际标准规定的输入电压和频率范围内保持正常工作。

当然，在使用过程中，研究人员也逐渐发现单相 Boost 型 APFC 电路存在以下缺点：

（1）变换器的输入输出侧之间没有电气隔离。

（2）变换器的容量受到一定限制。

5.2.2 变换器的工作模式

根据升压电感 L 的电流是否连续，单相 Boost 型 APFC 变换器主要有两种工作模式：电流断续模式（Discontinuous Current Mode，DCM）与电流连续模式（Continuous Current Mode，CCM）。下面以输入电压的正半周（即 $u_i > 0$）为例，在一个开关周期内，对变换器的工作情况进行分析。为了便于分析，这里假设：（1）电路中的各元器件均为理想元器件；（2）输出滤波电容 C 足够大，可使输出电压 U_o 保持恒定；（3）变换器的开关频率远大于工频，在一个开关周期内，可认为输入电压保持不变。

1．DCM 模式的工作过程

工作于 DCM 模式的 Boost 型 APFC 变换器在一个开关周期内共有 3 个工作阶段，各阶段的工作过程如下：

工作阶段 1（升压电感充电阶段）：本阶段的等效电路如图 5.5(a) 所示，开关管 S 导

通,二极管 D 截止。升压电感 L 在输入电压 u_i 的作用下电流由零开始线性上升,本阶段变换器的输出电流仅由输出滤波电容 C 放电提供。在本阶段结束时,升压电感电流达到了一个开关周期内的最大值,即

$$I_{L-peak} = \frac{u_i}{L}DT \tag{5.10}$$

式中,T 为变换器的开关周期;D 为变换器的占空比,定义为一个开关周期内开关管 S 的导通时间与整个开关周期的比值。

工作阶段 2(升压电感放电阶段):本阶段的等效电路如图 5.5(b) 所示,开关管 S 关断,二极管 D 导通。输入电压与升压电感 L 一起向变换器的输出侧传递能量,电感电流线性下降,电感电流表达式为

$$i_L(t) = \frac{u_i}{L}DT - \frac{(U_o - u_i)}{L}t \tag{5.11}$$

到本阶段结束时,电感电流降为零。

工作阶段 3(升压电感电流断续阶段):本阶段的等效电路如图 5.5(c) 所示,开关管 S 关断,二极管 D 截止。本阶段升压电感电流为零,变换器的输出电流仅由输出滤波电容 C 放电提供。

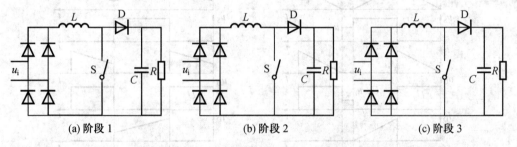

(a) 阶段 1　　　　　(b) 阶段 2　　　　　(c) 阶段 3

图 5.5　一个开关周期内变换器的各个工作阶段

2. CCM 模式的工作过程

工作于 CCM 模式的 Boost 型 APFC 变换器在一个开关周期内共有 2 个工作阶段,各阶段的工作过程如下:

工作阶段 1(升压电感充电阶段):本阶段的等效电路如图 5.5(a) 所示,开关管 S 导通,二极管 D 截止。升压电感 L 在输入电压 u_i 的作用下电流线性上升,本阶段升压电感电流的增量如式(5.12)所示。本阶段变换器的输出电流仅由输出滤波电容 C 放电提供。

$$I_{L+} = \frac{u_i}{L}DT \tag{5.12}$$

工作阶段 2(升压电感放电阶段):本阶段的等效电路如图 5.5(b) 所示,开关管 S 关断,二极管 D 导通。输入电压与升压电感 L 一起向变换器的输出侧传递能量,电感电流线性下降。本阶段升压电感电流的减小量为

$$I_{L-} = \frac{U_o - u_i}{L}(1 - D)T \tag{5.13}$$

当变换器工作在 DCM 模式时,通常只对变换器的输出电压进行控制,并在工频周期内保持占空比不变,使得升压电感电流峰值按式(5.10)的关系自动跟踪输入电压,实现

功率因数校正;当变换器工作在CCM模式时,在控制变换器输出电压的同时,还需要对升压电感电流进行控制,在工频周期内,通过调节变换器的占空比,使得升压电感电流的峰值或者平均值(根据控制方式而定)跟踪输入电压,实现功率因数校正。

由上述工作过程分析可以得到在输入电压的正半周(即 $u_i > 0$),一个开关周期内变换器的主要工作波形如图5.6所示。由DCM模式与CCM模式的电流波形可以看出:工作于DCM模式的APFC变换器的电流波动大、电流峰值高,不利于输入侧滤波电路的设计以及开关器件的选取,但是电路中的二极管D不存在反向恢复的问题,比较适合于对输入功率因数和谐波电流要求不是很高、功率等级相对较低的场合应用;工作于CCM模式的APFC变换器的输入电流波动小,电流峰值也较小,同时这种APFC变换器一般工作于固定的开关频率,有利于输入侧纹波电流的滤除,因此适合于中、大功率场合。

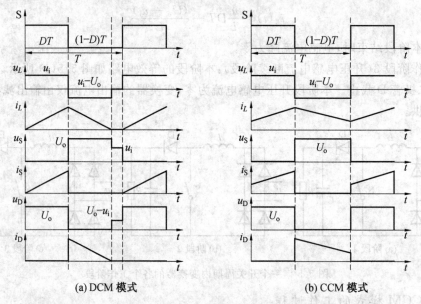

(a) DCM 模式 　　　　　　　　(b) CCM 模式

图 5.6　一个开关周期内变换器的主要工作波形

另外,除了上述的DCM模式与CCM模式之外,还有介于两者之间的临界导电模式(CRM)。临界导电模式是一种变频工作模式,理论上输入功率因数可达到1;在半个工频周期内,开关管的导通时间是恒定的,且开关频率随着输入电压的相位变化(越接近电压峰值,开关频率越低)。由于是变频工作模式,因此需要的EMI滤波器较大,加之电感电流纹波也比CCM模式时大,所以该工作模式一般应用于较小功率场合。

5.2.3　变换器的输出电压纹波

下面的分析假设变换器的输出电压恒定,输入电压与输入电流为同频同相的无畸变正弦波,即

$$
\begin{cases}
u_i(t) = U_{in}\sin \omega t \\
i_i(t) = I_{in}\sin \omega t
\end{cases}
\tag{5.14}
$$

变换器内部无损耗,并且电路工作在不连续或临界连续导电模式,则输入功率和输出功率相等,即

$$u_i(t)i_i(t) = U_o i_o(t) \tag{5.15}$$

由式(5.14)、式(5.15)可得

$$i_o(t) = \frac{u_i(t)i_i(t)}{U_o} = \frac{U_{in}I_{in}}{U_o}\sin^2\omega t = I_o - I_o\cos 2\omega t = I_o - i_{o2}(t) \tag{5.16}$$

式(5.16)中

$$\begin{cases} I_o = \dfrac{U_{in}I_{in}}{2U_o} \\[3mm] i_{o2}(t) = I_o\cos 2\omega t \end{cases} \tag{5.17}$$

由式(5.16)可以看出,输出电流中含直流分量和二次谐波分量。

计算输出功率的瞬时值为

$$P_o = U_o i_o(t) = U_o I_o(1 - \cos 2\omega t) \tag{5.18}$$

输出功率的平均值为

$$P_{o-avg} = \frac{1}{T}\int_0^T P_o \mathrm{d}t = U_o I_o \tag{5.19}$$

由式(5.19)可以看出,输出功率的平均值为恒定值。

假设流过负载电阻 R_L 上的电流为 I_o,则由式(5.16)可计算变换器的输出电压低频分量为

$$u_o = -\frac{1}{C}\int I_o\cos 2\omega t\,\mathrm{d}t = \frac{-I_o\sin 2\omega t}{2\omega C} \tag{5.20}$$

由式(5.20)可以明显看出,如果要消除输出电压的低频分量,就需要较大容值的输出滤波电容,这显然会影响变换器的动态性能,并会增加变换器的体积和质量。若给 R_L 两端并联一个 LC 串联谐振网络,使得 $LC = \dfrac{1}{4\omega^2}$,这样就能消除输出电压的低频分量。

5.2.4　变换器升压电感 L 的设计

Boost 型 APFC 变换器的升压电感工作在电流断续模式时会带来电感电流尖峰大、开关管导通损耗大等问题。因此,当变换器的输出功率大于 200 W 时,通常选择 CCM 的工作模式。当 Boost 型 APFC 变换器工作在 CCM 模式时,电感设计一般有以下两个原则或依据,在设计时可根据实际情况有所侧重地选择。

1.保持电流连续的原则

如果在任何时刻,都要求变换器工作在 CCM 模式,那么,升压电感值必须满足如下限制:

$$L > \frac{U_{in}^2 R_L T}{4U_o^2} \tag{5.21}$$

式中,U_{in} 为是输入电压的峰值;R_L 为负载电阻;T 为开关周期;U_o 为直流输出电压。

2.限制电流脉动的原则

在 Boost 型 APFC 变换器中,输入电流通常存在着脉动,定义电流脉动系数 $\delta = \Delta i / i_{avg}$,其中,$\Delta i$ 为输入电流增量,i_{avg} 为输入电流的平均值。在对功率因数要求严格的场合,通常要求电流脉动系数 δ 小于某一允许的最大值 δ_m,则升压电感 L 值应该满足如下限

制：

$$L > \frac{U_{in}DT\pi}{2\delta_m I_{in}} \tag{5.22}$$

式中，I_{in} 为是输入电流的峰值。

式(5.21)和式(5.22)给出了升压电感设计的两个原则。在实际设计时应依据实际装置的多项指标和技术要求，有所侧重地使用上述公式，以实现变换器的综合性能最优。

5.3 APFC 的控制策略

根据升压电感电流是否连续，APFC 变换器的控制策略基本上有 CCM 控制和 DCM 控制两大类。下面分别介绍这两类控制策略。

5.3.1 CCM 控制策略

CCM 模式下的电流控制是目前应用最多的控制方式，该模式下有直接电流控制和间接电流控制两种方式。直接电流控制是直接选取瞬态电感电流作为反馈量和控制量，其优点是电流的瞬态特性好，自身具有过流保护能力，但是需要检测瞬态电流，控制电路稍显复杂；间接电流控制是通过控制整流桥输入端电压来间接实现对电流的控制，其优点是结构简单，开关机理清晰。在 CCM 模式下，直接电流控制是应用最多的方式，也是发展的主流，适用于对系统性能要求较高的大功率场合。

典型的 CCM 控制主要有峰值电流控制、平均电流控制以及滞环电流控制等方式。其中，峰值电流控制在 APFC 变换器中已经趋于被淘汰，因此，这里不做详细介绍。下面以单相 Boost 型 APFC 变换器的控制为例，主要介绍平均电流控制与滞环电流控制的基本工作原理。

1. 平均电流控制

平均电流控制是目前在 APFC 变换器中应用最多的一种控制方法。它是通过控制升压电感电流的平均值，使其与输入整流电压同相位来实现功率因数校正。采用平均电流控制的 Boost 型 APFC 变换器的电路原理如图 5.7 所示。以整流桥输出电压 U_d 的检测信号和输出电压误差放大信号的乘积作为基准电流信号，即电流基准为双半波正弦电压。输入电流(升压电感电流)信号被直接检测，它与基准电流信号比较后，其高频分量的变化通过电流误差放大器后被平均化处理。放大后的平均电流误差与锯齿波信号进行比较后，为主开关管提供 PWM 驱动信号，并决定了其应有的占空比，使升压电感电流波形跟踪输入电压波形的变化。

在采用平均电流控制的 APFC 变换器中，采用了电流控制环和电压控制环，其中电流控制环使输入电流更接近正弦波，电压控制环使输出电压保持稳定。例如当升压电感电流 i_L 上升时，PWM 比较器的输出占空比下降，从而减小升压电感电流；反之则加大升压电感电流。当输出电压 U_o 减小时，电压误差比较器的输出将增大，导致乘法器输出的基准电流增大，使升压电感电流 i_L 提高，从而使输出电压 U_o 上升；反之升压电感电流减小，使输出电压降低。平均电流控制时的升压电感电流波形如图 5.8 所示。

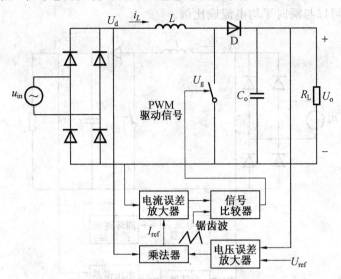

图 5.7　采用平均电流控制的 Boost 型 APFC 变换器电路原理图

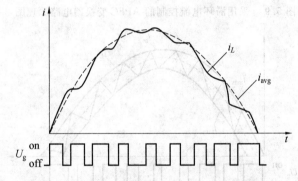

图 5.8　平均电流控制时的升压电感电流波形图

平均电流控制中的电流环有较高的增益带宽,它使跟踪误差产生的畸变很小,容易实现接近于 1 的功率因数,同时对噪声不敏感、稳定性高。因而,平均电流控制得到了广泛的应用。以平均电流控制原理设计的集成控制器芯片 UC3854,在单相 Boost 型 APFC 变换器中得到了普遍应用。

2. 滞环电流控制

滞环电流控制最初用于控制电压型逆变器的输出交流电流,对于 Boost 型 APFC 变换器而言,滞环电流控制是最简单的电流控制方式。滞环电流控制中没有外加的调制信号,电流反馈控制和调制集于一体,可以获得很宽的电流频带宽度。采用滞环电流控制的 Boost 型 APFC 变换器电路原理如图 5.9 所示。

滞环逻辑控制器内部有一个由比较器构成的电流滞环带,所检测的输入电压经分压后产生两个电流基准:上限和下限值。当升压电感电流 i_L 达到上限时,开关管关断,电感电流下降;当升压电感电流 i_L 达到基准下限时,开关管导通,电感电流上升。采用电流滞环控制的升压电感电流波形如图 5.10 所示,其中,升压电感电流 i_L 在上限 i_{max} 和下限 i_{min}

之间变化。中间一条虚线为电感电流的平均值。电流滞环宽度决定了电流纹波大小,可以是固定值,也可以与瞬时平均电流成比例。

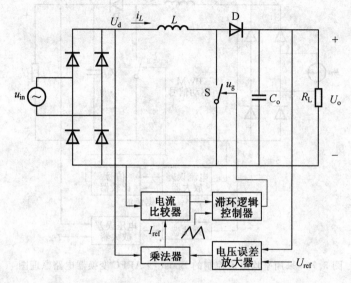

图 5.9   采用滞环电流控制的 APFC 变换器电路原理图

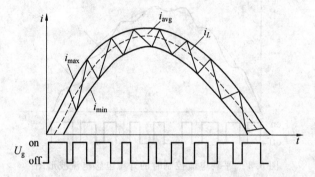

图 5.10   电流滞环控制的升压电感电流波形

与峰值电流控制和平均电流控制相比,滞环电流控制有以下一些特点:

(1)控制简单、电流动态响应快、具有内在的电流限制能力。

(2)开关频率在一个工频周期内不恒定,引起 EMI 问题和输入电流的过零死区。

(3)负载对开关频率的影响很大,滤波器只能按最低频率设计,因此不可能得到体积和质量最小的设计。

(4)滞环宽度对开关频率和系统性能的影响大,需合理选取。

5.3.2   DCM 控制策略

DCM 控制方法又称为电压跟踪(或电压跟随器)法,是 APFC 变换器控制中一种简单而又实用的方法,应用较为广泛。这种控制方法不需检测变换器的输入电压与电流,开关管就可以按照一定的占空比使输入电流按正弦规律变化。基本电压跟随器型 APFC 变换器可用如图 5.11 所示的 Boost 型 APFC 变换器来说明。

通过选取电感值较小的升压电感 L,即可控制电感电流在每一个开关周期内都能下降到零,实现变换器的 DCM 模式工作。采用 DCM 控制方式可使变换器的输入电流自动跟踪输入电压并且保持较小的电流畸变率,开关管可以实现零电流开通(ZCS),且不承受二极管的反向恢复电流,同时不需要 CCM 控制模式中那样复杂的控制回路,使用通常的电压 PWM 控制就可实现。由于 DCM 模式的控制电路简单,成本低,非常适合在数百瓦以下的小功率领域应用,而应用于数千瓦的大功率电力电子装置中时,变换器的输入侧 EMI 以及功率器件的电流应力都比较大。

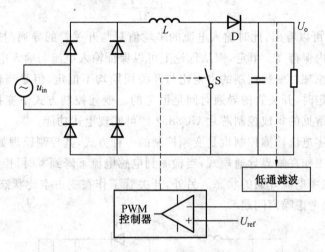

图 5.11   基于 Boost 拓扑结构的电压跟随器型 APFC 变换器

DCM 控制方法大致有恒频控制和变频(恒导通时间)控制两种方式。

1. 恒频控制

恒频控制的开关周期是恒定的,当输入电压的有效值与输出功率恒定时,电压环控制将保证变换器的占空比也恒定,使输入电流(即升压电感电流)的峰值与输入电压成正比。因此,输入电流波形自动跟随输入电压波形,从而实现功率因数校正的目的。

当开关管 S 导通时,升压电感电流的峰值为

$$I_{L-\text{peak}} = \frac{u_i(t) T_{\text{on}}}{L} \tag{5.23}$$

式中,$u_i(t)$ 为输入电压的瞬时值;T_{on} 为开关管的导通时间。

在一个开关周期 T 中,升压电感电流的平均值为

$$I_{L-\text{avg}} = \frac{u_i(t) T_{\text{on}}(T_{\text{on}} + T_{\text{Don}})}{2LT} \tag{5.24}$$

式中,T_{Don} 为二极管 D 的续流时间;T 为开关周期。

由于在半个工频周期内 T 和 T_{on} 均为恒定值,因此,输入电流(升压电感电流)峰值与输入电压 $u_i(t)$ 成正比,电流的平均值与输入电压 $u_i(t)$ 相位相同。由式(5.24)可知,二极管 D 的续流时间 T_{Don} 是影响平均电流的一个重要因素。当 T_{Don} 恒定时,则 $u_i(t)$ 与平均电流的比值恒定,即变换器的等效输入阻抗为一个纯电阻,整流桥交流侧的电压与电流同相位。但实际上升压电感电流的下降时间(即二极管续流时间 T_{Don})在半个工频周期中并

不恒定,这导致输入电流的平均值存在一定程度上的畸变。

此控制方式的主要优点是控制电路简单,缺点是输入功率因数的理想值不能达到1,另外,输出电压与输入电压峰值的比值越大,输入电流畸变程度越小,而这时开关管承受的电压应力也越大。

2. 变频控制

若式(5.24)中的 $T = T_{on} + T_{Don}$,则输入电流(升压电感电流)的平均值变为

$$I_{L-avg} = \frac{u_i(t) T_{on}}{2L} \tag{5.25}$$

由式(5.25)可以看出,此时输入电流的平均值只与开关管的导通时间 T_{on} 有关。若在半个工频周期内保持 T_{on} 恒定,则从理论上可以保证输入电流与输入电压同频同相,这就是变频控制的原理。变频控制的占空比与开关周期均不恒定,但是当输出功率与输入电压的有效值恒定时,开关管的导通时间是恒定的。变频控制方式下变换器工作于临界导电模式,目前,常见的集成控制芯片 UC3852 即可实现上述功能。

目前采用的零电流检测控制也是变频控制的一种方式,其控制原理如图 5.12 所示。它是使电感电流工作在临界导通模式,当检测到电感电流下降到零时,控制功率开关管导通,开关管工作在零电流开通的状态。另外,开关管工作在变占空比状态,开关频率的变化范围较宽,需要考虑噪声问题。

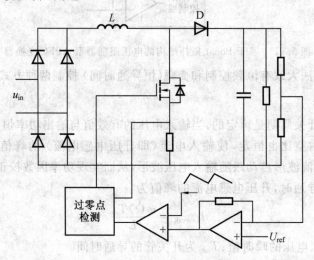

图 5.12 零电流检测控制

目前,市场上有很多基于临界导电模式设计的用于 APFC 变换器控制的集成芯片,如 ST 公司的 L6561,Fairchild 的 FAN7527,Onsemi 公司的 MC33262,TI 公司的 UCC28050,等等。

变频控制方式的输入功率因数理论上能到1,但开关频率不恒定,使得输入电流的高频纹波成分比较丰富,增加了 EMI 滤波的难度。

总体来说,DCM 控制方式的电路控制简单,现有的开关电源 PWM 控制用集成电路均可作为电压跟随器型 APFC 变换器的控制器。而且,变换器工作在不连续导电模式下,

避免了变换器中因输出二极管反向恢复电流而带来的问题。

电压跟随器型 APFC 技术的主要缺点是：其输入电流波形为脉动三角波，因此，需要在其前端增加一个小容量的滤波电容以滤除高频纹波。实际上，一个 LC 低通滤波器会获得更为理想的滤波效果，但是这在一定程度上增加了变换器结构的复杂性，另外该类变换器的峰值电流远大于平均电流，功率器件承受的电流应力较大。

5.3.3　APFC 数字控制策略

与模拟控制相比数字控制具有很多优点，如电路结构简单，不易受元器件老化和温漂的影响，对外部干扰不敏感，系统采用软件控制，因此容易升级，功能扩展比较方便，可以实现比较复杂的控制算法，等等。

在 APFC 变换器的数字控制中，控制算法是被研究最多的一个方面。APFC 控制算法既可以借鉴模拟控制策略中的经典控制方法，也可根据数字处理器的特点编写相应的控制算法，以满足不同应用场合的需要。

1. 平均电流控制策略

目前在 APFC 的数字控制技术中，大部分控制方法采用的依然是传统模拟控制策略，只是采用数字形式实现而已，其中平均电流控制策略应用最多。

在平均电流控制策略中，控制环路通常包括两部分：电压环和电流环，通过电压环调节平均输入电流，以保持输出电压稳定；而电流环控制输入电流，使之跟踪输入电压。如图 5.13 所示是以 Boost 型 APFC 变换器为主电路结构的平均电流 APFC 控制算法框图，其中，输入电压、电感电流和输出电压经过硬件电路采样后，首先送入 A/D 变换器中，将模拟采样信号转换成数字信号。数字量通过电压外环保持输出电压稳定，电压环的输出信号与输入电压采样值相乘后作为电流参考值，经过电流环 PI 调节后使电感电流跟踪电流参考值，电流环的输出经比较器后产生开关驱动信号。

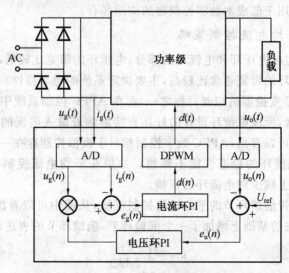

图 5.13　基于平均电流控制模式的 APFC 算法框图

　　由此可见,平均电流控制数字 APFC 算法与模拟控制的区别在于一个处理的是数字量,而另一个处理的是模拟量,其控制思路是相同的。通常适用于模拟控制的一些分析方法同样可以在数字 PFC 中加以借鉴和使用。

　　如图 5.14 所示是采用数字控制时电压环和电流环的通用控制框图,与模拟控制相比,除了被控对象和反馈环节依然是模拟量可采用频域函数来表示外,控制环节 $G_c(z)$ 是需要设计的数字控制器,用 Z 域传递函数表示。H_m 是模拟信号转化为数字信号时所对应的转换系数,不同的数字处理器对应的系数不同。控制框图中零阶保持器(ZOH)用来实现数字量与模拟量的转换,F_m 是延迟环节以及数字芯片进行 PWM 调节时的转换参数。除此之外,在电压环中通常还包含一个数字滤波环节(图中虚线框部分),用来减小输出电压纹波。

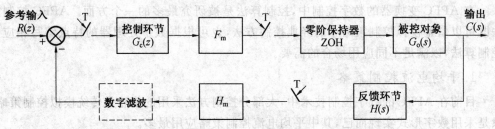

图 5.14　数字控制时电压环和电流环的通用控制框图

　　平均电流控制模式理论成熟、方法简单,其控制效果已在各种模拟控制芯片中得到验证。当采用 DSP 等数字方式实现时,由于电流的 PI 环节受带宽限制,同时采样和计算延时减小了闭环增益相补角,因此,APFC 数字控制很难像模拟芯片那样实现几乎无延时的占空比实时计算。解决这一问题的办法有两种:一种是提高采样频率,另一种是寻求新的控制算法。对数字控制来说,提高采样频率就需要选择采样和计算能力更强的数字处理芯片,这就意味着提高控制电路的成本,所以寻求新型或者改进控制算法是一种经济实用的解决方案,尤其适用于低成本数字控制器的应用场合。

　　2. 带前馈的平均电流控制策略

　　平均电流控制包括电压环和电流环两部分,电压环的带宽比较低,主要决定 APFC 系统的动态特性;电流环的带宽通常比较高,主要决定系统的稳态特性。高功率因数和低输入电流畸变是 APFC 变换器的控制目标之一,而在 APFC 控制系统中电流环是影响输入电流畸变的主要因素,所以电流环设计的好坏直接影响着输入电流的畸变程度和总谐波含量。从图 5.14 中可以看出,APFC 数字控制相对于模拟控制存在一个附加的延迟环节 F_m,延时可能导致电流环的稳态性能不理想。如果在平均电流控制中加入一个前馈环节,可以在一定程度上减少对电流环的依赖。

　　图 5.15 所示为带前馈环节的平均电流控制框图,从图中可以看出,该控制方法就是在平均电流控制算法的基础上增加了一个前馈环节,前馈环节的表达式为

$$u_{FF} = 1 - \frac{u_i}{U_{ref}} \qquad (5.26)$$

式中,u_{FF} 为前馈环节的输出值;u_i 为输入电压的采样值;U_{ref} 为输出电压的参考值。

　　增加前馈环节后 PWM 比较器的占空比命令不再单独由电流环的 PI 调节器输出提

供,而是由调节器的输出和前馈环节的输出共同提供,即

$$u_{\text{PWM}} = u_{\text{PI}} + u_{\text{FF}} \tag{5.27}$$

式中,u_{PWM} 为比较器的占空比命令信号;u_{PI} 为是电流环的 PI 调节器输出。

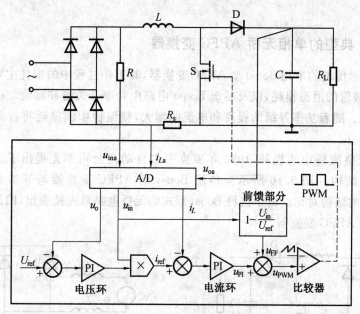

图 5.15   带前馈环节的平均电流控制框图

前馈环节的输出值取决于输入电压的瞬时值和输出电压,它能提供占空比命令的主要波形信息,或者说它为电流环 PI 调节器的输出提供了一个"准"稳态工作点。这样电流环只要在"准"稳态工作点附近调节小的高频动态信号即可,与单纯平均电流控制算法相比,可以降低电流环的带宽和增益,减轻电流环的负担。

在传统平均电流控制方式中,如果输入电压发生变化,则需要经过乘法器和电流环 PI 调节后才能改变占空比命令信号,从而使 PWM 占空比发生改变以保持功率平衡。而在如图 5.15 所示的控制方案中,当输入电压发生变化时,前馈环节的存在导致占空比命令信号直接变化而无须经过电流环调节,因此,带前馈环节的平均电流控制方式不仅能减轻电流环 PI 调节器的负担,同时能提高输入电压的动态响应能力。

APFC 变换器的数字控制策略有很多种,除了以上方式外,还有一些其他控制方法,如占空比预测控制、模糊控制、滑模变结构控制、自适应控制、无差拍控制等智能控制策略,并且随着研究人员对 APFC 变换器数字控制研究的不断深入,必将会出现更多的控制方法,以满足各种不同应用场合的需要。

总之,不管采用什么样的控制和实现方式,运算量、成本、控制效果是衡量数字 APFC 控制算法的重要指标。

5.4 典型单相 Boost APFC 变换器的改进

5.4.1 典型的单相无桥 APFC 变换器

图 5.4 所示传统的单相 Boost 型 APFC 变换器,其工作过程中的损耗主要由两部分组成:整流桥二极管的通态损耗,以及后级 Boost 电路中功率开关管和续流二极管的通态损耗与开关损耗。随着功率等级的提高和电流的增大,整流桥中的损耗将占整个变换器损耗的很大一部分。

为了降低整流桥中的损耗,1983 年罗克韦尔自动化公司率先提出了无桥 Boost 型 APFC 的拓扑结构。图 5.16 所示为传统 Boost 型 APFC 变换器与基本无桥 Boost 型 APFC 变换器的结构对比。由于这种 Boost 形式的无桥电路最先被提出,因此称它为基本无桥 Boost 型 APFC 变换器。

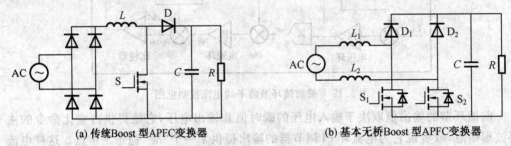

(a) 传统Boost 型APFC变换器　　　　　(b) 基本无桥Boost 型APFC变换器

图 5.16　传统 Boost 型 APFC 变换器与基本无桥 Boost 型 APFC 变换器结构

表 5.1 为传统 Boost 型 APFC 变换器与基本无桥 Boost 型 APFC 变换器所用器件的对比表。从中可以看出在基本无桥 Boost 型 APFC 变换器的工作过程中,其电流流通路径上只有两个半导体器件,而在传统 Boost 型 APFC 变换器中每个工作时刻则有 3 个半导体器件,因此,无桥 Boost 型 APFC 省略整流桥后,不仅所用的半导体器件总量变少,同时在工作过程中电流流通路径上的半导体器件数量也减少了一个,因此具有通态损耗低、效率高的优势。

表 5.1　传统 Boost 型 APFC 变换器与基本无桥 Boost 型 APFC 变换器所用器件对比表

器件／拓扑	低速二极管	高速二极管	开关器件	导通路径 通 /(断)
传统 PFC	4	1	1	2 个低速二极管、1个开关器件 /(2 个低速二极管、1 个高速二极管)
无桥 PFC	0	2	2	1 个开关管体内二极管、1 个开关器件 /(1 个开关管体内二极管、1 个二极管)

1.基本无桥 Boost 型 APFC 变换器的工作原理

图 5.16（b）所示的无桥 Boost 型 APFC 变换器省略了传统 APFC 变换器中的整流桥,开关管 S_1 和 S_2 的源极电位相同,因此,变换器工作过程中可用同一个信号来产生驱动脉冲。为了分析稳态特性,假设开关管、二极管均为理想元件。

对于工频交流输入的正负半周期而言,基本无桥 Boost 型 APFC 变换器可以等效为两个电源电压相反的 Boost 型 APFC 变换器的组合。如图 5.17(a) 和(b) 所示,在输入电压正半周期内变换器有两个工作阶段:阶段 1,开关管 S_1 开通,电流由 S_1 通过 S_2 的体二极管给电感 L_1、L_2 储能;阶段 2,开关管 S_1 关断,二极管 D_1 与 S_2 的体二极管导通,电感 L_1、L_2 和输入电源共同给负载供电,电感储能减少。同样,如图 5.17(c) 和(d) 所示,在输入电压负半周期内变换器也有两个工作阶段:阶段 1,开关管 S_2 开通,电流由 S_2 通过 S_1 的体二极管给电感 L_1、L_2 储能;阶段 2,开关管 S_2 关断,二极管 D_2 与 S_1 的体二极管导通,电感 L_1、L_2 和输入电源共同给负载供电,电感储能减少。

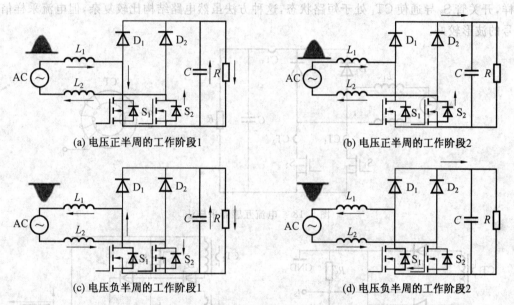

(a) 电压正半周的工作阶段1　　　　　　　　(b) 电压正半周的工作阶段2

(c) 电压负半周的工作阶段1　　　　　　　　(d) 电压负半周的工作阶段2

图 5.17　基本无桥 Boost 型 APFC 变换器的工作阶段图

2.基本无桥 Boost 型 APFC 变换器的采样电路

基本无桥 Boost 型 APFC 变换器根据所使用控制方式的不同,其采样信号的数量和内容也会发生相应的改变。其中,采用平均电流控制模式实现功率因数校正功能所需要的信号最多,这种方式需要采样输入电压形状、输入电压有效值、输入电流和输出电压。由于无桥 Boost 型 APFC 变换器的输出电压采样电路与传统 Boost 型 APFC 变换器相似,都可以通过电阻的分压来获得输出电压的采样信号,因此,这里不做详细介绍。下面主要介绍在基本无桥 Boost 型 APFC 变换器中常用的典型电感电流采样电路、输入电压采样电路以及输入电压前馈采样电路。

（1）电感电流采样电路。

由图 5.17 可知,在任意一个开关周期内,无桥 Boost 型 APFC 变换器不能在一条回路上得到极性一致的电流采样信号,所以需要构建电感电流检测电路。

图 5.18 所示为电流互感器采样法,由于基本无桥 Boost 型 APFC 变换器的开关管 S_1、S_2 在正负半周期内分别工作,因此需要 3 个电流互感器线圈,其原边位置如图中所示,3 个电流互感器线圈的副边存在不同的连接方式。图 5.19 所示为互感器副边绕组直接并联法,其中 3 个互感器副边绕组经过二极管后直接并联。这种方式的优点是电路结构简单,在输入电压正半周期内互感器 CT_1 和 CT_3 工作实现电流采样,而 CT_2 处于磁通饱和状态,在输入电压负半周期内互感器 CT_2 和 CT_3 工作实现电流采样,CT_1 处于磁通饱和状态,但是这种方法存在电流畸变现象。

为了克服电流互感器副边绕组直接并联带来的电流畸变,可采用如图 5.20 所示的改进型电流互感器副边绕组连接方式,该连接方式增加了两个开关管(S_3、S_4)和两个二极管,在输入电压的正半周期内,电流互感器 CT_1 和 CT_3 工作实现电流采样,此时开关管 S_4 导通使 CT_2 处于短路状态,在输入电压的负半周期内互感器 CT_2 和 CT_3 工作实现电流采样,开关管 S_3 导通使 CT_1 处于短路状态,这种方法虽然电路结构比较复杂,但电流采样信号的波形较好。

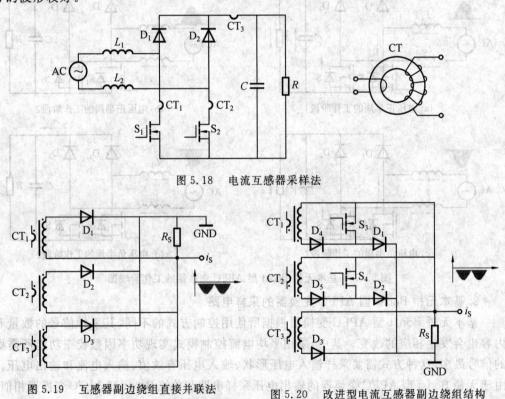

图 5.18　电流互感器采样法

图 5.19　互感器副边绕组直接并联法

图 5.20　改进型电流互感器副边绕组结构

图 5.21 所示为霍尔电流元件采样法,由于 APFC 变换器的开关频率通常比较高,电感电流中含有高频分量,因此需要采用响应时间快、精度高、带宽范围大的霍尔元件,这样的霍尔器件往往成本比较高,当用于实际产品时不具有价格优势。

总之,无桥 APFC 变换器的电流采样方法有很多种,在应用过程中可根据实际需要进

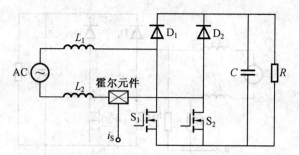

图 5.21　霍尔电流元件采样法

行选择,或者结合所用拓扑结构的特点设计更合适的电流采样电路。

(2) 输入电压采样电路。

与传统 Boost 型 APFC 变换器相比,无桥 APFC 变换器由于省略了整流桥,因此在输入电压的正、负半周都需要采样输入电压。图 5.22 所示为输入电压的二极管阻容采样法,其中,输入电压通过二极管 D_3、D_4 整流后,经电阻 R_1 在电容 C_1 两端产生输入电压整流波形,该方法具有电路结构简单的优势,但二极管的反向耐压值要高于输入电压的峰值,因此采样电路中的二极管需要选用耐压值较高的器件。

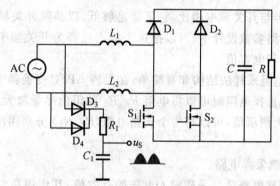

图 5.22　二极管阻容采样法

APFC 变换器电感在 50 Hz 或 60 Hz 的电网频率下感抗很小,相当于短路,因此输入电压采样也可用如图 5.23 所示的电阻采样法获得,在输入电压的正负半周期内,图中的功率地分别通过开关管 S_2、S_1 的体二极管与电阻 R_1、R_2 的上端相连。

在图 5.23 中,电阻 $R_1 = R_2$,假设 $R_1 = R_2 = R$,此时输入电压采样电路可等效为图 5.24,其中,R_L 是介于采样点和控制芯片之间的电阻或芯片内部的等效电阻。根据等效电路可得输入电压 $u_i(t)$ 和流入芯片的电流 $i_{ac}(t)$ 之间的频域关系式为

$$Y(s) = \frac{I_{ac}(s)}{U_i(s)} = \frac{K_{ac}}{1 + \dfrac{s}{\omega_{ac}}} \tag{5.28}$$

其中

$$K_{ac} = \frac{1}{R + 2R_L}, \quad \omega_{ac} = \frac{R + 2R_L}{RR_L C_1}$$

式(5.28)传递函数中有一个极点,这个极点对应的频率必须足够高,从而使输入电

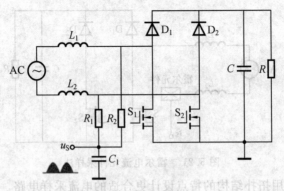

图 5.23 电阻采样法

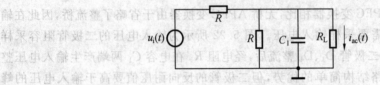

图 5.24 电阻采样法等效电路

压采样不发生畸形,但与开关频率相比,它又要足够低,以消除开关频率给采样电路带来的影响。在实际的电路参数设计中,可以把这个极点选择为开关频率的 1/10 左右,据此可以选择合适的电阻和电容值。

图 5.23 所示的电阻采样法结构非常简单,在无桥 APFC 变换器中是一种非常实用与有效的方法。在实际选择电阻时可以将电阻 R_1、R_2 的阻值尽量取大,从而减少在电阻上的损耗,同时为了增大耐压值,可以将每个支路电阻(R_1、R_2)分别用两个电阻串联的方法来实现。

(3)输入电压前馈采样电路。

输入电压前馈采样电路就是采样输入电压的有效值,其作用是对输入电压的变化进行补偿,以维持输入、输出功率的平衡。输入电压前馈采样电路的目标是得到一个与输入电压有效值成比例的稳定直流电压值,为了消除纹波影响通常需要两级滤波电路,如图 5.25 所示。

图 5.25 中的电阻 $R_3 = R_4$,令 $R_3 = R_4 = R'$,则前馈采样电路可等效为如图 5.26 所示,分析输入电压 $u_i(t)$ 与采样值 U_{LP} 的关系可以得到如下的传递函数为

$$H(s) = \frac{U_{LP}(s)}{U_i(s)} = \frac{Z(s)}{Z(s) + R'} \cdot \frac{Z_1(s)}{Z_2(s)} \tag{5.29}$$

其中

$$Z_1(s) = \frac{R_6}{1 + sR_6C_3}, \quad Z_2(s) = \frac{R_6}{1 + sR_6C_3} + R_5, \quad Z_3(s) = \frac{R'}{1 + sR'C_2}$$

$$Z(s) = Z_2(s)//Z_3(s) = \frac{Z_2(s) \cdot Z_3(s)}{Z_2(s) + Z_3(s)}$$

式(5.29)传递函数中共有两个极点,通过选择合适的极点位置,可以确定相应的电阻和电容值,从而获得一个稳定的直流量 U_{LP}。

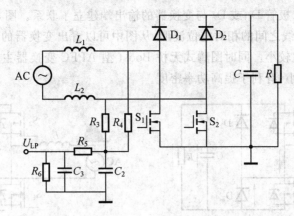

图 5.25　输入电压前馈采样电路

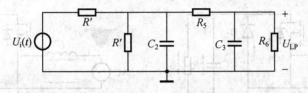

图 5.26　电压前馈等效电路图

3. 无桥 Boost 型 APFC 变换器的其他拓扑结构

除了图 5.16(b) 所示的基本无桥 Boost 型 APFC 变换器,目前还出现了一些其他无桥 APFC 变换器的拓扑结构,它们在保持导通损耗低、效率高等优势的同时,在变换器的 EMI 抑制等方面均有所改进。

图 5.27 所示为图腾式无桥 Boost 型 APFC 变换器的拓扑结构,该电路结构中同样没有整流桥,但两个开关管在同一桥臂上。如图 5.28 (a) 和 (b) 所示,在输入电压正半周期内变换器有两个工作阶段:阶段 1,开关管 S_1 开通,输入电流经开关管 S_1 和二极管 D_1 给电感 L 充电,此时负载需要的能量由电容 C 提供;阶段 2,开关管 S_1 关断,S_2 的体二极管导通,此时电流路径为:电源 L 端—电感 L—S_2 的体二极管—负载—二极管 D_1—电源 N 端,输入电源和电感 L 共同给负载供电,电感储能减少。同理,可分析负半周期的工作情况。

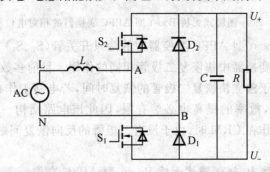

图 5.27　图腾式无桥 Boost 型 APFC 变换器的拓扑结构

通过对图腾式无桥 Boost 型 APFC 变换器的工作过程分析,可以看出在每一个开关周期内,只有两个半导体器件处于工作状态,因此工作时通态损耗低。在正常工作过程中,输入电源通过二极管 D_1 或 D_2 与变换器的输出端建立了联系。图 5.29 所示为变换器各点与输入电源 N 线之间的相对电位波形,从图中可以看出变换器的输出不再受开关频率的影响,共模干扰较小。同时图腾式无桥 Boost 型 APFC 变换器主电路所用器件数量少,结构简单、体积小,有利于提高功率密度。

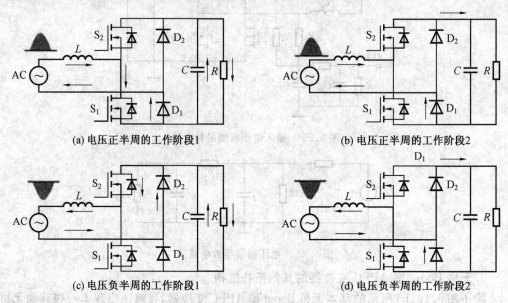

(a) 电压正半周的工作阶段1   (b) 电压正半周的工作阶段2

(c) 电压负半周的工作阶段1   (d) 电压负半周的工作阶段2

图 5.28　图腾式无桥 Boost 型 APFC 变换器的工作阶段图

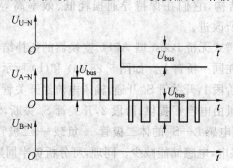

图 5.29　图腾式无桥 Boost 型 APFC 变换器的相对电位波形

在图腾式无桥 Boost 型 APFC 变换器中的两只开关管(S_1、S_2)的体二极管起到了与传统 Boost 型 APFC 变换器中快恢复二极管相同的作用。目前多数功率开关管体二极管的反向恢复时间远大于独立快恢复二极管的恢复时间,若电路工作在 CCM 模式,其反向恢复损耗会非常严重,效率的提高也必然有限,因此该电路结构一般用在 DCM 模式或 CRM 下,当变换器工作在 CRM 时,由于没有二极管的反向恢复问题,能发挥该拓扑的最大优势。

在电感电流的检测上,该图腾式无桥 Boost 型 APFC 变换器需要构建复杂的检测电路,并且需要判断正负周期,同时两个开关管处于同一个桥臂上,源极电位不同,必须隔离驱动,所以驱动电路也比较复杂。尽管图腾式无桥 Boost 型 APFC 变换器具有驱动及采样电路复杂等缺点,但由于它能在不增加成本的情况下减小 EMI 干扰,因此在中、小功率场合具有较好的应用前景。

图 5.30 所示为伪图腾式无桥 Boost 型 APFC 变换器拓扑结构,与图腾式无桥 Boost 型 APFC 变换器拓扑结构相比,该电路结构所用电感和半导体器件的总量有所增加。在伪图腾式无桥 Boost 型 APFC 变换器的工作过程中,二极管 D_3 和 D_4 使输入电源与变换器的输出相连,使输出端不再受开关频率的影响,因此共模干扰也较小。

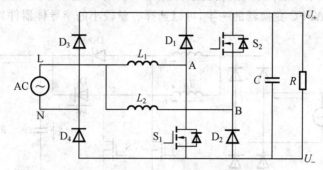

图 5.30　伪图腾式无桥 Boost 型 APFC 变换器拓扑结构

同样在伪图腾式无桥 Boost 型 APFC 变换器中,也需要构建复杂的电感电流采样电路和驱动电路,因此这是一种比较少使用的无桥 Boost 型 APFC 变换器的拓扑结构。

除了上面介绍的两种无桥 APFC 拓扑结构外,还有双向开关型无桥 Boost APFC 等拓扑结构,限于篇幅不再一一介绍。

5.4.2　交错技术在单相 APFC 中的应用

交错技术是指在多模块电源系统中,将 N 个模块的 PWM 驱动信号起始导通时刻依次错开 $1/N$ 个开关周期,即每个模块中开关管的开关周期和占空比相同,但开通时刻依次滞后相等的时间。在并联模块数量和占空比设计合适的情况下,交错运行的并联各模块输入电流、输出电流、输出电压纹波幅值相互抵消,总的电压电流波动变小,因此能降低输入电流的谐波含量、降低电磁干扰、简化 EMI 滤波器的设计、减小输出电容的容量和体积、提高系统效率和功率密度,同时输出电压、电流的纹波频率增大,有利于提高动态响应速度。

把用于 DC/DC 变换器的交错技术应用到 APFC 变换器中,同样可以达到减小输入输出电流纹波、降低电磁干扰、减轻 EMI 滤波器设计难度、提高效率和功率密度等目的。

1. 交错并联 APFC 变换器结构

当多个 APFC 变换器单元并联工作,且每个变换器功率开关管依次错开 $1/N$ 个开关周期导通时,称之为交错并联 APFC。目前出现的交错并联 APFC 变换器有多种拓扑结构,这些结构通常由 Boost、Buck、Buck－Boost、Cuk 等 APFC 变换器组合而成,其中交错并联 Boost 型 APFC 变换器是应用最广的一种电路结构。

(1)交错并联 Boost 型 APFC 变换器。

图 5.31 所示为两相交错并联 Boost 型 APFC 变换器,它由两个参数相同的 Boost 型 APFC 单元电路并联而成,电路中两个开关管(S_1、S_2)的驱动信号相差 180°,两个 APFC 单元电路处于交错工作状态。当输入电流处于临界导通模式且占空比为 0.5 时,两相交

错并联 Boost 型 APFC 变换器的主要波形如图 5.32 所示,从图中可以看出,由于开关管互补导通,每个 APFC 单元电路对应的电感电流和输出电流的上升和下降趋势相反,两个电流叠加后总的输入输出电流纹波幅值明显降低。在达到同样滤波效果的情况下,交错并联 APFC 变换器与传统 Boost 型 APFC 变换器相比,输入 EMI 滤波器和输出电容的容量可以大为减小,在同样功率等级的情况下,每个 APFC 单元电路中的开关器件和电感电流应力也变为传统 APFC 变换器的一半,可以选择容量较小的半导体器件。

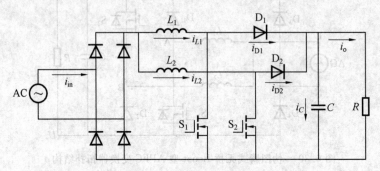

图 5.31　两相交错并联 Boost 型 APFC 变换器

交错并联 APFC 变换器尽管主电路和控制电路的结构要相对复杂一些,但它能降低设计人员最头疼的电磁干扰问题,在功率等级和设计合理的情况下成本也能有所下降,同时输出滤波器容量的减小不仅可以减小 PCB 板的体积、降低成本,同时也可以提高系统的动态响应特性。

图 5.32 所示为两相交错并联 APFC 变换器在临界导通模式且开关占空比为 0.5 条件下获得的理想波形。在实际过程中,根据输入电流是否连续以及占空比的不同,总的输入输出电流纹波减小程度会有所差异。另外,根据系统功率等级、设计和冗余度要求不同,交错并联 Boost 型 APFC 变换器的并联 APFC 单元电路不仅仅局限于两相,也可以采用多相电路结构。当采用多相并联时,电路中总的输入输出电流纹波也会发生相应改变,而出现最小纹波的占空比数值也不再是 0.5。

(2) 交错并联 APFC 变换器的其他电路结构。

除了上述交错并联 Boost 型 APFC 变换器以外,交错技术也可以应用于其他 APFC 变换器结构中。图 5.33 和图 5.34 所示分别为两相交错正激式和反激式 APFC 变换器,与基本的单相正激式或反激式变换器相比,采用交错并联结构可以提高输出功率等级、减小输入输出纹波、降低滤波器的体积和质量。而需要注意的是,在实际应用中为了降低电压尖峰等问题,通常需要在电路中增加一些元器件实现软开关,从而进一步提高变换器的性能。

图 5.35 所示为 Boost 交错 Buck－Boost APFC 变换器,图 5.36 所示为 Buck 交错 Buck－Boost APFC 变换器,与传统单开关 Buck－Boost APFC 变换器相比,这两种电路结构的优点是能降低半导体器件的电压应力、减小开关损耗和磁性器件的体积。

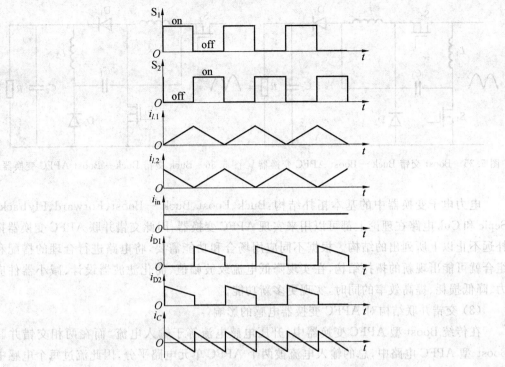

图 5.32　两相交错并联 Boost 型 APFC 临界导通模式下的主要波形

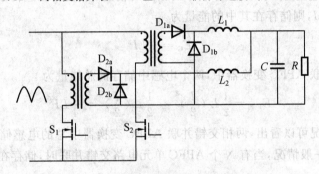

图 5.33　两相交错正激 APFC 变换器

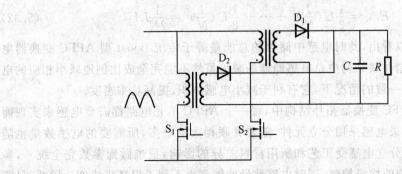

图 5.34　两相交错反激 APFC 变换器

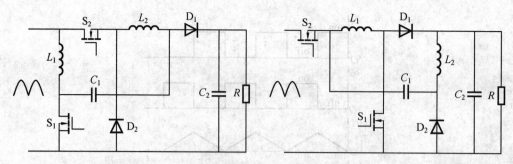

图 5.35 Boost 交错 Buck－Boost APFC 变换器　　图 5.36 Buck 交错 Buck－Boost APFC 变换器

电力电子变换器中的基本拓扑结构:Buck、Boost、Buck－Boost、Forward、Flyback、Sepic 和 Cuk 电路在理论上都可以用来实现 APFC 变换器,因此交错并联 APFC 变换器拓扑远不止以上所列出的结构。根据不同应用场合和功能需要,将电路进行合理的搭配和组合就可能出现新的拓扑结构,在实现降低电流纹波幅值、简化滤波器设计、减小器件应力、降低损耗、提高效率的同时,实现更多新功能。

(3) 交错并联结构对 APFC 变换器电感的影响。

在传统 Boost 型 APFC 变换器中,升压电感电流等于输入电流,而在两相交错并联 Boost 型 APFC 电路中,总的输入电流被两个 APFC 单元电路平分,因此流过每个电感中的电流为总输入电流的一半。在功率等级相同的情况下,假设流过传统 Boost 型 APFC 电感中的电流为 I,则储存在其中的能量为

$$E_c = \frac{1}{2}LI^2 \tag{5.30}$$

而在两相交错并联 APFC 变换器中,两个电感中储存的总能量为

$$E_{I-2} = \frac{1}{2}L\left(\frac{I}{2}\right)^2 + \frac{1}{2}L\left(\frac{I}{2}\right)^2 = \frac{1}{4}LI^2 \tag{5.31}$$

从电感储能的情况可以看出,两相交错并联 APFC 变换器中总的电感储能变为传统结构的 1/2。推广到一般情况,当有 N 个 APFC 单元电路交错并联时,储存在各个电感中的总能量表达式为

$$E_{I-N} = \frac{1}{2}L\left(\frac{I}{N}\right)^2 + \cdots + \frac{1}{2}L\left(\frac{I}{N}\right)^2 = \frac{1}{2N}LI^2 \tag{5.32}$$

从表达式中可以看出,此时电感中储存的总能量等于传统 Boost 型 APFC 变换器电感储能的 1/N。交错并联结构中总电感储能的减少虽然不能完全成比例地减小相应的电感体积,在磁芯选择一致的情况下,它有利于减小电感体积、提高功率密度。

在交错并联 APFC 变换器拓扑结构中,每一个 APFC 单元电路都需要电感来实现能量的存储和转换,如果电感采用分立元件,随着并联相数的增多,所需要的电感数量也随之增大。另外,由于分立电感受工艺和所用材料差异的影响,很难做到参数完全统一,参数的差异不利于系统的均流控制,同时电感数量的增多也不利于提高集成度。因此,目前在交错并联结构中,比较流行的办法是采用耦合电感,即将多个分立电感绕制在一个磁芯上,用一个磁性器件来实现。耦合电感的设计属于磁集成技术中的一类,是目前一个值得

关注的研究热点。

2.交错并联 APFC 变换器的控制策略和实现方式

（1）控制策略。

交错并联 APFC 能降低输入、输出电流纹波的原因在于：参数完全相同的多相 APFC 单元电路交错工作，产生上升和下降趋势不同的多相电流，多个电流相互叠加使得总的输入、输出电流纹波降低。因此，交错和均流控制是保证交错并联 APFC 变换器正常工作并发挥其优势的关键所在。

在由 N 个单元模块构成的交错并联系统中，实现交错控制的主要方法有集中控制和分布式控制两种。其中，集中控制是通过一个控制模块产生 N 个频率相同而相位相差 $2\pi/N$ 的驱动信号，该方法的优点是控制简单、容易实现；分布式控制方法是指每个并联单元模块都有自己的控制电路，控制电路通过交错线相连，通过交错线传递各个模块的频率和相位信息并对驱动信号进行校正，这种方法虽然能提高系统的可靠性和冗余度，但实现比较复杂。在交错并联 APFC 电路中，多采用集中控制方法。

交错并联 APFC 变换器中各个单元模块的均流控制，主要有两种类型，一种是主、从控制方式，另外一种是自然交错方式。以两相交错并联 APFC 变换器为例，主、从控制方式是指在两相 APFC 单元电路中选择一相作为主 APFC 电路，而另外一相作为从 APFC 电路，从 APFC 电路与主 APFC 电路的导通时间相同，但开通时间比主 APFC 电路滞后半个周期。根据控制功率开关管关断的参考信号不同，主、从均流控制方式又分为电流控制和电压控制两种类型。电流控制是指主、从 APFC 的电感电流达到给定的电流参考值后自动关断相应的功率开关管，但这种方法的缺点是一旦主、从 APFC 的电感量不相等或者参数不匹配，电流的工作模式和整体控制效果将会受较大影响。电压控制是指在控制器内部设定一个斜率相等的斜坡函数，当主、从 APFC 工作时斜坡函数开始上升，达到给定电压值后关断功率开关管，这种方法的好处是能保证主、从功率开关管的导通时间相同。不管是采用电压还是电流控制，主、从控制方式要求每个单元电路参数匹配良好，尤其是 APFC 的电感。自然交错方式是指每一相都相对独立地工作在设定的工作模式下，各相之间互相配合完成规定的相位差，自然交错方式的难点在于如何在各相之间保持准确的相移。

在交错并联 APFC 变换器控制电路的设计过程中，除了要选择合适的均流控制方法外，每一相电感电流以何种方式工作也是需要重点考虑的问题。DCM 工作模式下的 APFC 变换器具有输入电流自动跟随输入电压、控制电路简单、续流二极管不产生反向恢复损耗等优点，其缺点是输入电流纹波大、开关器件通态损耗高，主要用于小功率场合。相对于 DCM 模式，CCM 工作模式的优点是输入电流纹波小、电流 THD 和 EMI 小、滤波器设计相对简单、输入电流峰值小、器件应力和导通损耗低，在中大功率场合应用广泛，但在这种工作模式中，续流二极管反向恢复电流导致开关管处于硬开关状态，开关损耗较大。CRM 工作模式与 DCM 模式一样没有二极管反向恢复损耗，缺点是峰值电流是平均电流的两倍，EMI 滤波器的设计要求依然比较高，同时开关频率随输入电压和输出功率发生较大范围变化。当这 3 种工作模式应用于交错并联 APFC 变换器中时，其在单相 APFC 变换器中表现出来的缺点会得到有效控制。对于如图 5.31 所示的两相交错并联

Boost 型 APFC 变换器,当变换器工作在 DCM、CRM 和 CCM 3 种模式时,图 5.37～5.39 分别给出相应的电流波形,从波形图中可以看出采用交错并联结构能降低总的输入电流纹波,弱化 DCM 和 CRM 输入电流峰值大的缺点,有利于充分发挥其软开关优势,并提高应用电路的功率等级,同时叠加后的输入输出电流频率为单个 APFC 单元电路开关频率的两倍,有利于减小 EMI 滤波器的体积和质量。

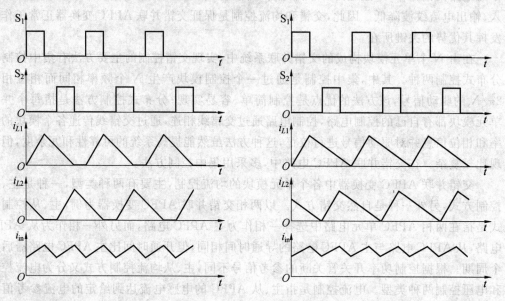

图 5.37　DCM 模式的两相交错并联 APFC 变换器波形　图 5.38　CRM 模式的两相交错并联 APFC 变换器波形

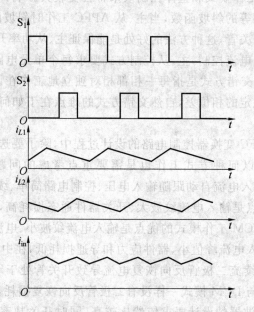

图 5.39　CCM 模式的两相交错并联 APFC 变换器波形

（2）实现方式。

交错并联 APFC 变换器控制功能的实现主要有两种方式，一种是采用模拟控制芯片，另一种是采用 DSP 等数字处理器。不管是采用模拟还是数字方式，交错并联 APFC 变换器的控制和传统 APFC 变换器没有本质区别，它的主要目的依然是使输入电流跟踪输入电压，只不过由于其电路结构的特殊性，需要将传统 APFC 变换器中的 PWM 驱动信号由一个变成多个，从而控制相应的功率开关管交错导通。当采用模拟芯片实现交错并联 APFC 变换器的控制时，一种解决方案是采用传统的 APFC 控制芯片并外加合适的 PWM 分配电路，图 5.40 就是采用 UC3854 为核心控制芯片实现的交错并联 APFC 变换器。

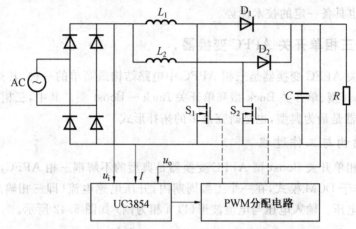

图 5.40　交错并联 APFC 变换器的一种模拟控制方案

除了图 5.40 所示的控制方案外，另一种是单芯片解决方案，如德州仪器（TI）公司先后推出的采用自然交错技术的控制芯片 UCC28060 和 UCC28070，每个芯片可以实现两相交错控制，单芯片解决方案能简化控制电路，提高交错并联 APFC 变换器的控制性能和集成度；当采用偶数倍多相交错并联时，可以采用多个控制芯片实现，新型集成控制芯片的出现为交错并联 APFC 变换器的实用化提供了良好条件。

5.5　典型的三相 APFC 变换器

根据输入电压的不同，APFC 技术可分为单相和三相两大类。对于小容量系统，一般采用单相 APFC 技术；对于中大容量系统，一般采用三相 APFC 技术。三相 APFC 技术由于其电路结构、工作机理和控制都比较复杂，目前仍处于发展阶段。与单相 APFC 相比，三相 APFC 的优势在于：

（1）输出功率大，功率额定值可达千瓦级以上。

（2）在工频周期内，从供电系统获取恒定功率，可减小输出滤波电容值。

（3）不存在单相输入（有中线）电路具有的因中线中 3 次谐波电流过大而烧毁中线的危险。

（4）主电路由三相三线制供电（典型无中线系统），无 3 次及 3 的倍数次的零序谐波电流。

　　然而,同等条件下,在功率因数校正效果方面,三相 APFC 变换器一般不如单相 APFC 变换器。原因在于三相输入互相耦合,每相电流有时不只由该相电压决定,还受其他两相的影响,很难独立控制为正弦波,因此有必要对三相 APFC 变换器的三相输入进行解耦。

　　在各种三相 APFC 变换器的拓扑中,三相单开关 APFC 变换器的结构最为简单,研究也比较成熟;而在各种三相多开关 APFC 变换器拓扑中,三相六开关 APFC 变换器的研究相对成熟,应用也较为广泛;另外,由技术较为成熟的单相 APFC 变换器组合构成的三相 APFC 变换器也具备一定的技术优势。

5.5.1　三相单开关 APFC 变换器

　　三相单开关 APFC 变换器是三相 APFC 中电路结构最简单的一种,其拓扑形式主要有:单开关 Boost 型、单开关 Buck 型和单开关 Buck－Boost 型。其中,三相单开关 Boost型 APFC 变换器是最为典型,也是研究最多的拓扑形式。

1.拓扑结构与工作过程

　　基本的三相单开关 Boost 型 APFC 变换器是典型的不解耦三相 APFC,如图 5.41 所示,该电路工作于 DCM 模式,在一个工频周期内,升压电感电流(即三相输入电流)峰值自动跟踪输入电压。输入电压与电流波形(以 a 相为例)如图 5.42 所示。

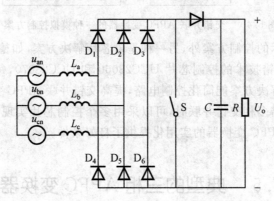

图 5.41　三相单开关 *Boost* 型 *APFC* 变换器

　　为了便于工作过程分析,这里做出如下假设:

　　(1)变换器各元器件均为理想元器件。

　　(2)输入电压为理想的正弦波,并且三相严格对称。

　　(3)输出滤波电容 C 足够大,可使输出直流电压保持恒定。

　　(4)变换器的开关频率远高于电网频率,在一个开关周期中,认为输入电压基本保持不变。

　　定义三相输入电压表达式为:$u_{an} = U\sin \omega t$、$u_{bn} = U\sin(\omega t - 2\pi/3)$、$u_{cn} = U\sin(\omega t + 2\pi/3)$,下面以工频周期内的 $0 \leqslant \omega t \leqslant \pi/6$ 阶段为例进行分析,在此阶段中三相输入电压关系为 $u_{bn} \leqslant 0 \leqslant u_{an} \leqslant u_{cn}$,这里认为三相升压电感相等,即 $L_a = L_b = L_c = L$。变换器工

作在 DCM 模式,每个开关周期内大致可分为 4 个工作阶段,在一个开关周期内的三相输入电流波形如图 5.43 所示,各工作阶段的等效电路如图 5.44 所示。

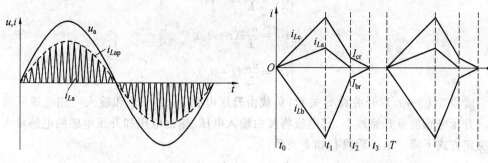

图 5.42　A 相输入电压与电流波形　　　图 5.43　各开关周期内三相输入电流波形

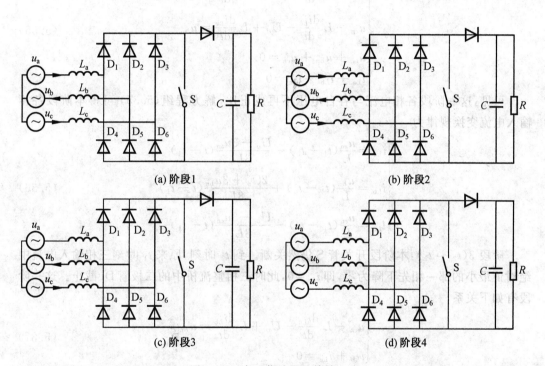

(a) 阶段 1　　　　　　　　　　　　　　(b) 阶段 2

(c) 阶段 3　　　　　　　　　　　　　　(d) 阶段 4

图 5.44　各工作阶段的等效电路

阶段 1 $(t_0 \sim t_1)$:开关管 S 导通,变换器的三相输入电压通过升压电感 L_a、L_b、L_c、开关 S 和导通的整流二极管短路,每相输入电流以与各自相电压成正比的方式上升,升压电感储能增加,负载中的电流由输出滤波电容的放电电流维持。本阶段有如下关系:

$$
\begin{cases}
u_{an} - L\dfrac{\mathrm{d}i_{La}}{\mathrm{d}t} + L\dfrac{\mathrm{d}i_{Lb}}{\mathrm{d}t} = u_{bn} \\[2mm]
u_{cn} - L\dfrac{\mathrm{d}i_{Lc}}{\mathrm{d}t} + L\dfrac{\mathrm{d}i_{Lb}}{\mathrm{d}t} = u_{bn} \\[2mm]
u_{an} + u_{bn} + u_{cn} = 0 \\[2mm]
i_{La} + i_{Lb} + i_{Lc} = 0
\end{cases}
\tag{5.33}
$$

解方程组(5.33)，可得本阶段各相输入电流表达式为

$$\begin{cases} i_{La} = \dfrac{u_{an}}{L}(t-t_0) \\[2mm] i_{Lb} = \dfrac{u_{bn}}{L}(t-t_0) \\[2mm] i_{Lc} = \dfrac{u_{cn}}{L}(t-t_0) \end{cases} \tag{5.34}$$

阶段 $2(t_1 \sim t_2)$：开关管 S 关断，负载由升压电感 L_a、L_b、L_c 和输入三相电源同时供电。升压电感能量开始减小，其电流将按由输入电压、输出电压和升压电感的电感量大小的决定方式下降。这一阶段有如下关系：

$$\begin{cases} u_{an} - L\dfrac{di_{La}}{dt} - U_o + L\dfrac{di_{Lb}}{dt} = u_{bn} \\[2mm] u_{cn} - L\dfrac{di_{Lc}}{dt} - U_o + L\dfrac{di_{Lb}}{dt} = u_{bn} \\[2mm] u_{an} + u_{bn} + u_{cn} = 0 \\[2mm] i_{La} + i_{Lb} + i_{Lc} = 0 \end{cases} \tag{5.35}$$

可见，这一阶段各相电流与各自电压不再成正比，解方程组(5.35)可得本阶段各相输入电流变换规律为

$$\begin{cases} i_{La} = \dfrac{u_{an}}{L}(t_1-t_0) - \dfrac{U_o - 3u_{an}}{3L}(t-t_1) \\[2mm] i_{Lb} = \dfrac{u_{bn}}{L}(t_1-t_0) + \dfrac{2U_o + 3u_{bn}}{3L}(t-t_1) \\[2mm] i_{Lc} = \dfrac{u_{cn}}{L}(t_1-t_0) - \dfrac{U_o - 3u_{cn}}{3L}(t-t_1) \end{cases} \tag{5.36}$$

阶段 $3(t_2 \sim t_3)$：本阶段开关管 S 仍然关断。到 t_2 时刻，原来 t_1 时刻三相输入电流中绝对值最小的那一相先下降为零，即 $i_{La}=0$，此时三相整流桥中的二极管 D_1 截止。这一阶段有如下关系

$$\begin{cases} u_{cn} - L\dfrac{di_{Lc}}{dt} - U_o + L\dfrac{di_{Lb}}{dt} = u_{bn} \\[2mm] i_{Lb} + i_{Lc} = 0 \end{cases} \tag{5.37}$$

解方程组(5.37)可得本阶段各相输入电流变换规律为

$$\begin{cases} i_{Lb} = -i_{Lc} = \dfrac{u_{bn} + U_o - u_{cn}}{2L}(t-t_2) + I_{br} \\[2mm] i_{La} = 0 \end{cases} \tag{5.38}$$

式中，I_{br} 是 b 相电流在 t_2 时刻的值。

阶段 $4(t_3 \sim T)$：本阶段开关管 S 仍然关断。到 t_3 时刻，b、c 两相电流 i_{Lb}、i_{Lc} 也同时下降到零，三相整流桥中的所有二极管均截止，负载中的电流由输出滤波电容的放电电流维持。

通过上述各工作阶段的分析可知，三相输入电流 i_{La}、i_{Lb}、i_{Lc} 的峰值是与各自相电压成正比的，只要电路周期性地重复上述过程，即可使输入电流峰值按正弦规律变化，并保持

和交流输入电压同相位。

2. 输入电流的断续条件

在如图 5.43 所示的三相输入电流波形中,定义 $t_{on}=t_1-t_0$ 为开关管 S 导通,三相升压电感的充电阶段,$t_{off1}=t_2-t_1$、$t_{off2}=t_3-t_2$ 为开关管 S 关断,三相升压电感的放电阶段。那么,变换器的占空比定义如下:

$$D=\frac{t_{on}}{T} \tag{5.39}$$

式中,T 为变换器的开关周期。

由式(5.39) 可计算 t_{off1}、I_{br}、I_{cr} 如下(I_{cr} 为 c 相升压电感电流在 $t=t_2$ 时刻的值):

$$t_{off1}=\frac{3u_{an}}{U_o-3u_{an}}DT \tag{5.40}$$

$$I_{br}=-I_{cr}=\frac{u_{bn}}{L}DT+\frac{t_{off1}}{3L}(2U_o+3u_{bn}) \tag{5.41}$$

由式(5.38)、式(5.41) 可计算 t_{off2} 如下:

$$t_{off2}=\frac{-2LI_{br}}{u_{bn}+U_o-u_{cn}} \tag{5.42}$$

由图 5.43 可知,只有当下式成立,变换器方可工作于 DCM 模式:

$$t_{on}+t_{off1}+t_{off2}\leqslant T \tag{5.43}$$

将式(5.39)、式(5.40) 和式(5.42) 代入式(5.43) 中,经整理可得

$$(1-D)M\geqslant \cos \omega t \tag{5.44}$$

式中,M 为变换器的升压比,有

$$M=U_o/\sqrt{3}U \tag{5.45}$$

以上分析是在工频周期的 $0\leqslant \omega t\leqslant \pi/6$ 时间段进行的,在此段时间内,$\cos \omega t$ 在 $[\sqrt{3}/2,1]$ 区间中变化。那么,由式(5.45) 可以看出:在 $\omega t=0$ 时刻,即 $\cos \omega t=1$ 时,变换器最难实现 DCM 工作;在 $\omega t=\pi/6$ 时刻,即 $\cos \omega t=\sqrt{3}/2$ 时,变换器最易实现 DCM 工作。由三相输入电压的对称性可知,在一个工频周期($0\leqslant \omega t\leqslant 2\pi$)内:变换器最难实现 DCM 工作的时刻依次是 $\omega t=0$、$\pi/3$、$2\pi/3$、π、$4\pi/3$、$5\pi/3$ 和 2π;变换器最易实现 DCM 工作的时刻依次是 $\omega t=\pi/6$、$\pi/2$、$5\pi/6$、$7\pi/6$、$3\pi/2$ 和 $11\pi/6$。因此可以得出在工频周期的各时间段中,变换器最难实现 DCM 工作的时刻即是三相输入的某一线电压绝对值达到最大值的时刻,变换器最易实现 DCM 工作的时刻即是三相输入的某一线电压绝对值达到最小值的时刻。

如考虑升压电感电流 i_{Lb} 和 i_{Lc}(由于 i_{La} 最小,这里不加以考虑)在各充放电周期内的状况,那么对于不同的占空比 D 和升压比 M,变换器将有以下 3 种工作模式:

(1) 变换器在整个工频周期内工作于 DCM 模式,满足

$$(1-D)M\geqslant 1 \tag{5.46}$$

(2) 变换器在整个工频周期内工作于 DCM 与 CCM 的混合模式,满足

$$\frac{\sqrt{3}}{2}\leqslant (1-D)M\leqslant 1 \tag{5.47}$$

(3) 变换器在整个工频周期内工作于 CCM 模式,满足

$$(1 - D)M \leqslant \frac{\sqrt{3}}{2} \tag{5.48}$$

因此,为了保证变换器完全工作于 DCM 模式,式(5.46)必须成立。

在一个充放电周期内,变换器向负载传输的能量可表示为

$$W_T = \int_0^T u_R i \, \mathrm{d}t \tag{5.49}$$

式中,u_R、i 分别为三相整流桥的输出电压、电流。

在 $0 \leqslant \omega t \leqslant \pi/6$ 阶段内有 $i = -i_{Lb}$;在电感充电期间,$u_R = 0$,电感放电期间,u_R 的平均值为 U_o,因此,如考虑变换器于一个充放电周期内传输的能量等于输出能量,则有

$$W_T = -U_o \left(\frac{I_{Lb\text{peak}} + I_{br}}{2} t_{off1} + \frac{I_{br}}{2} t_{off2} \right) = \frac{U_o^2}{R} T \tag{5.50}$$

为了简化分析,选取变换器最难实现 DCM 工作的时刻来计算,即将 $\omega t = 0$ 代入式(5.50)中,则得到变换器工作于 DCM 模式的第二个限制条件

$$R \geqslant \frac{4L}{D(1-D)^2 T} \tag{5.51}$$

3. 输入电流的谐波抑制方法

三相单开关 Boost 型 APFC 变换器的主电路在交流侧采用无中线的三相三线制输入,由于 3 次谐波及 3 的倍数次谐波为零序电流,只能在中线中流通,无中线时这些谐波就不再存在。由于交流电压的正、负半周波形对称,不存在偶次谐波。所以在三相单开关 Boost APFC 电路的输入电流中存在的谐波次数为 $6n \pm 1$(n 为自然数),即频率最低的几次谐波为 5 次、7 次、11 次、13 次谐波电流成分。

通常提高变换器的输出电压(即提高变换器的升压比)可以加速升压电感的放电,提高功率因数、减小各次谐波含量。但这将增大开关管承受的电压,也将增加后面 DC/DC 变换器的耐压量。目前,在三相单开关 Boost 型 APFC 变换器中,采用谐波注入的方式来减小输入电流谐波是较为常用的方法。该方法在不增加输出电压的前提下,只需增加少量的元器件就可实现谐波注入。在该技术中,通过将一个与三相整流输出电压交流分量的反向信号成正比的电压信号注入电路的电压反馈环节,在一个工频周期内调节开关的占空比,来减小 5 次谐波。图 5.45 所示为 6 次谐波注入电路及其主要波形。

如图 5.46 所示,通过两个三相单开关 APFC 变换器交错并联的方法,也可以抑制其输入电流谐波。该方法的思想是,让两个三相单开关 APFC 变换器尽可能地工作在接近 DCM 与 CCM 模式临界的情况下,然后两只开关的驱动信号在相位上错开 180°。这样对每个三相单开关 APFC 变换器来说是工作在 DCM 模式下,但这两个模块的电流之和有可能是连续的,因此,输入网侧电流的谐波显著减小。交错并联的好处是:一方面减小了输入电流的 THD 值;另一方面由于两个开关驱动信号在相位上错开 180°,使系统的等效开关频率提高 1 倍,这可以使 EMI 滤波器的截止频率提高。即使不采用任何电流控制方式,这两个三相单开关 APFC 变换器都具有较好的均流效果。但是,该方式由于使用了两个三相 APFC 变换器模块,使得整个系统的成本有所提高。另外,为了减小两个模块内部相

互影响的程度,每个模块还要加一个隔离二极管。

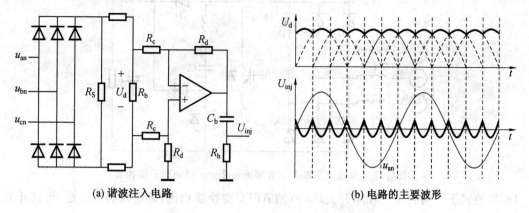

(a) 谐波注入电路　　　　　　(b) 电路的主要波形

图 5.45　谐波注入方法的基本实现方案

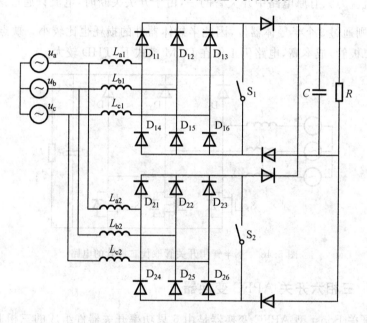

图 5.46　两个三相单开关 APFC 变换器交错并联电路

4. 三相单开关 Boost 型 APFC 变换器的其他结构

典型的三相单开关 Boost 型 APFC 变换器工作于 DCM 模式,在开关管开通之前,三相升压电感的电流已经为零,因此该电路本身就有零电流开通的优势。然而,主开关关断之前,升压电感的电流已上升至一个开关周期内的最大值,此时主开关关断损耗较大,应加以抑制。图 5.47 所示为主开关零电流关断的三相单开关 Boost 型 APFC 变换器。主开关管 S 的集电极与发射极,并联有零电流关断所需的辅助开关管 S_1 以及由 L_r、C_r 构成的谐振支路,与主开关管 S 一起组成零电流关断谐振回路。

为了减小开关管的电流应力,可用 3 只开关管取代全桥上半臂或者下半臂的整流二极管,另外半臂则不能使用普通整流二极管,而要用快恢复二极管,图 5.48 为全桥下半臂用 3 只开关管取代整流二极管的电路。3 只开关管用同一个驱动信号,电感电流工作在

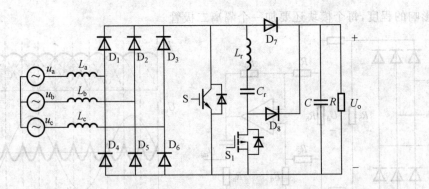

图 5.47　零电流关断的三相单开关 Boost 型 APFC 变换器

DCM 模式下。与典型三相单开关 Boost 型 APFC 变换器相比,该电路的优点是:每只开关管的平均电流应力只有原电路中开关管的 $\frac{1}{3}$,由于开关关断时,电流只通过两个半导体器件,而原电路则通过 3 个半导体器件,因此半导体器件的损耗也比较小。缺点是:使用了 3 只快速恢复二极管,成本高,电路仍工作在 DCM 模式下,THD 较大。

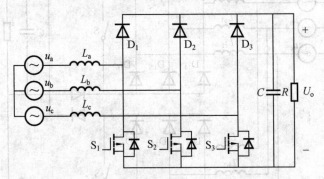

图 5.48　下半臂用开关管取代二极管的电路

5.5.2　三相六开关 APFC 变换器

　　三相六开关 Boost 型 APFC 变换器是由 6 只功率开关器件组成的三相 PWM 整流电路。典型的三相六开关 APFC 变换器为升压型拓扑,如图 5.49 所示。该变换器工作于 CCM 模式,每个桥臂由上下两只开关管及与其并联的二极管组成,每相电流可通过与该相连接的桥臂上的两只开关管进行控制。如以 a 相为例,当 a 相电压为正时,开关 S_4 导通使电感 L_a 的电流(即 a 相输入电流)增大,电感 L_a 充电;S_4 关断时,该相电流通过开关 S_1 并联的二极管流向输出端,电流减小,电感 L_a 放电。同样,当 a 相电压为负时,可通过开关 S_1 和 S_4 并联的二极管对该相电流进行控制。

　　三相六开关 Boost 型 APFC 变换器的控制电路由电压外环、电流内环和 PWM 发生器构成。常用的控制方法如图 5.50 所示。PWM 控制可采用三角波比较法、滞环控制法和矢量调制法。由于三相的电流之和为零,因此只要对其中的两相电流进行控制就可以了。在实际应用中,一般对电压绝对值最大的一相不进行控制,而只选另外两相进行控制。这样减小了开关动作的次数,因而减小了总的开关损耗。该电路的优点是输入电流

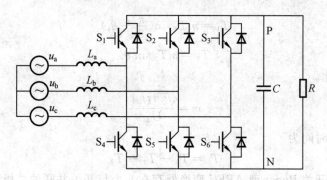

图 5.49　三相六开关 Boost 型 APFC 变换器

的 THD 小,功率因数为 1,效率高,能实现能量的双向传递,适合于中、大功率场合应用。不足之处是使用开关数目较多,控制复杂,成本高,而且每个桥臂上的两只串联开关管存在直通短路的危险,对功率驱动控制的可靠性要求高。一般为了防止直通短路的危险,可以在电路的直流侧串联一只快速恢复二极管,以阻止输出滤波电容对直通的桥臂放电。

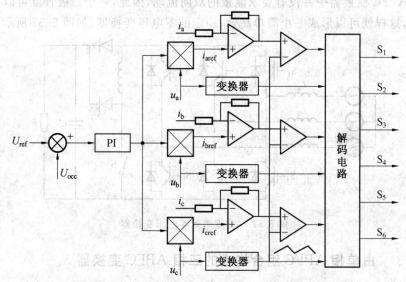

图 5.50　三相六开关 Boost 型 APFC 变换器的控制框图

　　如采用空间电压矢量控制,三相六开关 Boost 型 APFC 变换器可以实现三相输入电压的完全解耦,达到很高的性能。空间电压矢量控制的原理是:用三相电压矢量去逼近矢量电压圆,则输入端会得到等效的三相正弦波。开关矢量由 3 个字母表示,3 个字母从左到右,分别代表 a、b、c 点是否与 P 或 N 相连。这样,共有 8 个开关矢量,其中包括两个零矢量,如图 5.51 所示。如果将电压圆分成 N 等份,采样周期为 T_s,则任一空间矢量 U_r 可由其相邻两个开关矢量来等效,相应导通时间为

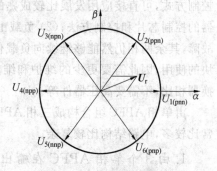

图 5.51　矢量与矢量合成

$$T_1 = mT_s \sin(\frac{\pi}{3} - \theta_r) \tag{5.52}$$

$$T_2 = mT_s \sin \theta_r \tag{5.53}$$

式中,m 为调制比。

$$m = \frac{\sqrt{3}\,|\boldsymbol{U}_r|}{U_{dc}} \tag{5.54}$$

零矢量作用时间为

$$T_0 = T_s - T_1 - T_2 \tag{5.55}$$

由于三相六开关 Boost 型 APFC 变换器存在 6 个与开关并联的二极管的反向恢复问题,变换器的开通损耗大。可采用零电压开关技术来减小开通损耗,同时采用缓冲电容来减小关断损耗。若将软开关原理应用于直流侧而不是用于交流侧,则电路将大大简化。

一般应用一种直流单元把主电路桥与直流电压源隔离,并且有一个平行的谐振支路将桥路电压在开关导通时降为零,这种开关在一个大的占空比中传输大电流,使得传导损耗很大。APFC 变换器中并没有要求能量的双向流动,因此,一个二极管就可以作为直流单元开关,这样就可以形成一个简单高效、稳定的零电压变换器,如图 5.52 所示。

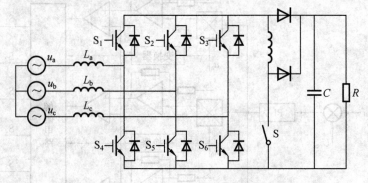

图 5.52   直流单元零电压变换器

5.5.3   由单相 APFC 组合构成的三相 APFC 变换器

利用单相 APFC 组合构成三相 APFC 变换器的技术优势是:(1)无须研究新的拓扑和控制方式,可直接应用发展比较成熟的单相 APFC 变换器拓扑,以及相应单相 APFC 变换器的控制芯片和控制方法;(2)负载由多个单相 APFC 变换器同时供电,如果某一相出现故障,其余两相仍然能够继续向负载供电,因此供电系统具有冗余特性;(3)由于单相模块的使用,因此需要更少的维护和维修,而且有利于产品的标准化;(4)与三相 APFC 变换器相比,不需要高压器件等。

由单相 APFC 组合构成三相 APFC 变换器的主要缺点在于变换器所使用的元器件通常比较多,电路结构比较复杂。

1. 由 3 个单相 APFC 在输出端并联组成的三相 APFC 变换器

将 3 个单相 APFC 在其输出端直接并联组成的三相 APFC 变换器结构如图 5.53 所示,此结构相对较简单。由于该电路结构是由 3 个单相 APFC 在输出端直接并联而构成的,因此当功率开关同时开通或关断时,一个电路单元的电流可能会流入另一个单元,即各相电路之间存在较严重的耦合。

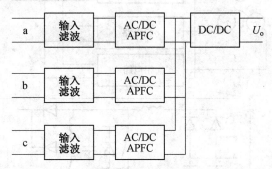

图 5.53　3 个单相 APFC 输出直接并联组成三相 APFC 变换器的结构框图

图 5.54 所示为一种该类型 APFC 变换器的相应电路拓扑,该变换器采用 CCM 模式的控制方式,并使用了软开关技术。其优点是:输出滤波电容由 3 个单相 APFC 变换器共享,在平衡状态,滤波电容上的低频纹波很小,因此可以采用快速的电压调节方式,而不会引起输入电流的畸变,动态性能较好。其缺点是:三相电路之间存在耦合问题,致使各相模块的输入输出电流不同相。

现以 a、b 两相($u_a > 0, u_b < 0$)为例简要说明各电路间的耦合问题。当两相的开关管都导通时,等效电路如图 5.55(a)所示。b 相电路中的整流二极管 D_6 和 D_7 导通,图中 b 点电位为 u_b,使整流二极管 D_4 承受反压,不能导通。a 相电流沿 b 相通路流通。这时将原有的续流二极管(D_{a1} 和 D_{b1})分为两个(图 5.54),可以解决这种耦合问题。当两相的开关管都截止时,等效电路如图 5.55(b)所示。仍是 b 相中二极管 D_6 和 D_7 导通,b 点电位为 u_b,使整流二极管 D_4 承受反压,不能导通。a 相电流沿 b 相通路流通。为此,将输入电感分成了两个(图 5.54)。但对电路的进一步分析可知,将电感分成两个并不能从根本上解决开关截止时的相间耦合问题。加入电感并不能保证 D_4 不被反向偏置,只是改善了耦合状况。因而电流的畸变还是比单相的严重,THD 仍然较大。

2. 由带隔离 DC/DC 变换器的单相 APFC 组成的三相 APFC 变换器

每个单相 APFC 后跟随一个隔离型 DC/DC 变换器,将这些 DC/DC 变换器的输出端并联起来,形成一个直流回路后向负载供电,其结构框图如图 5.56 所示。

此类变换器既可采用三相三线制接法,也可用三相四线制的接法,使用灵活且简单。而且此类电路都可设计成单级 APFC 变换器的形式,从而减少功率等级且动态响应比较快。但该类变换器由 3 个完全独立的单相 APFC 及 DC/DC 变换器组成,由于需 3 个外加隔离的 DC/DC 变换器,因此使用的元器件比较多,成本较高。

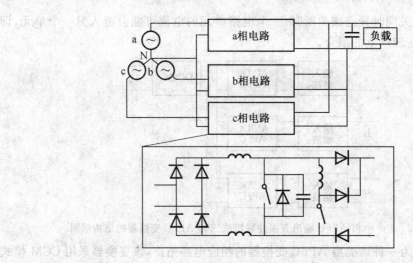

图 5.54　由 3 个单相 APFC 组成的带 ZVT 辅助电路的三相 APFC 变换器

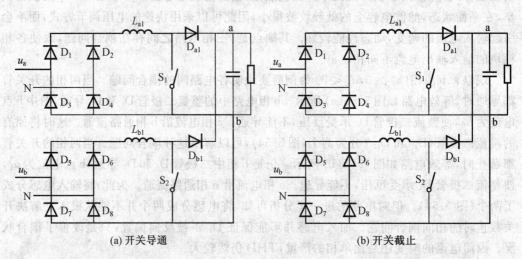

(a) 开关导通　　　　　　　　　　　　(b) 开关截止

图 5.55　两相电路间的耦合分析图（$u_a > 0, u_b < 0$）

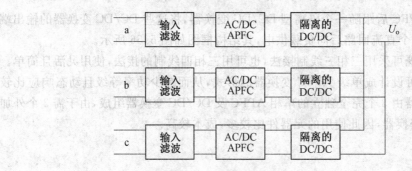

图 5.56　3 个带隔离 DC/DC 变换器的单相 APFC 的并联结构框图

第6章 开关电源中的热设计

温度是影响开关电源可靠性的重要因素,温升的增加不仅会导致器件性能恶化和失效,还会大大降低电源的可靠性,使平均无故障工作时间缩短。

完整的热设计包括两个方面:一是如何控制发热源的发热量,二是如何将发热源产生的热量散发出去,将开关电源的温升控制在允许的范围之内,以保证开关电源的可靠性。如何控制发热量的相关内容请见本书 8.4 节,本章仅介绍与散热设计相关的内容。

散热设计的根本任务就是根据热学原理,为功率半导体器件设计一个合理的低热阻热流通道,即利用传导、辐射、对流技术,将功率半导体器件产生的热量转移出去,以使开关电源在正常温升下安全可靠运行。因此,功率半导体器件的散热设计,也就成为开关电源设计任务中不可缺少的一个重要环节。

6.1 功率半导体器件结温与损耗

在开关电源中发热比较严重的元器件主要是功率开关管和输入、输出整流二极管,通过散热器散热的也主要是这两部分功率半导体器件。所以,散热设计前首先要估算出功率半导体器件产生的损耗。

6.1.1 功率半导体器件的结温与降额使用

功率半导体器件工作时,在器件上施加一定的电压、流过较大电流,在芯片上产生内部功率损耗,内部损耗引起芯片温度增加。芯片温度的高低与器件内损耗的大小、芯片到环境的传热结构、材料、器件的冷却方式以及环境温度有关。当发热率和散热率相等时,器件达到稳定温升,处于热平衡状态,即稳态。器件的芯片温度不论在稳态还是瞬态,都不允许超过器件的最高允许结温。否则将引起功率器件电的或热的不稳定,而导致功率器件的失效。

所谓半导体器件最高允许结温是指器件能正常工作的 PN 结最高温度,以 T_{jM} 表示。若按半导体本征失效温度来说,它与材料的种类和掺杂浓度有关。如硅半导体掺杂浓度为 10^4 cm^{-3} 时,本征失效温度为 230 ℃;而掺杂浓度为 10^{16} cm^{-3} 时,本征失效温度为450 ℃ 等。实际上因工艺、材料和结构的不完善以及产品可靠性、成本要求,一般厂家规定的最高结温比本征失效温度低,通常硅材料在 200 ℃ 以下,而锗材料在 100 ℃ 以下。

通常结温是指芯片的平均温度,实际上功率半导体器件芯片较大,温度分布是不均匀的,当器件因经受过载、浪涌以及结构方面的问题,造成芯片的瞬态过热时,芯片上某个局部可能形成比最高允许结温高得多的热斑或热点,严重时会导致二次击穿。考虑到上述因素,在可靠性要求不同的设备中,器件的最高允许结温也不同,这就是结温降额使用。

可靠性要求越高,最高允许工作结温越低。例如,对于高可靠性商业设备,硅器件最高工作结温取 135 ℃;对普通军用设备取 125 ~ 135 ℃;而对宇航及超高可靠性设备取 105 ℃。

功率半导体器件除最高结温限制外,还受到温度变化的限制。随着器件的接通与关断、负载的变化、环境温度变化等,功率半导体器件芯片温度也会发生相应变化。由于芯片是用焊剂焊在基座上的,芯片、焊剂、基座和过渡材料各不相同,热膨胀系数也不同,因此就会引起结合面之间的机械应力。在小功率半导体器件中,芯片尺寸小、应力也小;而在大功率半导体器件中,芯片大、芯片应力也大,温度的反复变化使应力也反复变化,这将导致结合面材料的疲劳,致使两个表面分离,最终导致器件的失效。

6.1.2 损耗计算及测量

开关电源中常用的功率半导体器件主要有整流二极管和功率开关管,功率开关管常用功率 MOSFET 和 IGBT。

1.二极管损耗

计算二极管损耗必须知道其工作时的电流、电压波形。由于结构不同,不同二极管的电流、电压波形也会有所不同。图 6.1 所示给出一种快恢复二极管的电流、电压波形示意图。

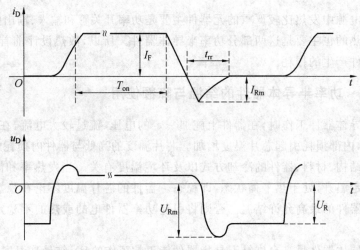

图 6.1　二极管电流、电压波形示意图

如果由电流电压面积仪来测量,则会方便很多。如果利用检测到的电流波形去计算二极管损耗,则需要做若干数学近似处理,通过近似计算得到。

一般来说,二极管损耗包括通态损耗、反向恢复损耗、开通损耗和反向截止损耗 4 部分。因二极管开通时间很短,其开通损耗在计算时可忽略不计;因二极管反向漏电流很小,其截止损耗在计算时也可忽略不计。如果二极管导通压降用 U_F 表示、反向恢复时间为 t_{rr},二极管损耗可以近似计算如下:

$$P_D = \frac{T_{on}}{T} U_F I_F + \frac{t_{rr}}{2T} U_R I_{Rm} \tag{6.1}$$

式中,右边第一项为正向导通损耗;第二项为反向恢复损耗;I_F 为二极管正向导通时通过的电流;U_R 为二极管截止时承受的反向电压。

2. 功率开关管的损耗

图 6.2 是开关电源中功率开关管(以功率 MOSFET 为例)的电流和电压波形示意图,可以看出在一个开关周期,功率开关管的损耗主要由两个部分组成,即导通损耗和开关损耗。另外,功率开关管工作时还存在栅极损耗。

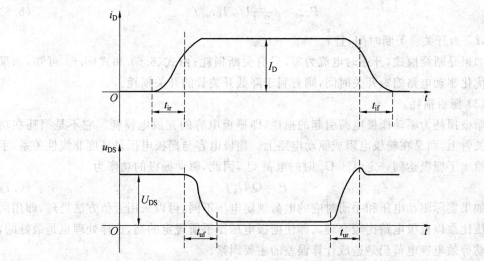

图 6.2　功率开关管的电流和电压波形示意图

(1)导通损耗。

如果功率开关管选择功率 MOSFET,当其完全导通时,其漏极和源极之间的等效导通电阻为 R_{on},它的损耗为

$$P_{on} = D I_D^2 R_{on} \tag{6.2}$$

应当注意手册上给出的导通电阻测试条件,测试时一般栅极驱动电压为 $U_{gs}=15$ V。如果驱动电压小于测试值,导通电阻可能比手册大,而且导通损耗 $P = R_{on} I^2$ 也可能加大。多子导电的导通电阻 R_{on} 为正温度系数,导通电阻与温度关系为

$$R_{on}(T) = R_{25\,℃} \times 1.007^{(T-25\,℃)} \tag{6.3}$$

如果已经知道了热阻,根据导通损耗与开关损耗之和就可以计算结温,根据新的结温计算新的导通电阻,如此反复迭代,求得结温和导通损耗。

如果功率开关管选择 IGBT,当其完全导通时,其集电极和发射极之间的导通压降为 U_{ces},它的损耗为

$$P_{on} = D I_C U_{ces} \tag{6.4}$$

式中,I_C 为 IGBT 导通时通过的电流。

(2)开关损耗。

随着功率开关管的交替导通与截止,瞬态电压和电流的交越将产生功率损耗,称为开

关损耗。在图 6.2 中,电流上升时间为 t_{ir}、电流下降时间为 t_{if},电压下降时间为 t_{uf}、电压上升时间为 t_{ur},它们之和称为开关时间 t_{sw}。

假定电流电压上升与下降都是线性的,当开关电源工作在电流连续模式时,开关管(以功率 MOSFET 为例)的开通损耗为

$$P_{swon} \approx \frac{1}{6} U_{DS} I_D t_{on} f \tag{6.5}$$

式中,t_{on} 为开关管开通时间,且 $t_{on} = t_{ir} + t_{uf}$。开关电源工作在电流连续模式时,开关管的关断损耗为

$$P_{swoff} \approx \frac{1}{2.5} U_{DS} I_D t_{off} f \tag{6.6}$$

式中,t_{off} 为开关管关断时间,且 $t_{off} = t_{if} + t_{ur}$。

如果是断续模式,开通时电流为零,只有关断损耗;由式(6.5)和式(6.6)可知,如果通过优化驱动电路缩短开关时间,则有利于降低开关管的开关损耗。

(3)栅极损耗。

栅极损耗为驱动栅极电荷引起的损耗,即栅极电容的充放电损耗。它不是损耗在功率开关管上,而是在栅极电阻或驱动电路上。栅极电容与栅极电压是高度非线性关系,手册中给出了栅极达到一定电压 U_g 时的电荷 Q_g,因此,驱动栅极的功率为

$$P = Q_g U_g f \tag{6.7}$$

如果实际驱动电压和手册对应的电荷规定电压不同,可以采用近似方法处理,即用两个电压比乘以栅极电荷比较合理。即使栅极电压比手册规定的高,这样处理也是最好的,但密勒等效电容电荷仍是造成计算误差的主要因素。

总之,功率开关管的总损耗是由通态损耗、栅极充放电损耗和开关损耗组成的。在进行散热设计时,一般只考虑总损耗中的通态损耗和开关损耗。

【例 6.1】 IRFP460 导通时漏极电流 $I_a = 12$ A,占空比 $D = 0.36$,截止电压 $U = 400$ V,开关频率 $f = 70$ kHz,开关时间 $t_{sw} = 0.1$ μs,25 ℃ 时的导通电阻 $R_{on} = 0.27$ Ω,计算25 ℃ 时的损耗是多少?

解 25 ℃ 时的导通损耗为

$$P_{on} = D R_{on} I_a^2 = 0.36 \times 0.27 \times 12^2 = 14 \text{ (W)}$$

假设 $t_{on} = t_{off} = \frac{1}{2} t_{sw} = 0.05$ μs,则开通损耗为

$$P_{swon} = \frac{t_{on}}{6} U I_a f$$

$$= \frac{0.05 \times 10^{-6}}{6} \times 400 \times 12 \times 7 \times 10^4$$

$$= 2.8 \text{ (W)}$$

关断损耗为

$$P_{swoff} = \frac{t_{off}}{2.5} U I_a f$$

$$= \frac{0.05 \times 10^{-6}}{2.5} \times 400 \times 12 \times 7 \times 10^4$$

$$= 6.72\text{（W）}$$

开关损耗为

$$P_{sw} = P_{swon} + P_{swoff} = 6.72 + 2.8 = 9.52\text{（W）}$$

总的损耗为

$$P = P_{on} + P_{sw} = 14 + 6.72 + 2.8 = 23.52\text{（W）}$$

3. 半导体器件损耗测试

虽然利用前面介绍的计算方法，可以近似计算得到稳态时的功率半导体器件损耗，但开关损耗计算时存在较大误差。为了提高散热设计的准确性，可以使用等效法测量功率半导体器件损耗。

以测量功率开关管的损耗为例说明此方法，在相同的工作条件（环境温度）下用相同封装形式的二极管来代替功率开关管，在二极管中通过直流电流，并实时测量二极管两端电压。缓慢增加二极管中通过的电流，使该点温度与此处为功率开关管时的相同。利用此时测量到的二极管压降 U 和二极管中通过的电流 I 即可得到功率开关管的损耗为 $P = UI$。

已知损耗，又有了相应的温度值，就可以进行后续的设计工作了。

6.2　热的传输方式

功率半导体器件上产生的损耗以热的形式表现出来，热能积累增加了器件芯片和结构温度，与外界环境产生温度差。由热力学第二定律可知，只要有温差存在，热量就会自发地从高温物体传向低温物体，热能可通过 3 种方式传输，即传导、对流、辐射。

6.2.1　传导

传导是热能从一个质点传到下一个质点，传热的质点保持它原来的位置的传输过程，如固体内的热传输。传导是热量从功率半导体器件的结到外壳和外壳到散热器的最有效传输途径。

热量从表面温度为 T_1 的一端全部传输到温度为 T_2 的另一端，热量与温度的关系为

$$Q = \frac{KA(T_1 - T_2)}{L} = \frac{\Delta T}{R_{th}} \tag{6.8}$$

$$R_{th} = \frac{L}{KA} \tag{6.9}$$

式（6.8）可以简单地表述为，在纯传导热传输中，传递的热量 Q 与材料两端的温差 $(T_1 - T_2)$、热导率 K 及垂直于传导方向的截面积 A 成正比，与传导的路径长度 L 成反比。K 是材料的热导率，其量纲为 W/cm℃。例如，铜的热导率为 4.01，铝的热导率为 2.25。

式（6.9）中的 R_{th} 称为热阻，单位是 ℃/W。

6.2.2 对流

热量通过传导的方式传给与它紧靠在一起的流体层,这层流体受热后,体积膨胀,密度变小,向上流动,周围密度大的流体流过来填充,填充过来的流体吸热膨胀向上流动,如此循环,不断从发热元件表面带走热量,这一过程称为对流。其实质是利用流动的气体或液体流过热导体表面将热量带走。

对流有强迫对流和自然对流两种,强迫被加热的流体介质流动称为强迫对流;流体被加热后引起密度变化,如密度变轻(如空气、油等)自然上升带走热量称为自然对流。

对流换热的计算一般采用牛顿所提出的公式,即

$$Q = hA_x(T_1 - T_2) \tag{6.10}$$

式中,T_1 为发热体表面的温度;T_2 为流体平均温度;A_x 为垂直于热流方向的发热体壁的面积;h 为热交换系数,它与流体介质的特性及对流表面体的形状有关。此外,h 还与对流是"自然对流"还是"强制对流"有关。表 6.1 给出了空冷(空气冷却)条件下的典型热交换系数(h)。

表 6.1　空冷条件下的典型热交换系数(h)

类型	范围	典型参数
自然	3 ~ 12	5
强制	10 ~ 100	50

对流是一种复杂的热传递过程,它不仅决定于热的过程,而且决定于气体的动力学过程。简单地说,影响对流的因素有两个:(1)流体的物理性质,如密度、黏度、膨胀系数、比热等;(2)流体的流动情况,是自然对流还是强迫对流,是层流还是紊流。因为层流时,主要是通过互不相干的流层之间导热;而紊流时,则在紧贴壁面的层流底层之外,流体产生旋涡加强了热传递作用。一般而言,在其他条件相同情况下,紊流的换热系数比层流的换热系数大好几倍,甚至更多。

6.2.3 辐射

以电磁波的形式向外传输热量的方式称为辐射,散热器的表面温度越高,表面越粗糙,表面发黑率越高,散热器向外部辐射热量的能力就越强。因此多数散热器都经过氧化发黑处理,就是为了要增大热辐射的能力。

在传导和对流中,热传递是通过固体或液体进行的。而辐射热传递不需要任何物质作为媒介。热辐射是由于自身的温度而引起的电磁辐射。对于辐射热传递,根据斯蒂芬－玻耳兹曼定律,有

$$Q = \varepsilon\sigma A(T_1^4 - T_2^4) \tag{6.11}$$

式中,σ 为玻耳兹曼常数,$\sigma = 5.669 \times 10^{-8}$ W · m^{-2} · K^{-4};A 为散热器外表面积(包括叶片);T_1 为表面温度;T_2 为环境温度或周围物体温度;ε 为辐射率,其值在 0 ~ 1。例如,表面经阳极化处理的黑色铝型材散热器 ε 近似为 1。

由上述公式可以得出下列有助于辐射的措施:(1)发热物体表面越粗糙,热辐射能力也越强。例如,散热片表面涂黑色或有色粗糙的漆。(2)加大辐射体与周围环境的温

差。(3) 加大辐射体的表面面积。

以上介绍的 3 种传热方式往往同时存在,即热传输是多维的。在一定条件下可忽略次要因素,进行简化计算。例如,半导体芯片到外壳、外壳到散热器的热传输主要是传导,对流和辐射与传导相比可忽略不计;又如在高空条件下,对流处于次要地位,主要是传导和辐射散热。

6.3　功率半导体器件散热系统的等效

在分析功率半导体器件散热系统时,经常用等效电路的方法来模拟功率半导体器件的散热回路,可将抽象的现象变得直观、易于理解和便于分析,这就是所谓的电 — 热模拟法,也就是用导电回路来模拟功率半导体器件的散热回路。

6.3.1　热阻的概念

热阻表示介质传热的能力,其意义就是单位功耗引起的温升,通常用 R_{th} 表示,其单位是 ℃/W。

一般在提及热阻时,都要说明是从某处到某处的热阻。例如,从管芯内部到外壳的热阻可用 R_{thjc} 表示,从外壳到散热器的热阻(接触热阻)可用 R_{thcs} 表示,从散热器到环境空气的热阻用 R_{thsa} 表示,等等。

热阻是一个非常有用的概念。散热器通常就是用热阻来表示其性能的;功率半导体器件的热参数也是根据管芯内部到外壳的热阻来标注的。

【例 6.2】　氧化铝绝缘垫片厚度为 0.5 mm,截面积为 2.5 cm²,求其热阻。

解　氧化铝的热导率 $K = 16.7$ W/m℃,由式(6.9)可得

$$R_{th} = L/(KA)$$
$$= 0.5 \times 10^{-3}/(16.7 \times 2.5 \times 10^{-4})$$
$$= 0.12 \text{ (℃/W)}$$

6.3.2　等效热路

根据热电相似原理引入热路的概念,在热路中,热量 Q(在计算中,常用功率半导体器件的损耗功率 P 来代替热量 Q)相当于电路中的电流,可用电流的流动来表示热量的传递;热阻相当于电路中的电阻;温度差相当于电路中的电位差。

图 6.3 为功率半导体器件安装在散热器上的示意图,芯片上的功耗产生的热量通过传导

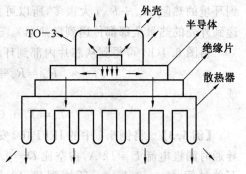

图 6.3　功率半导体器件安装示意图

由芯片传到外壳的底座,再由外壳将少量的热量以对流和辐射的形式传到环境,而大部分热量通过底座经绝缘垫片直接传到散热器,最后由散热器传到空气中去。

由此可见,热传输是很复杂的,要进行精确计算也是很困难的。在工程上,如果允许误差在 $5 \sim 10\ ℃$ 范围内就算比较精确了。

物体或介质将热从热源传输到环境过程中,在达到稳态之前,必须吸收一定的热能将物体或介质加热到自身高于环境的相应温度,而当热源去掉后,存储在物体或介质的热能经过一定的时间释放掉,才能将温度降低到环境温度,这与电容的充电和放电效应相似,因此在热电模拟等效热路中引入热容的概念。

对于一定质量的物体,温度上升高低与输入的热量成正比,即

$$Q = C\Delta T \tag{6.12}$$

式中,Q 为热量,J 或 cal;ΔT 为温升,K;C 为材料的热容量,J/K。

热容也可以表示为

$$C = C_{\mathrm{T}} m \tag{6.13}$$

式中,C_{T} 为材料的比热容,$\mathrm{cal}/(\mathrm{g} \cdot \mathrm{K})$;$m$ 为物体或介质的质量,g。

因为热路中有热容存在,所以在瞬态时热阻是时间的函数,一般称瞬态热阻为热抗。稳态时,热阻与时间无关。

对于图 6.3 中的功率半导体散热系统,稳态时的等效热路如图 6.4 所示。图 6.4 中的 T_{j}、T_{c}、T_{s}、T_{a} 分别表示芯片、外壳、散热器和环境温度,R_{jc}、R_{ca}、R_{cs}、R_{sa} 分别表示芯片到外壳、外壳到环境、外壳到散热器、散热器到环境的热阻,P 为损耗功率。

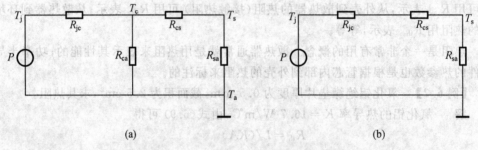

(a)   (b)

图 6.4   图 6.3 的等效热路

功率半导体器件安装在散热器上时,通常外壳到环境的热阻 R_{ca} 比外壳到散热器再到环境的热阻($R_{\mathrm{cs}} + R_{\mathrm{sa}}$)大很多,所以可将图 6.4(a)中的并联支路 R_{ca} 忽略(即相当于传递到外壳的热量全部都传递到散热器)。这样,可将图 6.4(a)简化为图 6.4(b)。

由图 6.4(b)可得到从芯片内部到环境的总热阻为

$$R_{\mathrm{ja}} = R_{\mathrm{jc}} + R_{\mathrm{cs}} + R_{\mathrm{sa}} = R_{\mathrm{th}} \tag{6.14}$$

或

$$T_{\mathrm{j}} = T_{\mathrm{a}} + (R_{\mathrm{jc}} + R_{\mathrm{cs}} + R_{\mathrm{sa}})P \tag{6.15}$$

【例 6.3】   将例 6.1 中的 IRFP460 安装到一铝型材散热器上,并已知主要参数如下:导通时漏极电流 $I_{\mathrm{a}} = 12\ \mathrm{A}$,占空比 $D = 0.36$,截止电压 $U = 400\ \mathrm{V}$,开关频率 $f = 70\ \mathrm{kHz}$,开关时间 $t_{\mathrm{sw}} = 0.1\ \mu\mathrm{s}$,环境温度 $40\ ℃$,$25\ ℃$ 时的导通电阻 $R_{\mathrm{on}} = 0.27\ \Omega$,$R_{\mathrm{jc}} = 0.45\ ℃/\mathrm{W}$,$R_{\mathrm{cs}} = 0.24\ ℃/\mathrm{W}$(有硅脂),$R_{\mathrm{sa}} = 1.1\ ℃/\mathrm{W}$,求功率管的温度 T_{j}。

解   在例 6.1 中已经计算出 $25\ ℃$ 时的损耗为 $23.52\ \mathrm{W}$,其等效热路可用图 6.4(b)表示,则由其等效热路可知

$$T_j = P(R_{jc} + R_{cs} + R_{sa}) + T_a$$
$$= 23.52(0.45 + 0.24 + 1.1) + 40$$
$$= 82.1 \ (℃)$$

由式(6.3)可得 82.1 ℃ 时的导通电阻为

$$R_{on} = R_{25} \times 1.007^{\Delta T} = 0.27 \times 1.007^{82.1-25} = 0.402 \ (\Omega)$$

82.1 ℃ 时的导通损耗为

$$P_{on} = DR_{on}I_a^2 = 0.36 \times 0.402 \times 12^2 = 20.84 \ (W)$$

则总损耗为

$$P = P_{sw} + P_{on} = 9.52 + 20.84 = 30.36 \ (W)$$

核算结温为

$$T_j = P(R_{jc} + R_{cs} + R_{sa}) + T_a$$
$$= 30.36 \times (0.45 + 0.24 + 1.1) + 40$$
$$= 94.34 \ (℃)$$

进一步计算 94.34 ℃ 时的导通电阻 $R_{on} = 0.44 \ \Omega$，导通损耗为 22.81 W，结温为 97.87 ℃。继续迭代，最终结温为 98.98 ℃。

6.3.3 热路欧姆定律

对于电路，欧姆定律可以表示为：$U = I \times R$。

那么对于热路，也有相应的欧姆定律存在。即当热量从 A 物体向它周围的 B 物体扩散，A 物体的温升 ΔT 等于 A 物体的发热功率 P 与 A 物体到 B 物体热阻 R_{thab} 的乘积，即

$$\Delta T = P \times R_{thab} \tag{6.16}$$

式中，R_{thab} 是热流通过区间的热阻。

与电路中欧姆定律类似，功率 P 相当于电路中的电流，温度差 ΔT 相当于电路中的电位差，而热阻 R_{th} 相当于电路中的电阻。

如果 A 物体内有 n 个发热点，它们的发热功率分别为 $P_1, P_2, \cdots, P_n$，则引起 A 处温升的总功率为

$$P = P_1 + P_2 + \cdots + P_n$$

如果功率半导体器件损耗功率为 P，则结温为

$$T_j = PR_{th} + T_a \tag{6.17}$$

显然，要使功率半导体器件的结温 T_j 不超过最高允许温度 T_{jm}，应当降低器件产生的功耗 P，或者减少热阻。而封装、管壳和芯片结构、焊接材料和材料厚度等一旦确定，就决定了芯片内部到外壳的内热阻 R_{jc}，因此减少热阻就只能通过减少外部热阻的方式来实现。

需要注意的是，在开关电源开机、关机和瞬态过载等情况下，功率半导体器件往往有瞬间损耗（如过流浪涌和过压浪涌），大大超过平均损耗的情况。短时间内，不可能依靠传导将热量传输到环境，几乎在绝热情况下引起芯片结温瞬间升高。而结温是否超过最大允许结温，则与功率浪涌持续的时间以及功率半导体器件的热特性有关。

6.4 功率半导体器件的散热设计

使用金属型材散热器是各种电子设备和开关电源最常用的功率半导体器件散热方法,尤其是各种不同形状、规格尺寸的铝型材,因其价格相对铜便宜、传热性好而被大量用于大功率开关电源中。

6.4.1 热设计中应遵循的原则

在开关电源中,需要采用适当、可靠的方法控制功率半导体器件的温升,使其在所处的工作环境条件下不超过稳定运行要求的最高温度,以保证开关电源正常运行的安全性和长期运行的可靠性。为此,在开关电源设计过程中应遵循如下原则:

(1)热设计应与电气设计、结构设计同时进行,使热设计、结构设计、电气设计以及系统环境控制相互兼顾。

(2)热设计应遵循相应的国际标准、国内标准或国军标以及特定的行业标准。

(3)热设计应满足电源的可靠性要求,以保证元器件均能在给定的热环境中长期正常工作。

(4)元器件的参数选择及安装方式必须符合散热要求。

(5)在规定的使用期限内,冷却系统(如冷却风扇等)的致命故障率应比元件的故障率低,冷却系统的可靠性要高。在进行热设计时,应考虑相应的设计余量,以避免使用过程中因工况发生变化而引起的热损耗及流动阻力的增加。

(6)热设计应优先选用可靠性高的冷却方式,不要盲目加大散热余量。

(7)热设计应考虑经济性指标,在保证散热的前提下,冷却系统的结构和流程应尽量简单且体积最小、成本最低。

(8)在进行热设计的同时,还应考虑产品的可靠性、可维修性及电磁兼容性设计等因素。

(9)冷却系统要便于监控与维护。

6.4.2 散热方式的选择

目前,开关电源中常用的散热方式主要有 3 种:自然对流;强迫风冷;液冷散热方式。

自然对流散热是一种利用空气温度差引起对流换热的基本散热方式,适合在功率密度较低的开关电源中使用。当功率半导体器件发热表面允许温升为 40 ℃ 或更高时,如果热流密度小于 0.08 W/cm^2,一般可以通过自然对流的冷却方式,不必使用强迫风冷或其他冷却方式。

强迫风冷散热方式,适用于功率密度较大的电源,或自然对流满足不了散热需要的场合。例如,当功率半导体器件发热密度大于 0.155 W/cm^2 时,用对流、辐射等自然冷却方法就不能有效地将热量带走,这时必须采用强迫风冷。强迫风冷与自然冷却相比,热传输能力会有一个数量级的增加。

另外,当功率半导体器件耗散功率大于50 W时,若再用辐射或自然对流冷却,器件的散热器尺寸就会变得过于庞大。若用强迫风冷则能达到令人满意的效果,这时散热器所占据的体积只有自然冷却的 1/3。

液冷散热方式,其散热效果比强迫风冷还要好,但需要外加液体泵等,系统复杂,维护困难,成本高,较少使用,主要适用于功率密度大,且设备空间小的产品。因此,对于功率等级为数百瓦到数百千瓦的开关电源,适合采用强迫风冷进行散热。

6.4.3　常用散热器

常用的散热器种类主要分为自制散热器、铝型材散热器和热管。

自制散热器使用灵活,安装和结构设计方便,具有针对性强、适合大批量产品使用的特点。但是需要根据所使用电源的具体情况进行设计、生产,热阻计算也比较困难,需要实验测试。

对于铝型材散热器,厂家一般给出了实验测得的热阻曲线或者散热面积,安装、选用比较方便。图 6.5 中给出了若干铝型材散热器的实物照片,图 6.6 中给出了某公司生产的 DXC-433 型铝型材散热器相关参数及其热阻曲线。

由图 6.6 可见,散热器的热阻与冷却条件有很大关系。自然冷却时的热阻要比风冷时大得多;安装的方式不同时,冷却的效果也不一样。强迫风冷时,冷却风速越大,热阻就越小,而且效果很明显。

热阻还与散热器的长度有关,同样截面积的铝型材散热器长度越长,散热面积就越大,热阻也就越小。如果散热器上的热点比较集中,长度增加到一定程度后,热阻就趋于稳定。

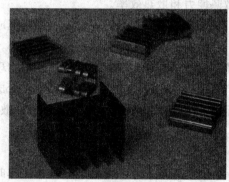

图 6.5　部分铝型材散热器

热管散热器是一种散热能力很强的高效散热器。它是用铜制造的薄叶壳两头封口的管子,其内壁上环绕着浸有能挥发饱和液体的芯子(称为吸液芯),液体可以是氨、甲醇、丙醇或蒸馏水等。热管散热器在工作时,其热端吸收功率半导体器件产生的热量,使内壁吸液管上的液体沸腾化成蒸气,带有热量的蒸气从热管散热器的热端移动到冷端,带有热量的蒸气在冷端凝成液体,通过管壁上吸液芯的毛细管作用,凝聚的液体返回到热端,如此循环反复,达到散热的作用。热平衡后,热端和冷端的温度梯度近乎为零,是一种很有潜力的散热装置。

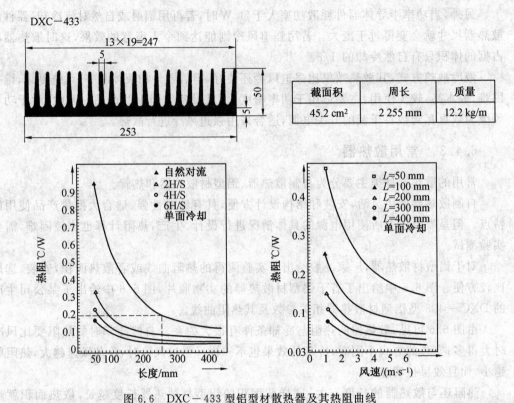

图 6.6　DXC—433 型铝型材散热器及其热阻曲线

　　热管散热器如果嵌入或附在铝型材散热器中进行组合散热,将会大大提高散热器的散热能力和散热效率。

　　热管的散热效果很好,体积也小,但成本高、安装面小,在开关电源中目前还不常用。

　　除了经常使用的金属型材散热器外,半导体制冷器件也可以用来进行热交换。半导体制冷散热器件是利用半导体材料的物理特性,吸收和它直接相连接的功率半导体器件产生的热量。也就是说用和它吸走热量成比例的电流流过器件的制冷端,来实现吸走热量的作用原理,达到为功率半导体器件散热的目的。

6.4.4　散热器选取计算方法

　　首先根据功率半导体器件正常工作时的性能参数和环境参数,如环境温度、器件功耗和结温等,计算功率半导体器件结温是否工作在安全结温之内,判断是否需要安装散热器进行散热。

　　如功率半导体器件需要安装散热器进行散热,可按下面的介绍计算相应的散热器热阻,初选散热器。然后,通过重新计算功率半导体器件结温,可判断功率半导体器件结温是否在安全结温之内及所选散热器是否满足要求。

　　1. 结到外壳的热阻

　　功率半导体器件的产品手册中常给出在给定环境温度 T_a 条件下最高允许结温 T_{jm}、最大允许功率损耗 P_m 和芯片内部到外壳(有的文献也称结到壳)热阻 R_{jc};或给出最高允

许结温 T_{jm}、最大允许功率损耗 P_m 和允许壳温 T_c。如果是后者,根据已给出的数据也可以知道芯片内部到外壳的热阻为

$$R_{jc} = (T_{jm} - T_c)/P_m \quad (℃/W) \tag{6.18}$$

有时产品手册中还给出功率管不带散热器的外壳到环境热阻 R_{ca},这种情况下,如果不采取任何散热措施,还要使功率管的结温不超过最高结温,功率管允许的损耗就需要满足下式的约束:

$$P_m = (T_{jm} - T_a)/(R_{jc} + R_{ca}) \tag{6.19}$$

2. 外壳到散热器的热阻

功率半导体器件通过绝缘垫片安装到散热器上时,外壳到散热器的热阻 R_{cs} 包含两部分,即绝缘垫片热阻和接触热阻。如果不需要加装绝缘垫片,而是将功率半导体器件直接安装到散热器上,则只有接触热阻。

为了使功率半导体器件外壳与散热器之间绝缘,通常在它们之间加有一层绝缘导热垫片,绝缘垫片可以用氧化铝、氧化铍、云母和硅橡胶或其他绝缘导热材料。绝缘导热垫片热阻可按式(6.9)计算。例如用于 TO—3 封装的 75 μm 绝缘云母片热阻大约为 1.3 ℃/W。

而接触热阻与接触表面状态、接触压力等因素有关,即使是加工很好的固体表面,两表面之间总是点接触,随着压力增加,接触面加大,热阻减少。但当压力增加到一定大小以后,压力加大接触面增加有限,并不能明显减少热阻。同时过大的安装力矩可能使得管壳受到扭力,造成芯片变形,或芯片与管壳间焊接裂纹,导致芯片热阻增加,甚至损坏芯片,因此大功率半导体器件有安装压力的限制。如果采用螺母安装,规定安装力矩限值,一般采用专用力矩扳手旋转螺母。

由于固体表面不完全接触,接触表面之间总有空气隙存在,对热阻影响很大。因此要求材料接触表面应当平整,没有凸出和凹陷,并在适当压力的前提下,绝缘垫片涂有良好导热的氧化锌硅脂,排挤表面间空气,可使接触热阻下降 30% ～ 50%。需要注意的是,如果应用硅脂过多,涂层太厚反而会增加热阻。

接触热阻 R'_{es}(单位:℃/W)可按下式计算:

$$R'_{es} = \beta/A \tag{6.20}$$

式中,A 为接触表面积;β 为热传导系数,金属与金属传导时为 1,对金属阳极化为 2,如果有硅脂分别为 0.5 和 1.4。

3. 散热器热阻计算

已经知道损耗功率 P、环境温度和允许的芯片温度,又通过前面计算得到了芯片内部到外壳的热阻 R_{jc} 和外壳到散热器的热阻 R_{cs},则由式(6.15)可计算出所需要的散热器热阻,即

$$R_{sa} = \frac{T_j - T_a}{P} - (R_{jc} + R_{cs}) \tag{6.21}$$

需要注意的是,如果散热器上安装不止一只发热的功率半导体器件,则需要计算总的功率损耗,并注意因各功率半导体器件上的损耗不同,其壳温也会不同,应该考虑壳温最

高的器件。

4. 选择散热器

散热器热阻求出后,即可根据散热器产品手册中给出的热阻曲线来选取散热器。从理论上讲,所选散热器的热阻越小越好,但在实际应用中往往受到体积、质量、成本的诸多限制。

如果散热器产品手册中没有给出热阻曲线,而是给出了各种型号散热器的表面积,也可以通过计算散热器表面积来选取。文献[83]、[4]、[89]分别给出了不同的计算方法,这里仅介绍文献[89]中的计算方法。当需要散热器向外传输的热量为 Q 时,需要的散热器表面积为

$$S = 0.86Q/(\Delta T \cdot a)(\text{m}^2) \tag{6.22}$$

式中,ΔT 为散热器温度与周围环境温度之差;a 为热传导系数,是由空气的物理性质和流速决定的,a 的确定方法可参考文献[89]。

当然,选取时在满足计算值的条件下,可在成本、体积、质量允许范围内,选取表面积尽量大一些的散热器。

在实际应用中,尽管散热器的热阻或表面积相似,但由于形状不同、包络体积不同,使用效果会有差异。应根据具体使用情况,比如安装方式、材料形状、冷却条件等因素,合理选取适合应用的散热器,并经实验加以验证。

实际使用时,散热器的选取应掌握如下基本原则:

(1) 对于损耗较小的功率半导体器件,可选择在印制板上大面积覆铜后把器件紧密安装在覆铜面上达到散热目的,损耗较大的功率半导体器件则应选择与封装匹配的散热器。

(2) 选择传热系数好的铜或铝材作为散热器的基材,选用铝型材散热器既降低成本,又便于批量生产时的货源供应。

(3) 由于自然对流达到热平衡的时间较长,因此,自然对流散热器的基板及叶片厚度应足以抗击瞬时热负荷的冲击,一般建议基板的厚度要大于 5 mm。

由于导热主要沿着叶片的纵向方向,因而叶片的厚度对散热器热性能没有太大的影响,叶片厚度的增加反而增加了散热器的质量。为了保证散热器叶片的硬度,又易于加工,叶片厚度也不能太薄,工程上一般设定叶片厚度不少于 1 mm。

(4) 散热器表面经电泳涂漆或黑色氧极化处理,有利于提高热辐射和增加与空气的接触面积。

(5) 散热器的叶片之间的间距不少于 5 mm,虽然在散热器外形尺寸一定时,减小叶片之间的间距,叶片数目会增多、表面积增大,但间距过小会使空气滞留,反而会导致散热效果变差。

(6) 散热器的长、宽、高尺寸要合理,散热器的散热量大约与空气流动方向平行的长度 L 的平方根成正比,而与空气流动方向垂直的高度 H 及宽度 W 成正比,因此增加 L 不如增加 H 或 W 的散热效果好(图6.7给出散热器的外形尺寸示意图)。

过分增加叶片长度不能确保热量传导至散热器叶片的末端,反而使散热器质量增加太多。一般认为散热器的叶片长度和基板宽度之比接近 1 传热较好。

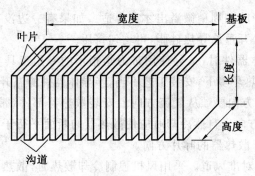

图 6.7　散热器的外形尺寸示意图

叶片高度对散热器热性能有很大影响,增加叶片高度可增大散热面积。但是如果叶片过高,散热器体积太大,不符合设备体积小、质量轻的要求,因此散热器叶片高度也不宜过高。一般叶片的高度加倍,则散热能力为原来 1.4 倍,但叶片高度增加到一定程度后,传热量就不再增加了。

(7) 所选散热器的规格、形状,既要满足散热效果的要求,同时又要考虑便于功率半导体器件在散热器上的安装,以及整个散热器部件在电源整机中的安装、固定。

例如,有的器件需要安装在散热器两叶片之间,如果叶片数太多,器件就不易安装在散热器上。

6.4.5　散热器的安装

散热器的安装方法与工艺,直接影响到散热效果和功率半导体器件的安全运行,以下就功率半导体器件安装在散热器上及散热器在电源机箱内的安装给出一些建议。

(1) 功率半导体器件在散热器上的安装位置,要有利于散热器表面温度的均匀分布。当安装一个功率半导体器件时,其安装孔(或组孔) 应置于散热器基面的中心(即 $\frac{1}{2L}$)位置;当安装两个或两个以上功率半导体器件时,安装孔(或组孔) 在散热器基面中心线上均分 $\frac{L}{2n}$ 布置上。

采用强制风冷时,功率半导体器件在散热器上的安装孔可稍靠近进风方向。这样,热源产生的热量转移效果会更好,温度分布更均匀,否则会出现前面靠近风端面温度低,而后面温度高的问题。

(2) 垫绝缘材料时,应采用高热导率低热阻材料。如果功率半导体器件与散热器之间需要绝缘,应该采用高热导率的绝缘材料,如硅橡胶、云母片、氧化铍等绝缘材料。如功率半导体器件与散热器之间不需要绝缘,应采用高热导率的低阻填隙材料,如硅油脂等专用材料。

(3) 安装功率半导体器件于散热器表面时,紧固力矩要平衡、恰当,尽量增大接触面积。用螺栓紧固器件时,要保证用力平衡,扭力适当,既保证可靠紧密固紧,以减少接触热阻,又不可产生塑性变形。一旦用力过大而产生塑性变形,表面失去弹性力,接触热阻反而增加。紧固螺栓时首先是每个螺栓拧转 1/4 圈,然后再均匀依次用力将所有螺栓紧固,使导热硅脂从接触面缝隙四周稍微溢出才算合适。如果有一边没有溢出,说明用力不均匀,接触热阻会大,应松开重涂导热硅脂,再均匀挤压。

固定大功率半导体器件时,最好使用带力矩指示的专用工具实施操作,以示用力均衡、适当。在同样的散热环境下,安装工艺不当,半导体器件的温升会出现明显的差异。

(4)散热器的安装方向要顺从气流方向。安装散热器部件(带功率半导体器件的散热器)时,要注意安装方向。自然冷却时应使散热器的断面平行于水平方向,强制风冷时应使气流的流向平行于散热器的叶片方向。

(5)散热器部件要对准风道。采用风机强制冷却散热时,散热器部件要对准风道,风阻要小,而且要有足够的风速、气流量,加快热量的转移速度,增强散热效果。

6.5 强制风冷设计

在功率密度较大或功率等级为数百瓦到数百千瓦的开关电源中,自然对流已无法满足电源的散热需要,只能选择液冷散热方式或强迫风冷。由于液冷散热方式系统复杂、维护困难、成本高,在开关电源中较少使用。因此,对于功率等级为数百瓦到数百千瓦的开关电源,一般采用强迫风冷进行散热。

6.5.1 风扇的选择

轴流式风扇,因其风量大、风压低、噪声低、振动小、运行可靠,且种类繁多、价格便宜,常被用于开关电源中。

风冷的原理是通过冷却风扇抽风,使从进风口进来的冷空气,流经电源机箱并吸收电源机箱内的功率半导体器件散发出的热量,热空气再从出风口流出机箱。需要的风量、总耗散热量及空气温升之间的关系为

$$q_m = \frac{Q}{\Delta T C_p} \tag{6.23}$$

式中,q_m 为空气的质量流量,kg/s;Q 为开关电源中的总发热量(为电源最恶劣工作状况下的损耗,可根据电源整机效率计算),W;C_p 为空气的定压比热容,J/(kg·℃),常温下取 $C_p = 1\,005$ J/(kg·k);ΔT 为风机出、进风口的空气温差,℃。

另外,空气的体积流量与其质量流量的关系为

$$q_v = 60 q_m \gamma^{-1} \tag{6.24}$$

式中,q_v 为空气的体积流量,单位为 m³/min;γ 为空气密度,单位为 kg/m³,常温常压下取 $\gamma = 1.23$ kg/m³。

根据风量 q_v 可以算得电源内部风速 v_{ch} 的大小为

$$v_{ch} = \frac{q_v}{60 S} \tag{6.25}$$

式中,v_{ch} 为风速,m/s;S 为风口面积,m²。

根据式(6.24),可以计算出系统所需要的风扇风量 q_v。由于系统中存在风阻,风扇的

最大风量一般为所需风量的 1.5 ～ 2 倍比较可靠。再结合风扇的风压、体积、噪声、成本、寿命等参数,可以先初选出可行的风扇,然后再根据实验情况来最终确定。

如果选择不到合适风扇,可以采用风扇的串联、并联方式解决。当系统中风压不够时,可采用风机串联的工作方式,以提高其工作压力。风机串联时,其风机特性曲线发生变化;风量上是每台风机的风量(略有增加),而风压则为相同风量下两台风机风压之和。当风道特性曲线比较平坦,需增大风量时,可采用并联系统,当风机并联使用时,其风压比单个风机的风压稍有提高,而总的风量是各风机风量之和,并联系统的优点是气流路径短,阻力损失小,气流分布比较均匀,但效率低。

另外,为了提高冷却风扇的使用寿命,可以让风扇在电源轻载时不工作,或检测电源内部温度,当温度达到一定值时,再启动风扇工作。

6.5.2　吹风与抽风选用原则

当系统中热量分布不均匀,需要对专门区域进行集中冷却时,采用吹风方式,出风口直接对准被冷却部分,风量集中,风压大;系统中为正压,灰尘等不易进入。缺点是风速不均匀,存在死区(低速区),根据进风的不同,还可能存在局部回流区。

当系统中阻力较大且热量分布较均匀时,可以采用抽风方式。系统使用抽风方式时不存在死区,风速均匀,能较均匀地流过被冷却表面;不利的是系统中为负压,在恶劣环境中灰尘容易进入,风扇所处的环境温度相对较高,影响其使用寿命。

6.5.3　设计风道时的注意事项

电源设备产生损耗的主要器件为功率半导体器件和电感、变压器。功率半导体器件损耗功率密度很大,必须采用散热片和强制风冷,才能将热量顺利传导出去。电感、变压器都是由线圈和磁芯构成,自身损耗较大,且内部温度高,热量不易散发出来,也需要冷却风尽量集中流过电感、变压器,才能有效降低温度。

为了使电源系统能具有良好的散热风道,在设计整机布局时,必须遵循一定的原则,以使整机具有较好的散热条件,具体如下:

(1) 根据风扇类型及风量的大小,合理地进行风量分配、确定进出风口的大小。箱体的进出风口的开孔在不影响外观的情况下,应使开孔面积尽量大,维持较高的开孔率,以降低系统风阻和噪声。

(2) 主要功率半导体器件可以集中固定在一个或多个散热片上,元件之间留有一定的空间,以利于通风和散热。

(3) 应将不发热和发热量小的元件排列在气流的上游(进气口段),发热量大或者耐温高的元件排列在气流出口段。

(4) 应引导气流冲击散热器表面,造成扰动,从而形成紊流,以加强散热效果。但不应使气流压头损失过大,流速下降过多,以免降低散热效果。

(5) 设计风道时应尽量使其短而直,尽可能避免风道进出口的突然扩张和收缩,防止风压的急剧变化,使气流流动顺畅。

(6) 整体风道布局设计,应尽量避免出现回流现象。为提高冷却风的利用率,可以采用风道纸,使得风量可以集中经过需要散热的主要功率半导体器件周围,同时也可以减少风量浪费,提高风扇进风的利用率。

(7) 选择风扇固定方式时,要充分考虑到振动、噪声和防尘问题。

(8) 安装风扇时,要注意风道对散热效果的影响。图 6.8 中给出了 4 种方式,其中:

(a) 中气流平行于散热器表面流过,流场以层流为主,因此散热效果欠佳。

(b) 中气流被挡板引导冲向散热器,造成了扰动,在散热器表面形成紊流,因此其传热效果明显改善。另外,由于风道的约束,空气的流速会比(a) 中高,这也是热阻小的原因之一。

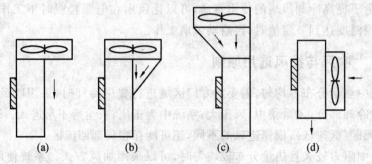

图 6.8 风道对散热效果的影响示意图

(c) 中空气的流速也较高,但风道的引导并未使气流冲向散热器,而是冲向风道的另一侧挡板。由于不能在散热器表面形成紊流,因此同(b) 相比,其散热效果并不好。

(d) 中气流直接冲击散热器表面,在流场中造成很大的扰动,在散热器表面形成广泛的紊流区域,因此散热效果最好。

(9) 风扇的放置位置不同,对风扇的寿命也有一定影响。风扇前置,风扇入口为冷风,寿命较长,但在前面较容易听到噪声。风扇后置,风扇入口为热风,会引起风扇轴承内部润滑油被加热而加速挥发,缩短风扇寿命;但后置噪声小,对使用人员影响小。

第 7 章　　开关电源并联均流技术

随着电力电子技术的发展,开关电源被广泛应用于通信、工业生产、军事、航天等领域,涉及国民经济的各行各业。由于各种电子装置对电源功率的要求越来越大,因此开关电源向更大功率方向发展,研制高功率密度、高可靠性的大功率电源系统已成为必然趋势。

同时,随着对电源系统性能要求的不断提高,分布式电源供电方式成为电力电子技术的研究热点。相对于传统的集中式电源系统,分布式电源系统利用多个中、小功率的电源模块并联来组建积木式的大功率电源系统;在空间上各电源模块接近负载,供电质量高;可以通过改变并联电源模块的数量来满足不同功率的负载要求,设计灵活,可以标准化、易于维护;每个模块承受较小电应力,开关频率可以达到兆赫级,也有利于提高供电系统的功率密度。

大功率负载需求和分布式电源系统的发展,都使得开关电源并联技术的重要性日益增加。然而,一般情况下是不允许电源输出间直接进行并联的,必须采取均流技术以确保每个电源模块分担相等的负载电流。否则,并联的电源模块有的轻载运行,有的重载甚至过载运行,输出电压低的电源模块不但不为负载供电,反而成了输出电压高的电源模块的负载,热应力分配不均,极易损坏。

7.1　　并联电源系统概述

大功率电源系统可以由单台大功率电源单独构成,也可以通过多台开关电源并联运行的方式来构成。由单台电源单独构成的大功率电源系统,采用单一电源向负载供电,其优点是结构简单,成本低。但由于需要处理的功率比较大,在设计和制造时存在很多困难(如功率器件的选择、开关频率和功率密度的提高等),成本也不合算。另外,一旦电源发生故障,将导致整个电源系统崩溃。

7.1.1　　并联供电方式介绍

如果通过多台开关电源的并联,来构成大功率电源系统,则可克服单台电源单独构成大功率电源系统存在的缺点。

图 7.1 中给出了典型的开关电源并联供电系统结构示意图,每个并联电源模块都由 EMI 滤波器、PFC 变换器和 DC/DC 变换器等部分组成。各并联电源模块从交流输入母线获得输入电能,各并联电源模块的输出汇总到输出母线,负载从输出母线上获取所需电能。每个并联电源模块的功率为负载所需功率的 $1/N$,运行时每个电源模块平均承担负

载功率。如果某一个电源模块发生故障,供电并不会中断,仅是最大供电能力有所降低,不会严重影响负载的正常工作。与由单台大功率电源单独构成大功率电源系统相比,电源总功率相同,但电源数量多,总成本会有所上升。

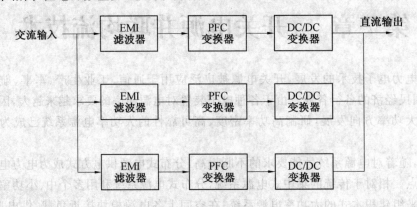

图 7.1　开关电源并联系统结构示意图

如果适当增加并联的电源模块数量,通过并联还可以获得冗余功率。所谓冗余是指由 $N+n$ 个电源模块并联,其中 N 台电源用以供给负载所需电流,n 台电源为后备(或称为冗余)模块,当正在工作的电源模块出现故障时,后备电源模块投入运行,这样正在工作的 N 台电源模块中即使有 n 台同时发生故障,电源系统也仍能保证提供 100% 的负载电流。

通过增加并联的电源模块数量获得了冗余功率,为了使并联供电系统具有冗余功能,并联的电源模块还需要具有热更换功能,即在保证系统不间断供电情况下,更换系统的失效模块。

7.1.2　并联电源系统特点

相对于由单台电源单独构成的大功率电源系统,开关电源并联系统具有如下特点:

(1)热设计简单。由于开关电源并联系统将负载功率均匀地分布在各个并联的电源模块中,每个电源模块只需要为系统提供总功率的 $1/N$,这样电源模块的容量可以做得相对较小,热设计就变得比较容易。

(2)可靠性高。在开关电源并联系统中,尽管整个系统的电子器件数量增加了,但包括开关管在内的半导体器件的热应力与电应力减小,从而提高了整个系统的可靠性。

(3)具有冗余性。开关电源并联系统的一个重要特征是可以通过配置 $N+n$ 模块进行冗余,这在可靠性要求极高的计算机、航空、航天、军事等供电系统中具有重要意义。

(4)模块化。开关电源并联系统非常适合模块化电源设计,模块化使电源系统配置更加灵活,易于更新配置。如当一个供电系统需要增加功率时,可以简单地通过增加模块就能实现,缩短了系统的开发周期并能降低设计生产制造成本,有利于减少产品种类,便于产品标准化。

(5)可维护性。设计良好的开关电源并联系统能够实现故障模块自动切断与在线热插拔更换,可以实现在不中断系统工作的情况下对供电系统进行维护升级,提高了系统的可维护性。

(6) 轻便化。模块化电源可以做到更高的开关频率,更高的功率密度,从而可以减小变压器及相关滤波器件的体积,使电源模块变得更加小巧轻便。

通过开关电源模块并联,来构建大功率电源系统所具有的这些特点使其成为电源技术研究的热点与主要方向之一,也为实现大功率、高可靠性电源系统提供了可能。

7.1.3 并联电源系统的基本要求

对一个大功率电源系统,可能需要几个电源模块并联工作,而对于特大功率或者超大功率的应用场合,有可能需要数十个模块并联达到系统使用需求。设计这种并联供电系统时,应当能够使负载电流在各并联电源模块之间平均分配,即均分负载电流(简称均流)。

均分电流可以使得电源系统中的每一个电源模块都可以有效地输出功率并工作在最佳工作状态,避免有的电源模块输出功率较大(甚至满载)、有的电源模块输出功率较小(轻载甚至空载),进而保证各电源模块和电源系统工作的稳定性和可靠性。因此,对由若干个电源模块并联构成的电源系统,基本要求是:

(1) 各模块承受的电流能自动平衡,实现均流。

(2) 为提高系统的可靠性,应尽可能不增加外部均流控制措施,并使均流技术与冗余技术结合。

(3) 当输入电压或负载电流变化时,应保持输出电压稳定,并且均流的瞬态响应特性好。

7.1.4 衡量电流均分性能的主要指标

并联供电系统的负载均分性能通常是以负载不平衡度指标来衡量的,负载不平衡度越小意味着均分能力越好,各电源模块的输出电流与系统要求值越接近,离散性越小。有关国家标准规定,负载不平衡度的上限值为额定输出电流值的 5%。按照《通信用半导体整流设备》标准中描述的不平衡度,计算方法如下:

$$\delta_1 = (K_1 - K) \times 100\% \tag{7.1}$$
$$\delta_2 = (K_2 - K) \times 100\% \tag{7.2}$$
$$\cdots\cdots$$
$$\delta_n = (K_n - K) \times 100\% \tag{7.3}$$
$$K = \sum I / \sum I_H \tag{7.4}$$
$$K_1 = \sum I_1 / \sum I_{H_1} \tag{7.5}$$
$$K_2 = \sum I_2 / \sum I_{H_2} \tag{7.6}$$
$$\cdots\cdots$$
$$K_n = \sum I_n / \sum I_{H_n} \tag{7.7}$$

式中,$\delta_1, \delta_2, \cdots, \delta_n$ 分别为各个电源模块的负载不平衡度;$I_1, I_2, \cdots, I_n$ 分别为各个电源模

块所分担的负载电流值；$I_{H_1}, I_{H_2}, \cdots, I_{H_n}$ 分别为各个电源模块的额定输出电流值；$\sum I$ 为所有电源模块的输出电流总和。

由多个电源模块并联构成供电系统时，也经常使用均流精度来衡量并联供电系统均流性能的优劣。均流精度的定义为

$$CS_{\text{error}} = \frac{\Delta I_{\text{omax}}}{I_o/N} \tag{7.8}$$

式中，N 为电源模块的并联个数；I_o 为并联系统总的输出电流；ΔI_{omax} 为并联电源模块输出的最大电流值与最小电流值之差。

7.2 并联时采取均流技术的目的

按照电源的输出特性，可以将电源分为恒压电源和恒流电源两种。其中，恒流电源并联运行时是不需要采取任何均流技术的，这是因为恒流电源的反馈控制量本身就是输出电流，只要电流给定（可以是同一给定）相同，反馈系数可以做到差别很小，输出电流就能基本相同；恒压电源并联运行时是需要采取均流措施的，主要原因是这种电源输出特性属于恒压性质（一般把输出电压作为控制量，而不对输出电流做出控制），只要输出电压稍有差别就可以导致输出电流相差很大。

7.2.1 电源结构与外特性

恒压电源并联运行时需要采取均流措施，可以通过恒压电源的结构和输出特性来分析，图 7.2 给出了开关电源的一般结构图。

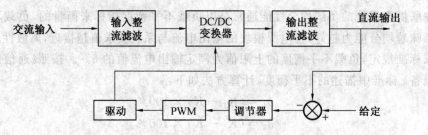

图 7.2 开关电源结构示意图

在图 7.2 中，使用的是电压型 PWM 控制技术，调节器一般都采用 PI 算法，为无静差调节器（如果采用电流型 PWM 控制技术，其外环电压调节器也大都是采用 PI 算法），能够保证输出电压的平均值与给定值相等。但需要说明的是这里所说的输出电压是指反馈环节取样点的电压，而不是负载两端的电压。

图 7.3 为一开关电源的外特性（或称输出特性）$U_o = f(I_o)$，R 为开关变换器的输出阻抗，其中也包括这个开关电源模块连接到负载的导线或电缆的电阻。当空载时，电源模块输出电压为 U_{omax}。显然，当电流变化量为 ΔI_o 时，负载电压变化量为 ΔU_o，故得 $R = \Delta U_o/\Delta I_o$，$R$ 即为该电源模块的输出阻抗。实际上，$\Delta U_o/\Delta I_o$ 指的是电源模块电流增加了 ΔI_o 时，电源模块输出电压的降落（ΔU_o）的大小，因此 $\Delta U_o/\Delta I_o$ 也代表开关电源的输出电

压调整率。

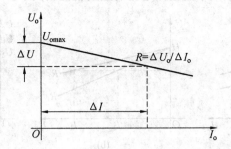

图 7.3　开关电源的外特性

由图 7.3 可见,开关电源的负载电压 U_o 与负载电流 I_o 的关系可用下式表示:

$$U_o = U_{omax} - RI_o \tag{7.9}$$

7.2.2　不均流原因分析

以两个恒压电源模块并联为例来分析恒压电源模块并联时不均流的原因,当两个这样的电源模块并联运行时,其等效电路可用图 7.4 表示。

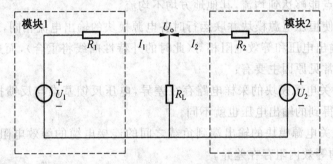

图 7.4　两个电源模块并联运行时的等效电路

在图 7.4 中,U_1、U_2 分别为电源模块 1、2 的最大输出电压,R_1、R_2 分别为电源模块 1、2 的输出阻抗(包括反馈环节取样点处到负载的连接导线电阻和端子的接触电阻,一般情况下其值很小),R_L 为负载等效电阻,U_o 为负载电阻两端的电压。对于每一个电源模块来说,根据式(7.9)其输出特性分别为

$$U_o = U_1 - R_1 I_1 \tag{7.10}$$
$$U_o = U_2 - R_2 I_2 \tag{7.11}$$

则

$$I_1 = (U_1 - U_o)/R_1 \tag{7.12}$$
$$I_2 = (U_2 - U_o)/R_2 \tag{7.13}$$

由式(7.12)、式(7.13)可知,各电源模块输出电流是由等效电压源的输出电压 U_1、U_2 与电阻 R_1、R_2 共同决定的。图 7.5 给出了两个开关电源模块并联运行时的输出特性曲线图。

当 $R_1 = R_2$、$U_1 \neq U_2$ 时,引起电源模块不均流的情况可用图 7.5(a)说明。由于等效电阻 R_1、R_2 很小,输出电压很小的差别就会引起输出电流很大的差别(两个很小的数相除就可能是一个比较大的数），于是输出电流的差别就比较大了。

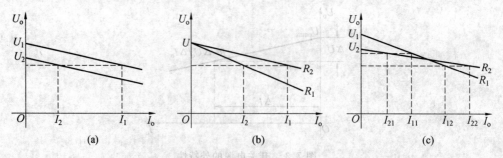

图 7.5　两个开关电源模块并联运行时的输出特性曲线

当 $R_1 \neq R_2$、$U_1 = U_2$ 时，引起电源模块不均流的情况可用图 7.5(b) 说明。当负载电压为某一数值时，负载电流按两个模块的外特性倾斜率（即电压调整率）分配，由于斜率不相等，电流分配也不相等，可以看出等效电阻 R_1、R_2 的差别也会引起输出电流的极大不均流。

当 $R_1 \neq R_2$、$U_1 \neq U_2$ 时，电源模块不均流的情况如图 7.5(c) 所示。由图 7.5(c) 可以看出，仅存在一点能够达到均流，其他地方均不均流。

可见，要想使恒压电源模块并联运行时各电源模块的输出电流相同，就必须保证各并联电源模块的输出电压和等效电阻相等（此时的外特性曲线将重合），而这在实际使用时是不易做到的，常见原因主要有：

（1）不同开关电源模块的采样电路存在差异，电压反馈基准与反馈控制系统也不尽相同，反馈控制得到的输出电压也就不同。

（2）不同开关电源模块的输出端到负载之间的连接电缆的等效电阻并不完全一致，造成电源模块的等效内阻存在差异。

（3）不同开关电源模块内部元器件参数的固有差异，如开关管导通压降、滤波电感值等不同引起的模块输出不一致。

通过以上分析可知，一般情况下是不允许将电源模块的输出端直接并联使用的。若要并联使用，就必须采用均流技术确保每个并联电源模块均匀分担负载电流。

所谓均流技术，就是指对电源系统中的各个并联电源模块的输出电流进行有效控制，使电源系统输出的负载总电流能够在各电源模块中按照各个电源模块的功率份额平均分配，是保证电源系统的稳定性和可靠运行的一种特殊措施。

7.3　常用均流方法

如果能设法将并联电源系统中各电源模块的外特性调整得近似一致，则可使各电源模块的输出电流分配接近均匀。使电源模块外特性近似一致的方法有：

（1）尽量使用性能和参数一致的器件，并使结构和安装尽量对称。

（2）利用反馈控制的方式，调整各电源模块的外特性，使它们接近一致。

后者就是均流技术的基础,均流技术有很多种,根据各并联电源模块间是否存在相互联系,可以分为两大类,即下垂法和主动均流法。采用主动均流法时,并联电源模块由一条均流母线(Current Sharing Bus)联系起来;而采用下垂法时,则没有均流母线。主动均流法根据控制电路的结构和并联电源模块间连接方式的不同,还可以继续划分。

7.3.1 下垂法

下垂法(又叫斜率法、输出阻抗法,也有文献称之为电压调整率法)是一种最简单的均流方法,其实质是利用本模块输出电流反馈信号或者在其输出端直接串联电阻,来改变电源模块的输出阻抗,使电源模块的外特性趋于一致(即调节外特性倾斜度),来达到各并联电源模块接近均流的目的。

用下垂法来实现均流的控制原理如图 7.6 所示,R_s 为电源模块输出电流检测电阻,电流检测信号经过电流放大器的输出 U_I($0 \sim 5$ V 电压),与电源模块输出电压的反馈信号 U_f 综合加到电压误差放大器的输入端。这个综合信号电压与基准电压 U_r 比较后,其误差经过放大得到 U_e,用于控制脉宽调制器及驱动器,以自动调节该电源模块的输出电压。

当某个电源模块输出电流增大得多时,该模块的 U_I 上升、U_e 下降,使该模块的输出电压随着下降,即外特性向下倾斜(输出阻抗增大),接近其他电源模块的外特性,使其他电源模块电流增大,从而实现近似均流。需要注意的是,在实现并联电源模块近似均流的同时,该模块的电压调整率也变差了。

此外,在电源模块输出端与负载之间人为地串联一定阻值的电阻或人为地增加电源模块输出端与负载之间连接电缆的电阻,实质上也是一种调节输出阻抗以实现均流的方法。缺点为串联电阻会消耗额外电能。在一些功率较小的并联电源系统中,较为经济的办法是串联热敏电阻,其阻值随在电阻上消耗的热能(正比于模块输出电流)变化而改变,同样可以达到近似均流。

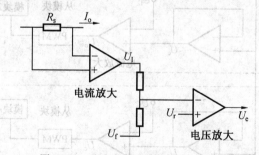

图 7.6 下垂法实现均流原理示意图

这个方法本质上属于开环控制,在小电流时电流分配特性差,重载时分配特性好一些,但仍是不均衡的。最大的特点是结构简单,各并联模块之间不需要建立联系,是均流控制方法中最简单的方法。但它的缺点也很突出:首先从原理角度分析下垂法实现均流的实质是改变电源模块的等效内阻,而在提高均流性能的过程中会造成电源的调整率下降,所以该方法并不适用于对电压调整率要求高的电源系统。其次它要对每个模块进行单独调节,尤其对于并联模块额定功率不同的情形,均流很难实现。

还应指出,影响下垂法均流效果的外在因素还有很多,如随着时间变化导致的元器件老化,元器件性能的差别,外部运行情况的差异,等等。因此在利用下垂法实现近似均流以后,电源系统运行了一段时间,若发生上述变化,则电流分配又不均匀,均流特性会大大下降。

7.3.2　主从均流法

所谓主从均流法,就是在并联的若干个电源模块中,事先人为指定其中一个电源模块为"主模块",而其余各电源模块跟随主模块分配电流,称为"从模块",其控制原理如图7.7所示。

图 7.7 中的每个电源模块都是双环控制系统,设电源模块 1 为主模块,工作于电压源方式。其中,U_r 为主模块的基准电压,U_f 为输出电压反馈信号,经过电压误差放大器得到误差电压 U_e,它是主模块的电流基准,与 U_{I1}(反映主模块输出电流 I_1 的大小)比较后,产生控制电压 U_c,控制脉宽调制器和驱动器(图中未画出驱动器)工作。于是主模块输出电流按电流基准 U_e 调制,即主模块输出电流近似与 U_e 成正比。

所有从模块的电压误差放大器都接成跟随器的形式,其输入信号为主模块的电压误差信号 U_e,于是从模块的电压误差放大器即跟随器的输出均为 U_e,它是各从模块的电流基准,因此所有从模块的输出电流都按同一电流基准值调制(相当于工作在电流源方式),与主模块电流基本一致,进而实现了均流。

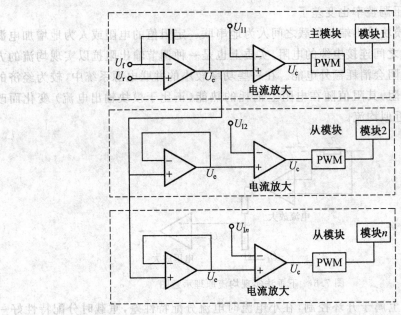

图 7.7　主从均流法控制原理示意图

由以上分析可知,主从均流法仅适用于采用电流型 PWM 控制技术的并联电源系统。这种均流法的优点是:均流精度很高,控制结构简单;主要缺点是:主从模块之间必须有通信联系,使系统复杂;如果主模块失效,则整个电源系统不能正常工作,因此这个方法不适用于冗余并联系统。

此外,由于系统在统一的误差电压控制下,任何非负载电流引起的误差电压的变化,都会导致各并联电源电流的再分配,影响均流的实际精度。因此通常希望主控电源电压取样反馈回路的带宽不宜太宽,主从电源模块间的连接应尽量短。

7.3.3　平均电流自动均流法

平均电流自动均流法的控制原理如图 7.8 所示,U_I 为电流放大器的输出信号,和该电源模块的输出电流成比例。各并联电源模块检测到的输出电流经电流放大器输出端(如图中的 a 点),通过一个电阻 R 接到一条公用母线上,该母线即为均流母线 CSB。

对两个电源模块($n=2$)并联的情况,设 U_{I1} 及 U_{I2} 分别为对应模块 1 和 2 的电流信号,均流母线电压为 U_b。U_{I1} 及 U_{I2} 经过阻值相同的电阻 R 接到均流母线 CSB 上,可得下式:

$$(U_{I1} - U_b)/R + (U_{I2} - U_b)/R = 0 \qquad (7.14)$$

即

$$U_b = (U_{I1} + U_{I2})/2 \qquad (7.15)$$

可见,均流母线电压 U_b 是 U_{I1} 和 U_{I2} 的平均值,也代表了模块 1、模块 2 输出电流的平均值(即代表并联电源系统的平均电流)。

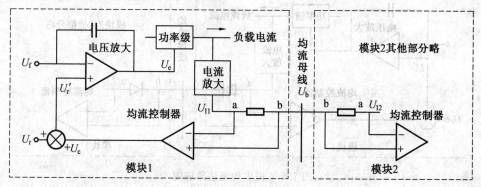

图 7.8　平均电流法自动均流控制原理图

U_I 与 U_b 之差则代表了均流误差,可通过均流控制器输出一个调整用的电压 U_c,从而调节模块单元的输出电流,实现均流。当 $U_I = U_b$ 时,电阻 R 上的电压为零,表明这时已实现了均流。此时,基准电压将不需要修正,即 $U_r = U'_r$。

当 $U_I \neq U_b$ 时,电阻 R 两端产生一个电压,说明模块间电流分配不均匀,这时基准电压将按下式修正:

$$U'_r = U_r \pm U_c$$

这样,通过改变 U'_r 来调节输出电流,进而达到均流的目的。这就是按平均电流法实现自动均流的原理。

平均电流法可以精确地实现均流,但应用时会出现一些特殊问题。例如当均流母线发生短路或接在母线上的任一电源模块不工作时,使均流母线电压下降,结果促使各电源模块输出电压下调,甚至达到下限值,从而会引起电源系统故障。而当某一模块的电流上升到其极限时,该模块的 U_I 大幅增大,也会使该电源模块的输出电压自动调节到下限。解决办法是增加切除电路,自动地把故障模块从均流母线上切除。

7.3.4　民主均流法

民主均流法亦称最大电流自动均流法，是一种自动设定主模块和从模块的方法，即在 N 个并联的电源模块中，事先没有人为设定哪个电源模块为主模块，而是在运行时，通过输出电流的大小排序，输出电流最大的电源模块自动成为主模块，其余的模块则为从模块。因此，该方法又称为"自动主从均流法"。

相对于平均电流法，实现时可用二极管代替图 7.8 中连接在电流放大器和均流母线之间的电阻 R（连接时 a 点接二极管阳极，b 点接二极管阴极），如图 7.9 所示。

由于二极管的单向导电性，只有输出电流最大的那个电源模块中的二极管才能导通，其 a 点方能通过它与均流母线相连。设正常情况下，各电源模块分配的电流是均衡的。如果某个电源模块的输出电流突然增大，成为并联电源模块中输出电流最大的一个，那么该电源模块的 U_1 上升、自动成为主模块，其余各电源模块为从模块。由前述所知，这时，$U_b = U_{1max}$，而各从模块的 U_1 与 U_b（即 U_{1max}）比较，通过调整放大器调整基准电压，跟踪基准信号，达到跟踪主模块输出电流，进而达到均流的目的。

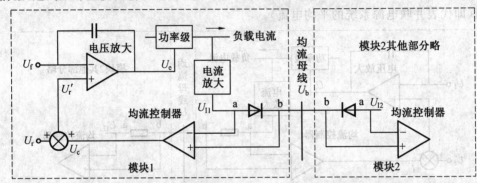

图 7.9　民主均流法原理图

由于二极管总有正向压降，主模块的均流会有误差，而从模块的均流则是较好的。同时，均流母线开路或短接都不会影响各电源模块独立工作。

民主均流法是平均电流均流法与主从均流法两种均流方式的结合，并在其基础上做了进一步的技术改进。此方法中，输出电流最大的电源模块作为主模块，其他的为从模块，但是主模块并不是固定不变的，而是根据电源系统中各电源模块的输出电流的大小来决定的，每一时刻输出电流最大的电源模块作为主模块。与平均电流均流法所不同的是，并不是每个电源模块都参加了均流控制工作，只有主模块参与了均流控制。

7.3.5　热应力自动均流法

热应力自动均流法是一种综合考虑电源模块输出电流与热应力来实现自动均流的方法。

其实现原理为：将电流采样值经处理电路后输出一个与温度相关的电压值，以此电压值为基础进行均流控制。即热应力自动均流法是按每个电源模块的输出电流和温度（即热应力）来自动调整电源模块的输出电流的，其控制原理如图 7.10 所示。

在图 7.10 中,通过电流传感器检测该模块输出到负载的电流,并使其大小与电源模块运行温度 T、电源模块输出电流 I 之间满足如下关系:

$$U_1 = kIT^\alpha \tag{7.16}$$

式中,k 与 α 为常数。将 U_1 通过电阻 R_1 接到均流母线,母线电压 U_b 与并联电源模块数 n、各电源模块的输出电流检测值之间存在如下比例关系:

$$U_b = (U_{I1} + U_{I2} + \cdots + U_{1n})/n \tag{7.17}$$

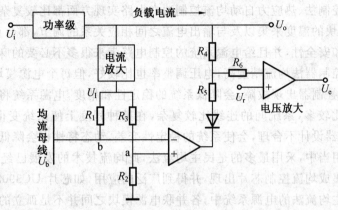

图 7.10　热应力自动均流法原理示意图

如果某个并联电源模块的输出电流较小或其模块温度较低,则该电源模块所产生的输出电流检测值 U_1 经 R_3、R_2 组成的分压电路后,在电桥 a 点产生的 U_a 较小,即 $U_a < U_b$,导致电压放大器反相输入端电位降低,输出电压 U_e 增加,则该模块的输出电压上升,输出电流增加,并使 U_a 接近 U_b。

可见,热应力自动均流法是由每一个电源模块的输出电流大小和模块运行温度共同决定了并联电源模块间的均流程度。由于模块运行温度也参与了均流控制,因此各并联电源模块的输出电流是不一定相等的,所以该方法的均流精度较低。

使用热应力自动均流法来设计并联电源系统时,能够根据运行温度的高低,合理地分配各电源模块的输出电流,就不必考虑各电源模块在柜内的安装情况。因为在整个电源系统的装配中各电源模块所安装的位置并不完全相同,所以各电源模块中的空气对流情况与散热情况也会不同,就会导致有的电源模块工作温度高,有的工作温度低。此外,因为回路带宽窄、对噪声不敏感,在设计时对噪声的屏蔽并没有特殊要求。

7.4　常用均流方法比较

在本章 7.3 节中,介绍了下垂法、主从均流法、平均电流自动均流法、民主均流法以及热应力自动均流法。除此之外,还有强迫均流控制法、外加均流控制器法等其他均流方法。

在这些均流方法中最为简便,应用也还比较广泛的就是下垂法。下垂法本质上属于开环控制,实现均流比较容易,不需要添加均流母线和外加均流控制器,电路简单。但是这种均流方法的均流精度并不高,若希望实现电源系统的精确均流,并不适合采用此均流方法。由于该均流方法在实现近似均流的同时,会造成电压调整率的下降,因此该方法也不适用于对电压调整率要求较高的电源系统。

主从均流法和平均电流自动均流法虽然都能实现比较精确的均流,但都不能实现冗余,从而无法保证电源系统在某个电源模块出现故障时的正常工作,电源系统的安全性和可靠性无法得到有效保证。

强迫均流控制法、热应力自动均流控制法在电路实现方面都比较复杂,监控模块的设计衔接,电源模块的温度采集以及与输出电流之间相应关系的调节,都会直接影响着电源系统的可靠性和安全性,并且给电源系统的控制电路带来很多不必要的麻烦。

外加均流控制器法均流精度高,电压调整率也比较好,但每个电源模块需外加一个均流控制器,一旦控制器出现故障,会降低系统的稳定性和精度,电源系统将无法正常工作;如果并联模块比较多,系统间的连线比较复杂,在某种程度上使系统变得不太可靠。同时,若均流控制器设计不合理,会使系统的稳定性变差,动态特性也会降低。

在实际应用当中,采用最多的是民主均流法,此均流技术的发展已经较为成熟,并且已经有相应的集成均流控制芯片出现,并得到广泛的应用,如芯片 UC3902、UC3907 等。

在采用民主均流法的电源系统中,各并联电源模块之间并不是孤立的,必须采用一条公用的均流母线衔接起来。该方法具有主从均流法的均流效果,但与主从均流法不同的是其主模块是随机变化的,总是输出电流最大的为主模块。除此之外,该均流方法还能很容易地实现冗余系统设计,采用 $N+n$ 的冗余方式,其中出现故障的电源模块用备用电源模块替代,仍能保证系统的连续正常运行,从而能够有效地提高系统的可靠性和稳定性。缺点是由于充当主模块的电源模块一直处于切换中,会导致各个模块的输出电流产生低频振荡,需要通过设置合理的电路参数来解决这个问题。

随着技术的发展,会有越来越多的均流方法出现,但每种方法都不是完美的,因此设计时应综合考虑系统的性能指标、可靠性、成本等多方面因素,来选择适合的均流方法。

7.5　数字均流方法及实现

随着数字技术的发展和嵌入式处理器(如单片机、DSP 等)的普及,开关电源中也开始使用数字控制技术。如果结合开关电源的控制,同时利用数字控制技术解决开关电源并联运行时的均流问题,则可以克服各种传统的模拟控制均流方法存在的固有缺陷。

7.5.1　数字均流的基本原理

所谓数字均流,就是利用并联电源系统中各并联电源模块的采样部分检测每个电源模块的输出电流,然后由编写的均流程序来实现对所有并联电源模块工作状况的控制,使各电源模块的输出电流在允许的精度范围内。因此,数字均流是一种以嵌入式处理器为控制核心,利用均流程序来实现均流控制的方法。

采用平均电流法实现自动均流控制的原理框图如图 7.11 所示,其中通信单元和 AD

模块可以是数字控制器的一部分,也可以通过外接独立模块实现。数字控制器一般为带 PWM 口的单片机、DSP 等数字控制芯片及其外围电路;通信单元可以是 RS232、RS485、CAN 等常见通信方式的控制器及其外围电路,也可以是 WIFI、蓝牙等无线通信方式的控制器及其外围电路。

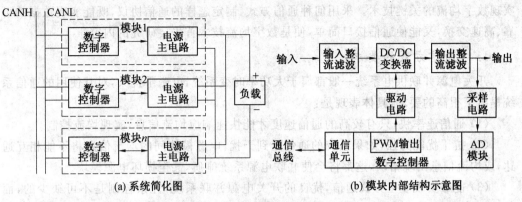

(a) 系统简化图　　　　　　　　　(b) 模块内部结构示意图

图 7.11　采用平均电流法实现自动均流控制的原理框图

具体工作原理如下:检测部分通过对电源系统中各个电源模块输出电流和输出电压的实时采样后,经过滤波、AD 转换等一些处理后变成相应的数字量,供均流程序使用,并来完成均流。在均流程序中,先对采样到的输出电流进行比较、求和等一些必要的处理,求得电源系统各电源模块的平均电流值,并在预先设定的系统精度内与单元模块输出电流值比较,若不在事先规定的精度范围内,均流程序通过微调相应模块的输出电压来改变其输出电流,直至调节到精度符合要求为止。

在均流过程中,电源系统实时检测各电源模块的运行状态,若有发生故障的电源模块出现,系统可及时将该模块切除,自动投入备用冗余模块,并发出故障报警信号。

可见,以上介绍的数字均流实现方法是通过通信的方式来获得电源系统所有电源模块的输出电流及其平均值,然后用这个平均值与各电源模块输出电流进行比较,再用比较的结果来调整各电源模块的输出电流。这样,就克服了采用传统模拟实现方法存在的固有缺陷,在实现精确均流的同时,还能够扬长避短,具有很大的优越性。

在并联电源系统中,当采用数字方式实现主从均流法时,主模块是通过与从模块通信的方式获得从模块的电流信息的,然后再通过通信将电流控制信息传递给从模块,每个模块都以此电流控制信息作为控制基准,从而实现均流控制。

采用传统主从均流法的并联电源系统,其系统可靠性主要由主模块的可靠性决定,如果主模块失效,将使整个电源系统无法正常工作,不适用于冗余并联系统。在采用数字方式实现主从均流法的并联电源系统中,可以利用 CAN 总线自动对通信优先权判断的特点,设置地址较低的模块优先权较高,因此系统正常工作时让地址最低的电源模块自动成为主模块,获得系统的主控权。采用这种数字通信的方式,可以实现主模块的自动切换,若主模块退出,则有新的模块被推为主模块,弥补了传统主从均流法的缺点。

7.5.2 实现数字均流方法的关键技术

要实现并联电源模块之间的自动均流,模块之间的数据交换是必需的功能。采用数字方式时,这种交换数据的简单形式一般就是通信。因此,并联模块之间的通信技术成为实现数字均流的关键技术。采用何种通信方式、制定怎样的通信协议,既能实现数据的可靠、高速交换,又能使通信接口简单,便是数字均流技术首先要研究的内容。

1.对通信方式的要求

开关电源并联供电系统一般都属于大功率时变系统,电磁干扰大,对其使用的通信系统提出了很高的要求,具体表现是:

(1) 通信速率快,只有较高的通信速度才能快速响应均流信息,实现均流控制。

(2) 抗干扰能力强,如果系统的通信受到干扰,电源模块间的均流信息将不能相互通达,或均流信息出现错误,这都将会使并联电源系统瘫痪,甚至损坏电源模块。

(3) 能够实现多主方式通信,优良的开关电源并联系统,冗余控制是不可缺少的,而采用数字均流方法只有通信系统能够实现多主控制,才有可能实现并联系统的冗余控制。

2.通信方式的选取

基于上述要求,一般选取 CAN 总线作为并联电源系统间的通信方式。CAN 总线属于串行通信网络,是一种被广泛应用的现场总线之一,设计初衷是应用于汽车电子领域,以解决汽车内部布线繁乱的问题,但随着 CAN 总线技术的不断发展与完善,CAN 总线开始被应用到自动化与工业控制当中。与一般的通信总线相比,CAN 总线的主要特点有以下几个方面:

(1) 实时性强,CAN 总线可以根据标识符设置总线使用优先权,这就可以在应用 CAN 总线通信时为重要信息配置高优先级,保证重要信息的优先处理。

(2)CAN 总线通信速度快,通信速度最高能够达到 1 Mbps。

(3) 传输距离远,CAN 总线通信能够在 10 km 的传输距离内稳定运行。

(4) 抗电磁干扰能力强,CAN 总线通过双线差分(CANH 与 CANL)进行通信,与一般的单线信号传输相比,抗电磁干扰能力大大增强。

(5) 无主从结构或多主结构,CAN 总线上的所有节点之间都可以不分主从相互传递信息。

(6) 节点数目多,CAN 总线最多可以挂靠 110 个节点,能满足多种设备之间的组网通信。

(7) 可靠性高,CAN 总线具有高可靠性,主要表现是具有很强的纠错检错容错能力,在信息发送错误的时候可以自动重发;且错误节点会自动退出总线通信,不影响整个系统的正常通信。

(8) 连接简单,CAN 总线只需使用双绞线就能获得很好的通信效果。

许多带有 PWM 口的单片机和 DSP 都有这类内置通信模块,选用这些 DSP 或单片机内的通信模块实现数据通信,无论对于增加可靠性,还是简化软硬件设计都会有很大的帮助。

3. 通信协议

为了实现并联电源模块之间的自动均流,需要通过并联电源模块之间的通信完成以下任务:

(1) 通过通信技术实现模块数自动检测,判断电源模块工作在单机运行模式还是多机并联运行模式(包括运行模块数)。

(2) 通过通信技术实现并联系统自动确定主从机关系(采用主从方式时需要),并可实现主从结构再分配,以克服集中控制可靠性不高的弊端。

(3) 通过通信技术实现均流信息的传递,并实现均流控制。

为此,在设计并联电源系统的数字均流实现方案时,为完成上述任务其通信协议的主要内容一般应包括:

(1) 每个模块都要拥有一个地址编码,模块地址编码不允许重复。例如,使用三位的地址码时,每个模块即可拥有一个三位的地址编码,且允许参加并机的模块总数不超过 8 个。

(2) 每个模块都以自身的地址码作为发送数据的优先级。

(3) 模块向外发送数据帧时,应包括自身的地址码信息。

(4) 所有的数据都以广播形式向总线发送,同时回收自己发送的数据,如发现发送和回收的数据不符,则立即重发。

(5) 模块在自身发送数据一定时间后,比如 10 ms,计算出并联的模块数,并求出所有采样电流的平均值,通知自身模块的控制环节。

(6) 模块检测到自身出现故障时,应及时切断输出,并退出通信。

7.5.3　数字均流方法的主要特点

基于数字控制技术的数字均流方法与传统均流方法(这里将用模拟方式实现的均流方法统称为传统均流方法)相比,有如下优势:

(1) 与传统均流方法多通过分立元件组成的模拟电子电路不同,数字均流方法是基于数字电路技术设计的,数字电路易于集成,简化了并联系统的硬件设计,又可不改变硬件通过修改软件来实现系统升级,实用性更强。

(2) 传统均流方法中,分立元件容易出现老化、零点漂移、温漂等问题,而数字均流方法中数字芯片与数字集成电路不存在这个问题或影响不大,有利于增强抗干扰能力,提高控制系统的可靠性。

(3) 容易实现故障单元模块的隔离,便于实现系统冗余和热插拔,系统的可靠性高。

(4) 易于实现各种先进的控制方法和智能控制策略,使得电源的智能化程度更高,性能更好。

(5) 可以提供故障查询和诊断功能,还可以通过通信端口,实现对电源系统的远程监控。

实践表明,数字均流技术可以达到很好的均流精度,提高并联电源系统的可靠性和容错能力,而且还能根据设定的比率实现电流的分配,灵活性强,精度高,扩展性强。此外,如果增加一些控制策略,将有助于实现均流冗余、故障检测、热拔插维修及模块的智能管理等。

总之,随着采用数字控制成本的逐步降低以及开关电源非线性控制理论和方法的不断完善和应用,开关电源的数字化和数字均流技术将获得越来越多的应用。

第8章 开关电源的可靠性设计

开关电源作为一个电子系统中的核心部件,需要日夜不停地连续运行,还有可能经受高、低温以及高湿、冲击等考验,运行中又往往不允许检修或只能从事简单的维护。因此,开关电源的可靠运行对保证电子系统的正常工作具有重要意义。

为此,开关电源的设计人员需要明确建立"可靠性"这个重要概念,把开关电源的可靠性作为重要的技术指标,认真对待开关电源的可靠性设计工作,并采取足够的措施来提高开关电源的可靠性。

另外,开关电源的可靠性设计是一个系统工程,不仅要考虑电源本身参数设计、电磁兼容设计,还要考虑电气设计、热设计、安全性设计、三防设计等方面。因为设计中无论哪一方面的疏忽,都可导致整个电源系统的崩溃与损坏。

8.1 可靠性定义、衡量指标及影响因素

1.可靠性的定义

可靠性一般定义为:产品在规定的条件下和规定的时间内,完成规定功能的能力。这个定义适用于一个系统,也适用于一台设备或一个单元。由此定义可知,产品的可靠性受"规定运行条件"的制约。例如,环境条件不同、工作方式不同,都会直接影响产品的可靠性。同样,产品的可靠性也与"规定的时间"有关。例如,产品经过老化筛选,在稳定工作相当长一段时间后,其可靠性会随时间的增加而降低。

对一个具体产品,它在规定的条件下和规定的时间内,能否完成规定的功能是无法事先知道的。也就是说,这是一个随机事件。因此,我们可以用产品完成规定功能的统计规律"概率"来描述可靠性,这就是可靠度。

可靠度[$R(t)$]:它是产品在规定的条件下和规定时间内完成规定功能的概率。例如:对 N 个产品进行实验,每经过 Δt 时间检查一次,每次检查出故障的产品数为 n_i,则在 T 时间内的可靠度 $R(t)$ 近似为

$$R(t) = (N - \sum_{i=1}^{T/\Delta t} n_i)/N$$

由上式可看出 $0 \leqslant R(t) \leqslant 1$,$R(t)$ 越接近于 1,产品的可靠性越高。

2.衡量可靠性的指标

衡量产品可靠性水平有好几种标准,有定量的,也有定性的,有时要用几种标准(指标)去度量一种产品的可靠性,但最基本、最常用的有以下几种。

（1）失效率 λ。它是产品在单位时间内的故障数，即：$\lambda = \mathrm{d}n/\mathrm{d}t$。工程上采用近似式，如果在一定时间间隔$(t_1 - t_2)$内，实验开始时正常工作的样品数为 n_s 个，而经过$(t_1 - t_2)$后出现故障样品数为 n 个，则这一批样品中每一个正常样品的失效率 λ 为

$$\lambda = n/[n_s(t_1 - t_2)]$$

失效率 λ 的数值越小，则表示可靠性越高。λ 可以作为电子系统和整机的可靠性特征量，也经常作为元器件和节点等可靠性特征量。其量纲为$[1/\mathrm{h}]$，国际上常用$[1/10^9\mathrm{h}]$作为 λ 的量纲。

（2）平均无故障工作时间 MTBF。MTBF 是指电子产品相邻两次故障之间的平均工作时间，也称为平均故障间隔时间。

对于一批电子产品而言：

$$\mathrm{MTBF} = \sum_{i=1}^{N} t_i/N \quad [\mathrm{h}]$$

式中，t_i 为第 i 个电子系统的无故障工作时间；N 为电子产品数量。

工程上，如一台整机实验时，总实验时间为 t，出现了 n 个故障。出现故障后修复，然后再进行实验，则 $\mathrm{MTBF} = t/n$。

平均无故障工作时间 MTBF 是开关电源的一个重要指标，用来衡量开关电源的可靠性。MTBF 数值越大，则表示该电源的可靠性越高。

（3）平均维修时间 MTTR。系统维修过程中每次修复时间的平均值，即

$$\mathrm{MTTR} = \sum_{i=1}^{N} t_i/M \quad [\mathrm{h}]$$

式中，t_i 为第 i 个电子系统的修复时间；M 为维修次数。

任何电子设备无论如何可靠，永远存在着维修问题，所以 MTTR 总是越小越好，因而实现方便快捷的维修或不停机维修具有重要意义。

（4）有效度（可用度）A。电子产品使用过程中可以正常使用的时间和总时间的比例，即

$$A = \mathrm{MTBF}/(\mathrm{MTBF} + \mathrm{MTTR})$$

A 值越接近 100%，表示电子系统有效工作的程度越高。

实际上，MTBF 受系统负载程度、成本等多方面因素的限制，不易达到很高的数值。尽量缩短 MTTR 同样也可以达到增加 A 的目的。对于高失效率单元，采用快速由备份单元带起失效单元的冗余设计，可以在 MTBF 不是很高的情况下使 MTTR 接近于 0，这样也可以使 A 近于 100%。

3. 影响开关电源可靠性的因素

影响开关电源可靠性的因素很多，从各研究机构的研究成果可以看出，环境温度和负载率对开关电源可靠性有很大的影响，尤其对元器件的失效率有显著影响，而元器件又直接决定了电源的可靠性。以下说明中 P_D 为使用功率、P_R 为额定功率、U_D 为使用电压、U_R 为额定电压。

（1）环境温度对元器件的影响。

环境温度对半导体、电容、电阻等元器件的可靠性均有很大影响。例如，当温度从

20 ℃ 增加到 80 ℃ 时,硅三极管在 $P_D/P_R=0.5$ 负荷设计条件下失效率增加了 30 倍,电容在 $U_D/U_R=0.65$ 负荷设计条件下失效率增加了 14 倍,电阻在 $U_D/U_R=0.65$ 负荷设计条件下失效率增加了 4 倍。其影响规律见表 8.1。

表 8.1　环境温度对各元器件可靠性的影响

环境温度 /℃	硅三极管失效率 /($\times 10^{-6}$ h^{-1})	电容失效率 /($\times 10^{-6}$ h^{-1})	电阻失效率 /($\times 10^{-6}$ h^{-1})
20	500	5	1
50	2 500	25	2
80	15 000	70	4

（2）负载率对元器件的影响。

负载率对元器件失效率的影响同样很明显。以电阻为例,在环境温度为 50 ℃ 条件下,其 P_D/P_R 对电阻失效率的影响见表 8.2。当 $P_D/P_R=0.8$ 时,失效率比 $P_D/P_R=0.2$ 时增加了 8 倍。

表 8.2　负载率对电阻可靠性的影响

P_D/P_R	失效率 /($\times 10^{-6}$ h^{-1})
0.2	0.5
0.4	1.2
0.6	2.5
0.8	4.0
1.0	7.0

同样,在环境温度为 50 ℃ 条件下,当 $P_D/P_R=0.8$ 时,半导体器件的失效率比 $P_D/P_R=0.2$ 时增加 1 000 倍。因此,在开关电源的设计和使用时,应尽量避免其负载率过大而导致电源故障。

8.2　提高可靠性的途径与设计原则

8.2.1　提高可靠性的途径

1.认真从事系统可靠性的设计

系统的结构很大程度上决定着它的可靠性,因此有必要合理设计系统结构。电子系统的可靠性模型大体上有 3 种形式。

（1）串联系统的可靠性模型。

串联系统是指它的每一个元件对于系统的正常工作都是必需的、不可或缺的,任何一个元件的失效都将导致系统工作不正常,可靠性模型如图 8.1 所示。

如果系统中有 n 种元件,每种元件的失效率为 $\lambda_i(i=1\sim N)$,则串联系统的总失效率为

$$\lambda_\Sigma = n_1\lambda_1 + n_1\lambda_1 + \cdots + n_N\lambda_N \tag{8.1}$$

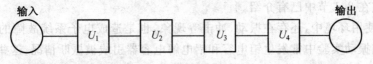

图 8.1　串联系统模型

总的无故障工作时间为

$$\mathrm{MTBF}_{\Sigma} = 1/(n_1\lambda_1 + n_1\lambda_1 + \cdots + n_N\lambda_N) \tag{8.2}$$

（2）并联系统的可靠性模型。

并联系统模型如图 8.2 所示。图中 U_1、U_2 均可单独地实现系统的功能，而且 U_1、U_2 任何一个单元出现故障，将自动（或手动）和输入、输出端断开，同时接人另一个互为备份的单元。

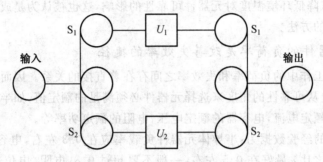

图 8.2　并联系统模型

显然，并联系统的任何一个单元的失效均不会影响系统的功能，只有在两个单元均失效时，系统才不能正常工作。

可见，在要求系统具有很高的可靠度的情况下，采用并联系统代替串联系统是提高电子系统可靠性的根本方法。当然，并联系统的成本将高于串联系统。

（3）混合系统的可靠性模型。

实际应用中，为了在成本和可靠性方面求得平衡，常常使用串联和并联混合系统。也就是对可靠度较低的单元采用并联系统，可靠度高的单元保持串联系统，如图 8.3 所示。

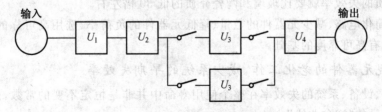

图 8.3　混合系统模型

可见，混合系统比串联系统可靠度要高，又比并联系统简单。

总之，高可靠性的复杂系统，一定要采用并联系统的可靠性模型。这样，系统内保有足够冗余度的备份单元，可以进行自动或手动切换，能保证长期工作的可靠性。

2. 改善使用环境，降低元器件的环境温度

电子系统的可靠性和使用环境如何有着极为密切的关系，其中环境温度对可靠性的

影响很大,这在 8.1 节中已有介绍。

在有些使用环境中,还存在振动、冲击等现象,也是造成电子系统故障的一个重要原因。例如,在振动实验中常发生钽电容和铝电解电容器引线被振断情况,这些就要求加固设计。一般可以用硅胶固定钽电容,给高度超过 25 cm 和直径超过 12 cm 的铝电解电容器加装固定夹,给印制板加装肋条。

电子系统在振动环境下,由于振动的疲劳效应及共振现象,可能出现电性能下降、零部件失效、疲劳损伤甚至破坏的现象。据统计,在引起机载电子系统失效的环境因素中,振动因素约占 27%。所以,对结构进行优化设计,提高设备的抗振动能力,也是保证电子系统性能和可靠性的重要手段。

当然,环境条件的改善往往受到使用场合的限制,在设计和生产中比较容易做得到的是重视通风冷却,降低环境温度对元器件可靠性的影响,这也被认为是成倍提高可靠性的最简便和最经济的方法。

3. 减少元器件的负荷率是改善失效率的捷径

元器件实际工作中的负荷率和失效率之间存在着直接的关系。因而,元器件的类型、数值确定以后,应从可靠性的角度来选择元器件必须满足的额定值,如半导体器件的额定功率、额定电压、额定电流,电容器的额定电压,电阻的额定功率等。

实际使用中的经验数据为:半导体元器件负载率应在 0.3 左右,电容的负载率(工作电压和额定电压之比)最好在 0.5 左右,一般不要超过 0.8,电阻、电位器负载率不超过 0.5。

4. 简化电路

由失效率的定义可知,元器件数量越多越不可靠。因此,在保证相同功能和使用环境的条件下,电路越简化,元器件越少,系统就越可靠。

应尽量采用集成化的器件,如一只集成电路可以代替成千上万只半导体三极管和二极管等器件,从而极大地提高了可靠性。

还应注意到选用高可靠性的元器件和品质档次的重要意义。例如:功能相似的电容器,云母介质的失效率就要比玻璃和陶瓷介质的低 30 倍左右。

总之,简化电路、减少元器件的数量、降低元器件的负荷率、选用高可靠的元器件,是保证系统具有高可靠度的基础。

5. 重视元器件的老化工作,减少系统的早期失效率

元器件、设备、系统的失效率在整个使用寿命中并非是恒定不变的常数,通常存在着如图 8.4 所示的"浴盆曲线"。

通常早期失效率会比稳定期的失效率高得多,原因是元器件制造过程中的缺陷、装机的差错、不完善的元器件出厂时漏检的不合格产品混入所致。因而一定要先使设备运行一个时期,进行老化,使早期失效问题暴露在老化期间。实际工作中,对可靠性要求较高的设备老化时间一般确定在 20~50 h 较为合适。

另外,任何电子系统都不可能 100% 地可靠。设计中应尽量采用便于离机维修的模块式结构,并预先保留必要数量(通常为 5%)的备件,以尽量缩短平均维修时间 MTTR,

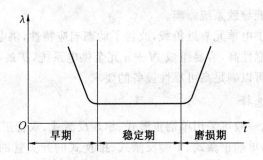

图 8.4　失效率与时间的关系曲线

也可使有效度接近 100%。

8.2.2　可靠性设计原则

从上面的分析可以得到开关电源可靠性设计应遵循的原则如下：

（1）可靠性的设计指标应包含定量的可靠性要求。

（2）可靠性设计应与器件的功能设计相结合，在满足器件性能指标的基础上，尽量提高器件的可靠性水平。

（3）应针对器件的性能水平、可靠性水平、制造水平、研制周期等相应的制约因素进行综合平衡设计。

（4）在可靠性设计中，应尽可能采用国内外成熟的新技术、新结构、新工艺和新原理。

（5）对于关键性的元器件，采用并联方式，保证此单元有足够的冗余度。

（6）原则上要尽可能减少元器件的使用数目。

（7）在同等体积下应尽可能采用高额定度的元器件。

（8）选用高质量等级的元器件。

（9）原则上不采用或尽量少用电解电容。

（10）对电源进行合理的热设计，控制环境温度，不致因温度过高导致元器件的失效率增加。

（11）应尽量采用硅半导体器件，少用或不用锗半导体器件。

（12）应采用金属封装、陶瓷封装、玻璃封装的器件，禁止选用塑料封装的器件。

8.3　开关电源电气可靠性设计

开关电源的设计是一个系统工程，不但要考虑满足电源自身各项技术参数的要求，还要充分认识到电源可靠性设计的重要性。

1. 供电方式的选择

供电方式一般包括集中式供电系统和分布式供电系统，集中式供电系统各输出之间的偏差以及由于传输距离的不同而造成的压差降低了供电质量，而且应用单台电源供电，当电源发生故障时可能导致系统瘫痪。

分布式供电系统供电单元靠近负载,改善了动态响应特性,供电质量好、传输损耗小、效率高、节约能源、可靠性高,容易组成 $N+n$ 冗余供电系统,扩展功能也相对容易,所以采用分布式供电系统可以满足高可靠性设备的要求。

2.电路拓扑的选择

设计开关电源时,一般可采用单端正激式、单端反激式、双管正激式、推挽式、半桥、全桥等拓扑结构。其中,单端正激式、单端反激式、推挽式的开关管的电压应力在两倍输入电压以上,如果按 60% 降额使用,则使开关管不易选型。

在推挽和全桥拓扑中可能出现单向偏磁饱和,使开关管损坏,而半桥电路因为具有自动抗不平衡能力,所以就不会出现这个问题。

双管正激式和半桥式电路开关管的电压应力仅为电源的最大输入电压,即使按 60% 降额使用,选用开关管也比较容易。因此,在高可靠性工程上一般选用这两类电路拓扑。

3.控制策略的选择

目前,在开关电源设计过程中人们经常选用电流型PWM控制和电压型PWM控制两种方法。

在中小功率的电源中,电流型 PWM 控制是大量采用的方法,它较电压型 PWM 控制有如下优点:逐周期电流限制,不会因过流而使开关管损坏,可大大减少过载与短路故障;优良的电网电压调整率;迅捷的瞬态响应;环路稳定、易补偿;纹波比电压控制型小得多。例如,电流控制型的 50 W 开关电源的输出纹波可控制在 25 mV 左右,远优于电压型 PWM 控制。

4.功率因数校正技术

交流输入的开关电源,输入侧一般采用不控整流加电容滤波的方式,使得输入电流波形畸变(输入电流呈脉冲波形),含有大量的谐波分量,导致功率因数很低。由此带来的问题是:谐波电流污染电网,干扰其他用电设备;在输入功率一定的条件下,输入电流较大,必须增大输入断路器和电源线的量;三相四线制供电时中线中的电流较大,由于中线中无过流防护装置,有可能过热甚至着火,引发事故。

有效的解决途径是在设计开关电源时,采用有源功率因数校正技术(见本书第 5章)。有源功率因数校正技术的采用,不仅可提高功率因数、减少谐波污染,而且也有助于提高开关电源的可靠性。

5.元器件的选用

因为元器件直接决定了电源的可靠性,所以元器件的选用非常重要。

(1)选用制造质量合格的元器件。

元器件质量问题造成的失效与工作应力无关。质量不合格的元器件可以通过严格的检验加以剔除,在工程应用时应选用定点生产厂家的成熟产品,不允许使用没有经过认证的产品。

(2)选用经过筛选实验合格、可靠性高的元器件。

元器件可靠性问题即基本失效率的问题,这是一种随机性质的失效,与质量问题的区别是元器件的失效率取决于工作应力水平。在一定的应力水平下,元器件的失效率会大大下降。

为剔除不符合使用要求的元器件,包括电参数不合格、密封性能不合格、外观不合格、稳定性差、早期失效等,应进行筛选实验。这是一种非破坏性实验,通过筛选可使元器件失效率降低 $1\sim 2$ 个数量级。当然筛选实验代价(时间与费用)很大,但综合维修、后勤保障、整架联试等还是合算的,研制周期也不会延长。开关电源主要元器件的筛选实验一般要求如下:

① 电阻在室温下按技术条件进行 100% 测试,剔除不合格品。

② 普通电容器在室温下按技术条件进行 100% 测试,剔除不合格品。

③ 接插件按技术条件,抽样检测各种参数。

④ 半导体器件按以下程序进行筛选:目检 → 初测 → 高温储存 → 高低温冲击 → 电功率老化 → 高温测试 → 低温测试 → 常温测试。

筛选结束后应计算剔除率为

$$Q = n/N \times 100\%$$

式中,N 为受实验样品数;n 为被剔除的样品数。

如果 Q 超过标准规定的上限值,则本批元器件全部不准使用,并按有关规定做报废处理。

(3) 元器件选用原则。

① 尽量选用硅半导体器件,少用或不用锗半导体器件。

② 多采用集成电路,减少分立器件的数目。

③ 开关管选用功率 MOSFET,能简化驱动电路、减少损耗。

④ 输出整流管尽量采用具有软恢复特性的二极管。

⑤ 应选择金属封装、陶瓷封装、玻璃封装的器件,禁止选用塑料封装的器件。

⑥ 集成电路必须选用符合所设计开关电源使用领域相关标准要求的产品,如军品电源中的集成电路就必须选用军品等级的。

⑦ 设计时尽量少用继电器,确有必要时应选用接触良好的密封继电器。

⑧ 原则上不选用电位器,必须保留的应进行固封处理。

⑨ 吸收电容与开关管和输出整流管的距离应尽量近,因流过高频电流,故易升温,所以要求这些电容器具有高频低损耗和耐高温的特性。

⑩ 钽电解电容温度和频率特性较好,耐高低温,储存时间长,性能稳定可靠,但钽电解电容较重,容积比较低,不耐反压,高压品种($> 125\,\text{V}$)较少,价格昂贵。

(4) 应用环境对元器件要求。

在潮湿和烟雾环境下,铝电解电容会发生外壳腐蚀、容量漂移、漏电流增大等现象,所以在舰船和潮湿环境中最好不要用铝电解电容;由于受空间粒子轰击时电解质会分解,因此铝电解电容器也不适用于航天电子设备的电源中。

6. 降额设计

电子元器件的基本失效率取决于工作应力(包括电、温度、振动、冲击、频率、速度、碰撞等)。除个别低应力失效的元器件外,其他均表现为工作应力越高,失效率越高的特性。为了使元器件的失效率降低,在电路设计时要进行降额设计。降额程度,除可靠性外还需考虑体积、质量、成本等因素。不同的元器件降额标准亦不同,实践表明,大部分元器件的基本失效率取决于电应力和温度,因而降额也主要是控制这两种应力。

7. 损耗

损耗引起的元器件失效率取决于工作时间的长短,与工作应力无关。铝电解电容长期在高频下工作会使电解液逐渐损失,同时容量亦同步下降。当电解液损失 40％ 时,容量会下降 20％;当电解液损失 90％ 时,容量下降 40％,此时电容器芯子已基本干涸,不能再使用。

当不得不用铝电解电容器时,为防止发生故障,应在图纸上标明铝电解电容器更换的时间,到期强迫更换。

8. 保护电路的设置

设计开关电源时,在满足电气技术指标正常使用要求的条件下,为使电源在恶劣环境及突发故障情况下安全、可靠地工作,必须设计多种保护措施,如防浪涌的软启动,防过压、欠压、过热、过流、短路、缺相等保护电路。

以上介绍了与提高开关电源可靠性相关的电气措施,在设计开关电源时,可根据所设计电源的实际要求参考使用。

8.4 开关电源可靠性热设计

除了电应力之外,温度是影响开关电源可靠性的重要因素。开关电源内部过高的温升将会导致对温度敏感的半导体器件、电解电容等元器件的失效。当温度超过一定值时,失效率将呈指数规律增加。因此,需要在技术上采取措施限制开关电源内部及元器件的温升,使开关电源的温升控制在允许的范围之内,这就是热设计。完整的热设计包括两个方面的内容,即:(1) 如何控制发热源的发热量;(2) 如何将热源产生的热量传递出去。

有关"如何将热源产生的热量传递出去"的内容,在第 6 章中已有介绍。本节将重点介绍有关"如何控制发热源的发热量"的内容。在开关电源中,主要的发热元器件为功率开关管、功率二极管、高频变压器、滤波电感等,针对不同器件,有不同的控制发热量的方法。

1. 控制功率开关管的发热量

功率开关管是开关电源中发热量较大的器件之一,减小它的发热量,不仅可以提高功率开关管的可靠性,而且可以提高开关电源的可靠性和平均无故障工作时间(MTBF)。

功率开关管的发热量由开关过程损耗和通态损耗两部分产生,选用开关速度更快、恢复时间更短的器件可减小开关过程损耗,选用低通态电阻或低导通压降的开关管可减小通态损耗。但更为重要的是通过设计更优的控制方式和缓冲技术来减小损耗。例如,采用软开关技术,可以大大减小开关过程损耗。

我们知道硬开关 PWM 变换技术的主要缺点是功率开关器件在开通和关断过程中,

产生电压和电流重叠现象,使功率开关管的开通和关断损耗增大,而且这种开关损耗随着频率的提高而增大,随着电压与电流波形上升和下降时间的增加而增大,同时还与温度的升高有关。温度升高开关损耗变大,另外还产生电磁污染,增加了功率开关管的电应力。这些缺点是硬开关变换技术无法克服的,并成为高效率、高频化的障碍。

软开关技术是在硬开关 PWM 变换技术基础上附加一个谐振网络,谐振网络通常是由电感、电容和功率开关管自身组成。谐振网络谐振,为功率开关管提供零电压开通或零电流关断条件,避免开关管集电极电流和集电极电压在开关过程中的交叠现象,降低开关损耗。如果能做到零电流关断、零电压开通,那么开关器件的开关损耗就可降为零。

在开关电源中应用软开关 PWM 变换技术,虽然增加了谐振网络元件,但从根本上降低了电源的开关损耗,而且可以避免功耗较大的缓冲电路,降低电磁干扰噪声。同时,也简化了开关电源的热设计,为开关电源实现高频化、小型化、高可靠性提供了保证条件。

2.改进驱动电路及优选参数

开关电源中经常使用的功率开关管是功率 MOSFET 或 IGBT,它们的开通或关断是通过栅极回路的充放电来实现的。因此,栅极驱动电路参数的选取对开关损耗有很大的影响,通过以下措施可有效降低开关损耗。

(1)改善驱动波形,驱动波形的上升沿和下降沿要尽量陡峭,即驱动脉冲的上升时间、下降时间要短,否则会增加开关损耗。

(2)驱动电路的输出功率要满足所使用开关管的要求,因驱动功率不足将导致开关管不能正常开通和关断,开关管也无法处于饱和导通状态而产生较大的损耗。

(3)$+U_{GE}$ 偏置电压必须能保证开关器件饱和导通。

(4)栅极驱动电阻 R_G 的数值要适当,R_G 的数值偏大,会导致开通、关断损耗增大;R_G 的数值偏小,会导致过高的 du/dt,造成附加损耗。可见,R_G 有一个最佳取值问题。

(5)栅极驱动电路布线工艺要合理,否则会出现振荡,导致损耗增加。

3.改进吸收电路及参数

无论是功率开关管还是高频整流二极管,为了减少电磁干扰、降低功率器件的电压应力和保证器件的安全工作范围,通常均需要在功率器件上加吸收电路(也称缓冲电路),以降低功率器件关断时的电压上升速度或将其端电压钳位在一个可接受的水平。

(1)经常使用的 RCD 吸收电路,是一种有损吸收电路。其中,电容的选取很重要。例如图 8.5 中给出的吸收电路,如果电容的容量偏小,关断时电压尖峰幅值较大,使关断时的损耗增加;如果电容的容量偏大,关断时的电压峰值小,关断损耗小。然而如果电容的储能在开关管截止期间还没将能量经原边绕组、电阻 R 完全返回电源,开关管又接通,此时吸收电容的剩余能量经开关管 VT_1、电阻 R 回路泄放,就会增加开关管的开通容性损耗及吸收电阻的自身损耗。

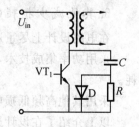

图 8.5　正激变换器中的 RCD 吸收电路

因此,电容的容量不能片面地只考虑关断损耗,从提高效率的角度还应考虑电容吸收能量泄放所增加的损耗。它的最佳值应该是开关管关断时电容

C 积累的能量,在下次开关管开通时必须完全返回电源,以减少吸收电路产生的损耗、提高效率。

(2) 改进吸收电路是提高开关电源效率、降低损耗的一种重要途径,其关键是将吸收回路的能量返回电源。这样,在不降低效率的情况下,又能起到吸收尖峰电压的作用。这就要求在设计开关电源时,尽量采用符合所设计开关电源要求的无损吸收电路。

有关无损吸收电路的内容,请参考相关文献。

4. 改进磁性器件的设计

在开关电源中磁性器件主要是高频变压器和输出滤波电感。它们的正确设计,对开关电源效率的影响是不可忽视的,主要应该注意如下几个问题。

(1) 正确选用磁芯材料,降低损耗。磁芯的铁损大约与工作频率的 1.2 次方成正比,所以在高频工作条件下应选用低损耗的磁性材料。例如在工作频率为 100 kHz、200 mT 时,H7C4 型磁芯比 H7C1 型的损耗约低 40%。

(2) 避免磁芯饱和。变压器和电感饱和将会使损耗急剧增加,饱和时因电流急剧增大,不仅造成磁性元件的自身损耗增加,还会使开关损耗增大。因此,在设计变压器、滤波电感时,要处理好工作磁通密度、温升及绕组参数之间的关系。

(3) 减少漏感对效率的影响。注意选用漏磁通小的闭合磁路的磁芯结构减少漏感,改进绕制工艺也可减少漏感。漏感有自身损耗,更重要的是增大了开关管的关断损耗。

(4) 采用最优设计,使铜损和铁损平衡,将会降低总损耗。

(5) 注意高频工作条件下,集肤效应对效率的影响。对于集肤效应造成的影响,可采用多股细漆包线并绕的办法来解决。

5. 控制功率二极管的发热量

对于交流整流及缓冲二极管,一般情况下不会有更好的控制技术来减少损耗,可以通过选择高质量的二极管来减少损耗。

对于变压器副边的整流二极管可以选择效率更高的同步整流技术来减少损耗。

如果所设计的开关电源不适合采用同步整流技术,高频整流二极管应选用正向压降低、正向暂态恢复电压低、反向恢复时间短、反向漏电流小的二极管,以降低导通损耗和反向恢复损耗,提高效率。

6. 其他减少损耗的途径

在电路设计上尽量避免应用假负载或使用功率小的电子假负载来代替电阻假负载。

采用功率集成技术,重视开关电源内部的结构布局,降低分布参数及噪声所引发的损耗。

采用其他高频低损电子元器件,如高频低阻抗、低损耗电容和低功耗集成电路等。

以上介绍了在设计开关电源时如何控制电源内部发热量的措施,在设计开关电源时可根据所设计电源的实际要求参考使用。

另外,需要说明的是在开关电源中采取冷却措施时,强迫风冷的散热量比自然冷却大 10 倍以上,但是要增加风机、风机电源等,这不仅使设备的成本和复杂性增加,而且使系统的可靠性下降,另外还增加了噪声和振动,因而在一些有特殊要求的场合不允许采用风冷、液冷之类的冷却方式,要尽量采用自然冷却。

8.5 开关电源的安全性设计与三防设计

在电子产品中,特别是在一些航天产品或军品中所用的电源,设计时不但要考虑电气设计和热设计,还要考虑安全性设计、三防设计等方面。

1.开关电源的安全性设计

对于电源而言,安全性从来都是被确定为最重要的性能之一,不安全的产品不但不能完成规定的功能,而且还有可能发生严重事故,甚至造成机毁人亡的巨大损失。为保证电源产品具有相当高的安全性,必须进行安全性设计。

开关电源安全性设计的主要内容是防止触电和烧伤。为防止使用者触电,必须对开关电源进行隔离和绝缘。

(1) 距离要求。既要缩小体积又要满足要求。对开关电源的带电部分及带电与不带电金属部分之间提出了有安全保证的空间距离要求。一般要求高于 250 V 交流电压的火线与零线以及高压导线与不带电的金属部分之间,除了励磁绕组的线端都必须有 2.5 mm 的距离外,交流输入线与地线之间要求有 3 mm 的净空距离。要求电源的输入部分与输出部分之间的净空距离为 8 mm。变压器的初级与次级之间也要 10 mm 的净空距离。

(2) 漏电要求。必须符合安全标准。对于商用设备市场,具有代表性的安全标准有 UL、CSA、VDE 等,内容因用途而异,允许泄漏电流在 $0.5 \sim 5$ mA,GJB 1412 规定的泄漏电流小于 5 mA。一般来说,电源设备对地泄漏电流的大小取决于 EMI 滤波器电容 C_Y 的容量。从 EMI 滤波器角度出发,电容 C_Y 的容量越大越好;但从安全性角度出发,电容 C_Y 的容量则越小越好,电容 C_Y 的容量根据安全标准来确定。根据 GJB 151 A,50 Hz 设备小于 $0.1~\mu F$,400 Hz 设备小于 $0.02~\mu F$。若 X 电容器的安全性能欠佳,电网瞬态尖峰出现时可能被击穿,它的击穿不危及人身安全,但会使滤波器丧失滤波功能。

为了防止误触电,原则上插头座的产品端(非电源端)为针,电网端(电源端)为孔;电源的输入端为针,输出端为孔。

为了防止烧伤,对于可能与人体接触的暴露部件(如散热器、电源外壳等),当环境温度为 25 ℃ 时,其最高温度应不超过 60 ℃,面板和手动调节部分的最高温度应不超过 50 ℃。

2.三防设计

三防设计是指防潮、防盐雾和防霉菌设计。

设计时,对于有密封要求的元器件应采取密封措施;对于不可修复的组合装置可采用环氧树脂灌封;所用元器件、原材料的吸湿度应较小,不使用含有棉、麻、丝等易霉制品;对进出风口应设置防护网,以防昆虫和啮齿动物进入;可以选用耐蚀材料,再通过镀、涂或化学处理使电子设备及其零部件的表面覆盖一层金属或非金属保护膜,隔离周围介质;在结构上采用密封或半密封形式来隔绝外部不利环境；对 PCB 及组件表面涂覆专用的三防清漆可以有效地避免导线之间的电晕、击穿，提高电源的可靠性；电感、变压器应进行浸漆、端封，以防潮气进入引发短路事故。

以上措施，可根据所设计开关电源的应用领域和使用环境做出不同的选择。

另外，喷涂三防漆后会影响散热效果，需要适当地加大裕量；三防设计与电磁屏蔽也往往是矛盾的。如果三防设计优异就具有良好的电气绝缘性，而电气绝缘的外壳就没有好的屏蔽效果，这两方面需综合考虑。在整机设计中，应充分考虑屏蔽与接地要求，采取合理的工艺，保证有电接触的表面长期导通。

总之，开关电源可靠性的高低，不仅跟电气设计，而且跟开关电源的装配、工艺、结构设计、加工质量等各方面有关。可靠性是以设计为基础，在实际工程应用上，还应通过各种实验取得反馈数据来完善设计，以进一步提高开关电源的可靠性。

第9章　开关电源设计实例与调试

本章以采用密闭结构的 2.4 kW 车载充电电源为例，说明根据其技术指标与性能要求进行系统设计与调试的过程。

9.1　技术指标与系统结构

与场站充电电源相比，车载充电电源虽然功率不是很大，但其安放空间有限且运行工况相对恶劣，因此要求其体积小且防护等级高。另外，电动汽车作为"绿色"交通工具，其充电装置也不应对电网造成谐波污染，而且在民用配电容量有限的条件下，其功率因数应等于或接近 1。

为满足上述要求，车载充电电源应采用软开关变换技术，以提高充电电源的功率密度和变换效率；应采用 APFC 技术，以抑制网侧电流谐波并提高功率因数；在最大限度减小能量变换热损耗的前提下，采用密封结构和自然冷却方式，以提高防护等级；根据动力电池的充电特性，车载充电电源应能在较宽的电流、电压范围内进行输出特性调节。

包含 APFC 功能的充电变换器按其电路结构可分为单级型和两级型。采用单级型电路系统结构简单，但是难以兼顾 APFC 和输出特性调节的高性能要求；相比之下，两级型电路结构较为复杂，但是其前级 APFC 级和后级 DC/DC 级的功能各自独立，更容易实现性能的综合提升。

综合考虑车载充电电源的功能和主要性能指标，见表 9.1。选用两级电路结构，即前级有源功率因数校正电路和后级 DC/DC 变换电路的整体结构，如图 9.1 所示。

表 9.1　车载充电电源的主要技术参数

技术指标	参数
输入交流电压	AC220 V$(1\pm20\%)$,50 Hz
输出额定电压	DC120 V,连续可调
输出直流电流	DC0 ~ 20 A,连续可调
输出最大功率	2.4 kW
整机额定效率	$\geqslant 94\%$
功率因数 PF	$\geqslant 0.98$
总谐波畸变率 THD	$\leqslant 3\%$
防护等级要求	IP65

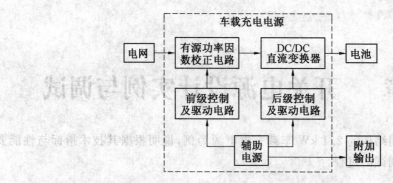

图 9.1　车载充电电源的整体结构框图

9.2　有源功率因数校正电路设计

有源功率因数校正(APFC)利用电流反馈技术,使输入电流跟踪电网电压的正弦波形,可以得到高达 0.99 以上的功率因数,被广泛应用在 AC/DC 开关电源领域。

9.2.1　APFC 的主电路选择

从基本原理上说,Boost、Buck、Buck－Boost、Flyback 以及 Cuk 等变换器都可以作为 APFC 的主电路。在单相 APFC 电路中,Boost 电路的电感与输入端串联,既可以储存能量又可以实现滤波的功能,降低了系统对输入滤波器的要求,其拓扑结构简单,有利于提高功率密度和获得高质量的输入电流波形,提高功率因数,应用非常广泛。另外,由于 Boost APFC 电路允许输入电压范围非常宽,有利于车载充电电源适应世界各国不同的电网电压,大大提高了车载充电电源的适应性和灵活性。

但是,随着变换器功率等级的不断提高,单相 Boost APFC 的开关器件必然要承受更大的电流应力,不利于元器件的选型和参数配置,而且大电流导致热损耗大,再加上纹波大、EMI 问题严重,使得设计复杂化;而磁性元件体积随电流成倍增加,也不利于变换器功率密度的提高。

为解决传统单相 Boost APFC 变换器的上述问题,将交错并联技术引入到 Boost APFC 变换器中,能有效减小输入电流纹波,减少单个磁性器件容量,降低电路中功率器件承受的电压、电流应力,能大幅度增加输出功率等级,降低整个系统的成本。因此,交错并联 Boost APFC 适合于大功率、大电流等领域。早期研究的交错并联 PFC 电路,采用 4 个以上的基本单元并联组成的拓扑较多。但是由于并联模块较多,电路复杂性提高,设计和控制难度增加,并且由于元器件的增多,电路损耗也增加,反而不利于中小功率场合效率的提高。因此,对于 2～3 kW 的车载充电电源来说,选择两单元交错并联电路作为前级主电路是比较适合的。包括 EMI 滤波电路在内的前级 APFC 主电路如图 9.2 所示。

9.2.2　APFC 控制方式选择

按照电感电流状态,Boost APFC 电路的工作模式可以分为 3 种:电流断续模式

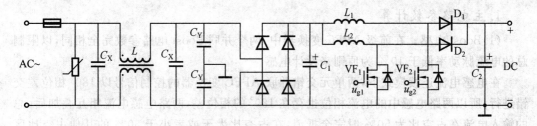

图 9.2　前级 APFC 主电路

(DCM)、电流临界模式(CRM)以及电流连续模式(CCM),而交错并联 Boost APFC 电路也可以工作在这 3 种工作模式下。

工作在断续模式或临界模式下,电路结构相对简单,电流不连续,不存在二极管的反向恢复损耗问题,开关管可以实现零电流开通,减少开关损耗,电感量小,但是电流峰值较大,并且较大的电流纹波会带来更强的电磁干扰,对于临界电流模式,变换器开关频率不固定,THD 较大,这两种模式适用于小功率传输的场合。

相比于以上两种模式,工作在连续模式时,开关管工作在硬开关状态,开关损耗较大,并且由于电流连续,二极管存在一定的反向恢复损耗,但是电流尖峰及纹波小,功率器件的导通损耗小,THD 和 EMI 都较小,适用于功率较大的场合。电流连续模式下应用较多的电流控制方法主要有滞环电流控制(HCC)、峰值电流控制(PCC)以及平均电流控制(ACC)方法,这 3 种电流控制方式的区别见表 9.2。

表 9.2　电流连续模式下 3 种电流控制方式比较

控制方式	开关频率	工作模式	对噪声	适用拓扑	其他
滞环电流	变频	CCM	敏感	Boost	需要逻辑控制
峰值电流	恒频	CCM	敏感	Boost	需要斜坡补偿
平均电流	恒频	任意	不敏感	任意	需要电流误差放大

半个周期内,电流连续模式下 3 种电流控制方式下的电感电流波形如图 9.3 所示。

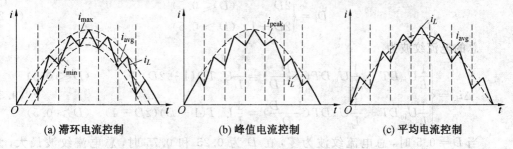

(a) 滞环电流控制　　　　　(b) 峰值电流控制　　　　　(c) 平均电流控制

图 9.3　CCM 模式下三种电流控制方式下的电感电流波形

由于平均电流控制使电感电流的平均值跟踪给定电流,电感电流纹波小,对噪声不敏感,抗干扰能力强,并有利于实现较高的功率因数,在车载充电电源中采用是适合的。

9.2.3　交错并联 APFC 的电路设计

在确定了主电路拓扑及其控制方式之后,即可根据车载充电电源的功能和性能指标进行主电路参数的计算和控制电路的设计。

1. 主电路参数计算

(1)Boost 电感。在前级 APFC 变换器中,两个并联 Boost 电路参数完全相同,以限制总的电流脉动率低于 10% 为原则来设计电感。

在电感电流连续模式下,两单元交错并联 APFC 变换器的控制信号以 180° 相位差交错进行,所以两路电感中的电流相位也存在 180° 的相位差,两路电感电流相互叠加后,总的输入电流在占空比为 50% 时完全抵消,在占空比大于或者小于 50% 的其他占空比区域,电路工作模型不同,但是纹波也以部分抵消的形式减小。两路电感电流叠加波形示意图如图 9.4 所示。

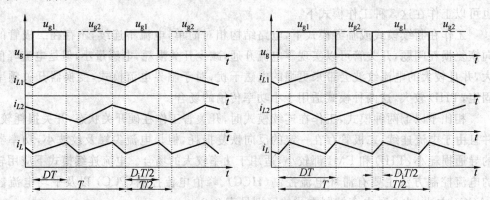

图 9.4　两路电感电流叠加波形示意图

设两路电感完全相同,即 $L_1 = L_2 = L$。两路电感的电流纹波为

$$\Delta i_{L1} = \Delta i_{L2} = \frac{1}{L} U_{in} DT = \frac{1}{L} U_o TD(1-D) \tag{9.1}$$

式中,U_o 为 APFC 直流输出电压。在 $D = 0.5$ 时,电流纹波最大,为 $U_o T/(4L)$。

两路电流合成的总电流 i_L 的频率翻倍,其电流上升段的占空比为

$$D_i = \begin{cases} 2D & (D \leqslant 0.5) \\ 2D-1 & (D > 0.5) \end{cases} \tag{9.2}$$

总的电流纹波为

$$\Delta i_L = \begin{cases} \frac{1}{L} U_{in} DT - \frac{1}{L} U_{in} DT\left(\frac{D}{1-D}\right) = \frac{1}{L} U_o TD(1-2D) & (D \leqslant 0.5) \\ \frac{1}{L} U_{in} DT - \frac{1}{L} U_{in} DT\left(\frac{1-D}{D}\right) = \frac{1}{L} U_o T(1-D)(2D-1) & (D > 0.5) \end{cases} \tag{9.3}$$

当 $D = 0.5$ 时,总电流纹波为零,在 D 为 0.25 和 0.75 时,总电流纹波最大,为 $U_o T/(8L)$。两路电感电流纹波及总电流纹波与占空比关系如图 9.5 所示。

电感电流连续模式下,Boost 型拓扑的输入电压、输出电压与占空比满足以下关系:

$$D_{min} = \frac{U_o - U_{inPK}}{U_o} \tag{9.4}$$

式中,U_o 取 400 V,U_{inPK} 为输入电压峰值。

当输入电压有效值为最大值 264 V 时,对应最小占空比约为 0.07,即占空比变化范围为 0.07~1;当输入电压有效值为最小值 176 V 时,对应最小占空比约为 0.4,即占空比变

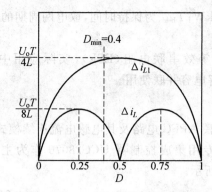

图 9.5　两路电感电流纹波及总电流纹波与占空比关系

化范围为 $0.4 \sim 1$。因输入电压最低时,输入电流有效值最大,仅考虑输入电压最低时的情况即可。由图 9.5 可知,在占空比 $0.4 \sim 1$ 的范围内,占空比为 0.75 时(对应输入电压有效值约为 70 V)总电流纹波最大,但其对应的电流值较小,因此考虑占空比为 0.4、电流为最大值处即可。

影响开关频率选择的因素有很多,综合考虑磁性器件体积、功率密度、开关管损耗、效率等因素后,折中选择每一路的开关频率为 70 kHz,两路电感电流合成后,总电流 i_L 纹波频率为 140 kHz,则在占空比为 0.4 时,由式(9.3)可知,总电流纹波为

$$\Delta i_L = 0.08 \frac{1}{L} U_o T \tag{9.5}$$

将其限制在 10% 的输入电流范围之内,即

$$\Delta i_L \leqslant 10\% \times I_{\text{in max}} \tag{9.6}$$

最大输入电流 $I_{\text{in max}}$ 出现在输入电压最低时,设 APFC 效率为 95%,可得

$$I_{\text{in max}} = \frac{\sqrt{2} P_o}{\eta U_{\text{in min}}} = \frac{\sqrt{2} \times 2\,400}{0.95 \times 170} A = 21 \text{ A} \tag{9.7}$$

由以上 3 式可计算电感值为 $L_1 = L_2 \geqslant 214\ \mu\text{H}$,实际取值为 $L_1 = L_2 = 230\ \mu\text{H}$。两个电感中的电流有效值均为

$$I_{L1\text{rms}} = I_{L2\text{rms}} = \frac{P_o}{2\eta U_{\text{in min}}} = \frac{2\,400}{2 \times 0.95 \times 170} = 7.43 \text{ (A)} \tag{9.8}$$

流经电感电流的最大峰值为

$$I_{L1\text{pk}} = I_{L2\text{pk}} = \sqrt{2} I_{L1\text{rms}} + \frac{U_{\text{in min}} D_{\text{min}} T}{L_1} = 11.65 \text{ A} \tag{9.9}$$

根据电感电流计算结果和 400 V 的输出电压,考虑到输出电压可能存在尖峰以及电感电流纹波的影响,实际应用中留出相应的裕量,可进行功率开关管的选择。

(2)输出滤波电容。主要考虑保持时间和输出电压纹波这两方面因素。假设保持时间是指关机后输出电压跌落到正常电压的 $a\%$ 时所经历的时间,则能量关系为

$$\frac{1}{2} C_o V_o^2 - \frac{1}{2} C_o (a\% U_o)^2 = P_o T_{\text{hold}} \tag{9.10}$$

由此可得输出电容

$$C_o \geqslant \frac{2P_o \cdot T_{\text{hold}}}{U_o^2 - (a\% U_o)^2} = \frac{2 \times 2.4 \times 10^3 \times 0.01}{400^2 - 300^2} = 686 \text{ (μF)} \tag{9.11}$$

其中，P_o 为输出功率，2.4 kW；T_{hold} 为保持时间，取电网周期的 50%，为 10 ms；取 $a\%$ 为 75%。

为了减小输出电容的等效串联电阻（ESR），实际应用中，可选用 3 个 220 μF 或 330 μF、耐压 450 V 的电解电容并联使用。

2. 控制电路设计

根据已确定的交错并联 APFC 电路及其电感电流连续模式下的平均电流控制方式，选择 TI 公司推出的一款专用集成控制器 UCC28070 作为主控芯片，设计的交错并联 APFC 控制电路如图 9.6 所示。

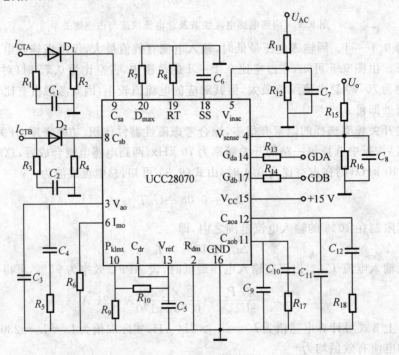

图 9.6　UCC28070 外围电路

UCC28070 内部集成了两路单独的 PWM 脉冲宽度调制器，它们以 180°的相位差同频、同步工作，PWM 频率和最大占空比钳制通过选择 RT 脚和 DMAX 脚上的电阻来设置，两路电感电流交错以后，实际输入电流纹波的频率加倍。UCC28070 最突出的设计之一是电流合成电路，其原理是通过取样开关管导通时电感的上升电流来仿真开关管关断时电感的下降电流，从而实现电感电流的瞬时检测，有利于获得更高的效率和功率因数。此外，UCC28070 内部还集成有量化电压前馈校正、高线性度的乘法器、最大占空比钳制、可调的峰值电流限制等丰富的功能环节。具体使用时可查阅该产品的详细资料。

9.2.4　交错并联 APFC 的仿真与实验

建立交错并联 APFC 的电路仿真模型，主要参数为：网侧单相交流输入 220 VAC，50 Hz；电路工作在额定负载条件下，即输出直流电压 400 VDC，输出功率 2.4 kW；两个 Boost 单元的升压电感值相等，均为 230 μH；开关频率为 70 kHz，两路电感电流交错以后,实际输入电流纹波的频率为 140 kHz。主要仿真波形如图 9.7 所示。

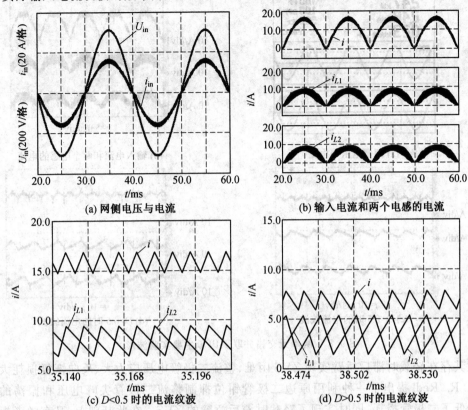

(a) 网侧电压与电流　　　　　　　(b) 输入电流和两个电感的电流

(c) D<0.5 时的电流纹波　　　　　　(d) D>0.5 时的电流纹波

图 9.7　两单元交错并联 APFC 主要仿真波形

从图中可以看出,网侧输入电流无相位差地跟踪电网输入电压,而且无论占空比大于还是小于 50%,两个相等的电感电流纹波叠加后,总输入电流纹波显著减小,低于单路电感电流纹波的 50%。

相同参数条件下的实验结果与仿真结果近似,测得的实验波形如图 9.8 所示。受电能质量分析仪的精度限制,PF 值应理解为接近于 1。

为检验两单元交错并联 Boost 有源功率因数校正电路的功率提升效果,在对其进行效率测试的同时也对一台相同规格的常规单路 Boost 有源功率因数校正电路的效率进行了测试。两单元交错并联电路的最大效率可达 97.3%,在 600～2 400 W 输出功率范围内,变换效率较常规电路均有提高。

9.3　DC/DC 功率变换电路设计

针对电动汽车车载充电电源对高效率、高功率密度以及安全性的要求,后级直流变换器应选择变换效率和磁芯利用率高,且具有较宽输出调节范围的软开关隔离型变换器。在这类变换器中,移相全桥 ZVS 软开关变换器比较适合于千瓦以上功率等级的直流变

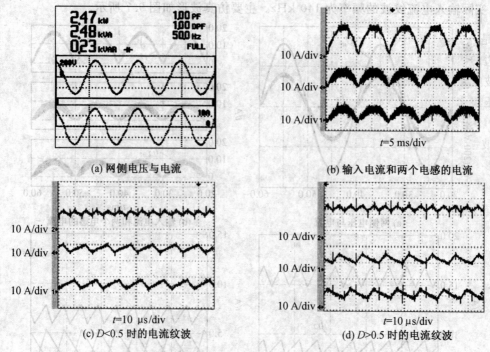

(a) 网侧电压与电流

(b) 输入电流和两个电感的电流

(c) $D<0.5$ 时的电流纹波

(d) $D>0.5$ 时的电流纹波

图 9.8　两单元交错并联 APFC 主要实验波形

换,但其存在轻载时滞后桥臂实现 ZVS 困难、整流二极管电压应力大、反向恢复损耗大等缺点。R. Redl 提出了一种利用原边二极管钳位抑制整流二极管尖峰电压和振荡的方法,降低了二极管损耗,同时实现了轻载时滞后桥臂的 ZVS。在此基础上,又有学者提出将变压器与滞后桥臂相连的改进型电路,消除了由于钳位二极管每周期多余导通带来的损耗,有利于进一步提高变换器的效率。

9.3.1　改进型电路的工作模态分析

如图 9.9 所示,这种改进型的电路以传统的移相全桥 ZVS PWM 变换器为基础,在变压器的原边加入了两个钳位二极管和一个谐振电感,变压器与滞后桥臂相连。

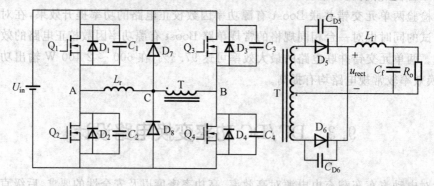

图 9.9　二极管钳位的移相全桥 ZVS PWM 变换电路

图中，$Q_1 \sim Q_4$ 是全桥变换器的四个开关管，$C_1 \sim C_4$ 是开关管的寄生结电容，$D_1 \sim D_4$ 是开关管的体二极管，D_7、D_8 是钳位二极管，L_r 是谐振电感，T 是高频变压器，D_5、D_6 是副边的输出整流二极管，C_{D5}、C_{D6} 是副边输出整流二极管的寄生电容，L_f 和 C_f 分别为输出滤波电感和输出滤波电容。其中 Q_1 和 Q_2 组成超前桥臂，Q_3 和 Q_4 组成滞后桥臂，而高频变压器 T 和滞后桥臂相连。

电路工作的主要波形如图 9.10 所示。分别为 4 个开关管的驱动波形、谐振电感电流 i_{Lr} 波形、变压器原边电流 i_p 波形、两桥臂中点电压 u_{AB} 波形、两个钳位二极管电流 i_{D7} 和 i_{D8} 波形以及副边输出整流电压 u_{rect} 波形。

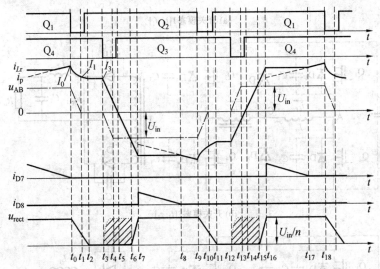

图 9.10　改进型移相全桥 ZVS PWM 电路工作的主要波形

下面详细分析一下该变换器的各个开关模态，变换器在一个完整的开关周期中有 16 种开关模态，其中后面 8 种开关模态的工作原理与前面 8 种类似，因此只介绍前面 8 种开关模态的工作情形，后面 8 种略去。图 9.11 给出了前 8 种不同开关模态的等效电路。

这里假设：① 除了将输出整流二极管等效为一个理想二极管和一个理想电容并联之外，其他所有的开关管和二极管以及电容和电感均假设为理想器件；② 输出滤波电感远大于谐振电感折算到副边的等效值，即 $L_f \gg L_r/n^2$，其中 n 为变压器匝比。

上述 8 种开关模态的具体工作状态分别描述如下：

（1）开关模态 1$[t_0 - t_1]$。t_0 时刻以前，Q_1 与 Q_4 处于导通状态，D_5 也处于导通状态，D_6 处于截止状态。t_0 时刻，Q_1 驱动信号变为低电平，变压器原边电流 i_p 给电容 C_1 充电、给电容 C_2 放电，C_2 两端电压即 A 点电位随之下降，u_{AB} 减小。由于电容 C_1 和 C_2 的作用使

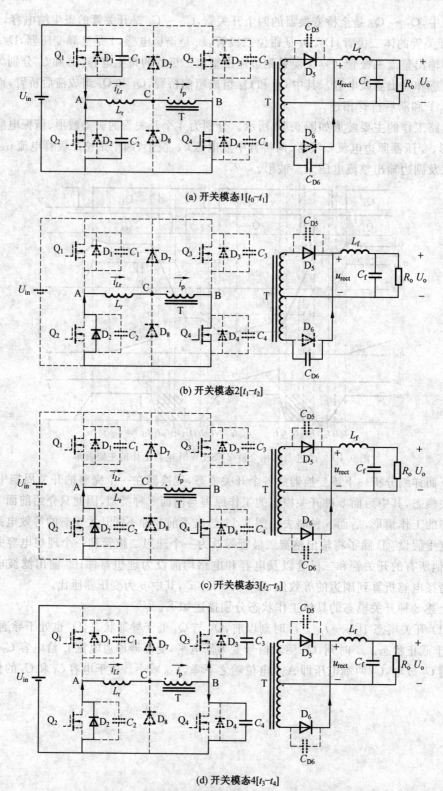

(a) 开关模态1[t_0–t_1]

(b) 开关模态2[t_1–t_2]

(c) 开关模态3[t_2–t_3]

(d) 开关模态4[t_3–t_4]

图 9.11　改进型全桥变换器的各开关模态等效电路

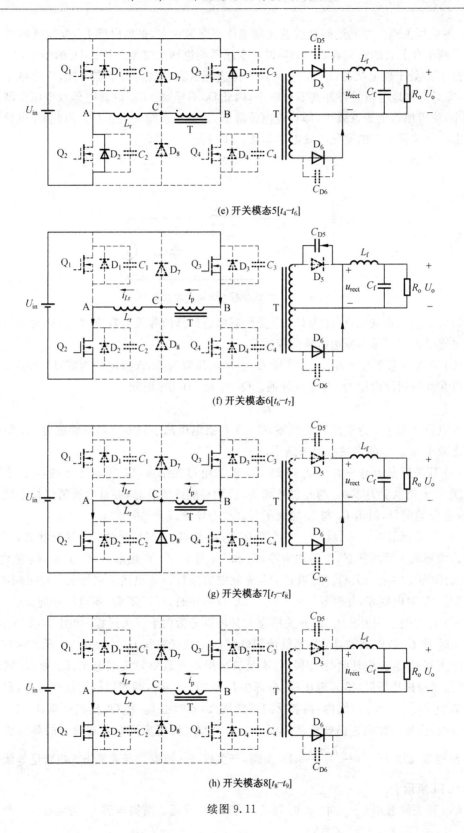

(e) 开关模态5[t_4-t_6]

(f) 开关模态6[t_6-t_7]

(g) 开关模态7[t_7-t_8]

(h) 开关模态8[t_8-t_9]

续图 9.11

得 Q_1 零电压关断。在此期间全桥变换器工作于谐振状态,谐振电感 L_r、变压器漏感 L_{1k}、超前臂两个开关管的结电容 C_1 和 C_2 以及变压器副边输出整流二极管 D_6 的结电容 C_{D6} 参与谐振,C_{D6} 处于放电状态,i_p 和 i_{Lr} 下降。由变压器副边电压大于零可知,原边电压也大于零,即 C 点对地电位始终处在零点以上,因此 D_8 不导通。C_{D6} 的放电导致变压器副边电压减小,使得原边电压也减小,即 C 点电位降低,始终小于输入电压 U_{in},因此 D_7 也处于关断状态。开关模态 1 的简化等效电路如图 9.12 所示。

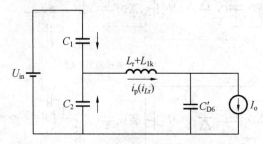

图 9.12　开关模态 1 的简化等效电路

其中,L_{1k} 是变压器漏感,C'_{D6} 为 C_{D6} 向变压器原边折算的等效电容值,I_o 为 t_0 时刻的输出滤波电感电流向变压器原边折算的等效值。

(2) 开关模态 2[$t_1 - t_2$]。t_1 时刻,C_2 上的电压降为零,A 点电位为零,D_2 导通,$u_{AB} = 0$,可以在此时间段内使 Q_2 零电压导通。Q_1 与 Q_2 的死区时间

$$t_{d12} > t_1 - t_0$$

A 点电压先于 C 点电压减小到零,C_{D6} 在 C 点电压减小到零之前继续放电,i_{Lr} 和 i_p 继续随之减小,u_{rect} 也随之减小但未到零。

(3) 开关模态 3[$t_2 - t_3$]。t_2 时刻,C_{D6} 的放电过程结束,D_6 零电压导通,u_{rect} 下降到零,C 点的电位也变为零,i_{Lr} 与 i_p 仍然相等,达到自然续流状态,并且电流值保持不变。虽然 Q_2 有驱动信号,但是 i_{Lr} 与 i_p 均大于零,Q_2 不导通。

(4) 开关模态 4[$t_3 - t_4$]。t_3 时刻,关闭 Q_4 驱动,D_5 与 D_6 同时处于导通状态,变压器原副边均等效为短路状态,电压均为零,L_r 和 L_{1k} 与 C_3、C_4 产生谐振,C_4 充电、C_3 放电,Q_4 在 C_4 的作用下零电压关断。随着 C_4、C_3 充放电的进行,u_{AB} 电压负向增大。t_4 时刻,C_4 充电到 U_{in},C_3 放电到零,此时 $u_{AB} = -U_{in}$。D_3 自然导通,可以使 Q_3 零电压导通。

(5) 开关模态 5[$t_4 - t_6$]。开关模态 5 又可以分为两个开关过程,如图 9.13 所示。

t_4 时刻,C_3 放电到零,D_3 导通续流。Q_3 与 Q_4 死区时间 $t_{d34} > t_4 - t_3$,死区时间后可以零电压开通 Q_3。但是此时 i_p 很小,不足够来提供所需的负载电流,D_5 和 D_6 同时导通,变压器原副边短路,输入电压 U_{in} 全部由 L_r 承担,$i_{Lr} = i_p$,两者以线性规律减小,到 t_5 时刻下降到零,[$t_5 - t_6$] 区间内,两者反向线性增大,此时由 Q_2 和 Q_3 构成通路,D_5 和 D_6 仍同时导通,变压器原副边仍被短路,至 t_6 时刻,负载电流折算到变压器原边的等效值与原边电流相等,即 $i_p(t_6) = -\dfrac{I_{Lf}(t_6)}{n}$,$D_5$ 关断,开关模态 5 结束。开关模态 5 的简化等效电路如图 9.14 所示。

(6) 开关模态 6[$t_6 - t_7$]。t_6 时刻,D_5 关断,D_6 导通。谐振电感 L_r 与电容 C_{D5} 产生谐

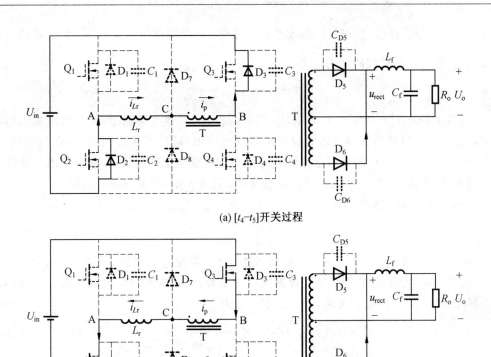

(a) [t_4-t_5]开关过程

(b) [t_5-t_6]开关过程

图 9.13　开关模态 5 的细化开关过程

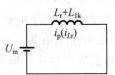

图 9.14　开关模态 5 的进一步等效电路

振,给电容 C_{D5} 充电,i_p 和 i_{Lr} 电流值继续反向增大。

$$i_p(t) = i_{Lr}(t) = \frac{I_{Lf}(t_6)}{n} + \frac{U_{in}}{Z_{r2}}\sin \omega_4 (t - t_6) \tag{9.12}$$

$$U_{C_{D5}}(t) = \frac{2U_{in}}{n}\big[1 - \cos \omega_4 (t - t_6)\big] \tag{9.13}$$

$$Z_{r2} = \sqrt{\frac{L_r}{C'_{D5}}} \tag{9.14}$$

$$\omega_4 = \frac{1}{\sqrt{L_r C'_{D5}}} \tag{9.15}$$

式中,C'_{D5} 为 C_{D5} 折算至原边的等效电容。

在 $[t_6 - t_7]$ 时间段内,B 点电位恒等于 U_{in},而 C_{D5} 被充电导致变压器原边电压增大,即 U_{BC} 增大,故 C 点电位降低。至 t_7 时刻,C_{D5} 上的电压等于 $\frac{2U_{in}}{n}$,此时 $U_{BC} = U_{in}$,即 C 点电

257

位降到零，D_8 导通钳位，使得 U_{BC} 恒等于 U_{in}，并使 C_{D5} 两端电压恒等于 $\dfrac{2U_{in}}{n}$。由式(9.13)可知，开关模态 6 的持续时间为

$$t_7 - t_6 = \frac{\pi}{2\omega_4}$$

(7) 开关模态 7 $[t_7 - t_8]$。t_7 时刻，D_8 导通钳位，D_8 提供电流通道，使 i_p 阶跃减小到副边滤波电感中的电流折算到变压器原边的等效电流值，随后开始反向增加，在此期间 i_{Lr} 一直保持不变。i_{Lr} 与 i_p 的差值电流流经 D_8，D_8 中电流呈锯齿波状，抑制了整流二极管尖峰。随着 i_p 的增大，至 t_8 时刻，i_p 与 i_{Lr} 相等，D_8 被迫关断，开关模态 7 结束。

$i_p(t)$ 是线性时间函数，有

$$i_p(t) = -\frac{U_{in} - nU_o}{n^2 L_f + L_{lk}}(t - t_7) \tag{9.16}$$

(8) 开关模态 8 $[t_8 - t_9]$。t_8 时刻，D_8 关断，变压器原边向副边输出能量。t_8 以后，i_p 与 i_{Lr} 相等，继续按照式(9.16)的规律反向线性增大，至 t_9 时刻，Q_2 驱动关断，之后给 Q_2 结电容充电使得 Q_2 零电压关断，开关模态 8 结束。

$$i_{Lr}(t) = i_p(t) = -\frac{U_{in} - nU_o}{n^2 L_f + L_{lk}}(t - t_8) \tag{9.17}$$

9.3.2 改进型电路的运行特点

1. 两桥臂实现 ZVS 的不同条件

通过上述工作原理的分析，可以得知超前臂和滞后臂开关管的工作状态不同，因此它们实现零电压开关的难易程度也不相同。但是超前臂和滞后臂开关管实现零电压开关有以下共同的条件：① 需要足够多的能量抽走即将开通的开关管的结电容上储存的电荷；② 需要足够多的能量为与即将开通的开关管在同一桥臂的另一个开关管的结电容充满电荷；③ 需要足够多的能量抽走截止的输出整流二极管结电容上的部分电荷。下面具体分析一下超前臂与滞后臂实现 ZVS 的不同。

(1) 超前臂实现 ZVS 条件。以开关模态 1 讨论超前臂开关管实现 ZVS 的条件。要使 Q_1 实现零电压开关，必须有足够多的能量给刚关断的开关管 Q_1 的结电容 C_1 充电，并抽走即将开通的同一桥臂的开关管 Q_2 结电容上的电荷以及截止的输出整流二极管 D_6 结电容上的部分电荷。设所需的这些能量为 E_1，则有

$$E_1 > E_{C_1} + E_{C_2} + E_{C'_{D6}} = \frac{1}{2}C_1 U_{in}^2 + \frac{1}{2}C_2 U_{in}^2 + \left[\frac{1}{2}C'_{D6} U_{in}^2 - \frac{1}{2}C'_{D6} U_{C'_{D6}}^2(t_1)\right]$$
$$\tag{9.18}$$

其中，E_{C_1} 为给刚关断的开关管 Q_1 的结电容 C_1 充电所需的能量；E_{C_2} 为抽走即将开通的开关管 Q_2 结电容上电荷所需的能量；$E_{C_{D6}}$ 为抽走截止的输出整流二极管 D_6 结电容上部分电荷所需的能量(由开关模态 1 的简化等效电路图 9.12 可以看出，t_0 时刻 C'_{D6} 两端电压为 U_{in}，t_1 时刻 C'_{D6} 两端电压为 $U_{C'_{D6}}(t_1)$)。

在开关模态 1 中两个钳位二极管均处于关断状态，因此实现超前臂零电压开关的能量是由谐振电感和输出滤波电感共同提供的，即

$$E_1 = \frac{1}{2}I_0^2 L_r + \frac{1}{2}I_0^2 n^2 L_f \tag{9.19}$$

其中，$n^2 L_f$ 是输出滤波电感折算至原边的等效值，一般来说，这个值很大，因此 E_1 很大，所以超前臂开关管能够在较宽的负载范围内实现零电压软开关。

（2）滞后臂实现 ZVS 条件。以开关模态 3 和开关模态 4 讨论滞后臂开关管实现 ZVS 的条件。要使 Q_3 和 Q_4 实现零电压开关，必须有足够多的能量给刚关断的开关管 Q_4 的结电容 C_4 充电，并抽走即将开通的同一桥臂的开关管 Q_3 结电容上的电荷。设所需的这些能量为 E_2，则有

$$E_2 > E_{C3} + E_{C4} = \frac{1}{2}C_3 U_{in}^2 + \frac{1}{2}C_4 U_{in}^2 \tag{9.20}$$

滞后臂实现 ZVS 期间，变压器副边绕组被短路，副边输出滤波电感折算至原边为零，因此实现滞后臂零电压开关的能量只由谐振电感自己来提供，即

$$E_2 = \frac{1}{2}I_3^2 L_r \tag{9.21}$$

由于谐振电感值远远小于 $n^2 L_f$，因此 E_2 小于 E_1。与超前桥臂相比，滞后桥臂实现零电压软开关要困难很多，其负载范围也较小。但是这种变换器在 $[t_1 - t_4]$ 时间段内，谐振电感电流保持不变，而一般的移相全桥 ZVS PWM 变换器在此时间段内，谐振电感电流是下降的，所以相对一般的该类型变换器而言，这种改进型变换器的滞后桥臂实现 ZVS 的负载范围较宽。

2.副边占空比丢失

变压器副边存在占空比丢失是全桥变换器的一个固有特性，该改进型变换器仍然存在占空比丢失现象。丢失占空比 D_{loss} 是指全桥变压器原边占空比与副边占空比的差值。在图 9.10 中，占空比发生在时间段 $[t_3, t_6]$ 和 $[t_{12}, t_{15}]$ 内，此时间段内，副边整流电压丢失了一部分方波电压，如阴影部分所示。造成占空比丢失的原因是变压器原边电流 i_p 从正向过零到负向的时间段 $[t_3, t_6]$ 与变压器原边电流 i_p 从负向过零到正向的时间段 $[t_{12}, t_{15}]$ 内，虽然变压器原边存在正向或者负向的方波电压，但是原边电流很小，不足以提供负载所需的电流，导致两个输出整流二极管同时导通，变压器副边被短路掉，输出整流电压 u_{rect} 为零，造成副边占空比丢失。副边占空比丢失的大小为

$$D_{loss} \approx \frac{4L_r I_o}{n U_{in} T} \tag{9.22}$$

式中，T 为开关周期；I_o 为负载电流。

可见，当输入电压 U_{in} 最低并且负载电流 I_o 最大时，副边占空比丢失达到最大值。另外，谐振电感值越大，副边占空比丢失越大；变压器变比越小，副边占空比丢失越大；开关频率越大，副边占空比丢失越大。

9.3.3　改进型全桥变换器的电路设计

车载充电电源后级直流变换器的主电路如图 9.15 所示。主要包括：全桥逆变电路、谐振电感、钳位二极管、输出全波整流电路、滤波电路以及保护电路。其中，继电器起到保护作用，当充电过程中任意故障发生时，断开继电器以切断负载与车载充电电源的连接。

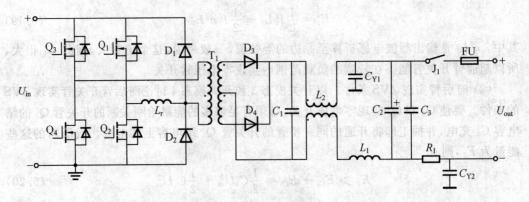

图 9.15　后级直流变换器的主电路结构

1. 主电路参数计算

（1）隔离变压器。为保证在整个输入电压范围内均能可靠工作，变压器的原副边变比应按照原边输入电压为最低值时来设计。取变压器副边的最大占空比为 $D_{Smax} = 0.8$，则副边最低电压值 U_{Smin} 为

$$U_{Smin} = \frac{U_o + U_{L_f} + U_D}{D_{Smax}} = \frac{120 + 0.5 + 1.2}{0.8} = 152.125 \text{ (V)} \tag{9.23}$$

式中，U_o 是输出电压，U_{L_f} 是输出滤波电感 L_f 上的直流压降，U_D 是副边整流二极管的导通压降。所以变压器原副边变比为

$$n = \frac{U_{inmin}}{U_{Smin}} = \frac{390}{152.125} = 2.56 \tag{9.24}$$

式中，U_{inmin} 是直流输入电压最低值，即前级输出电压最低值，取 390 V。

开关频率对变换器性能有重要影响，它决定了电路大部分参数的选择。一般选取高开关频率可以减小磁性器件的体积、降低成本。但是随着开关频率的提高，变压器原副边占空比丢失，开关管的开关损耗等都会迅速变大，因此实际应用中需要折中考虑。选择开关频率为 $f_s = 50$ kHz。

EE 型磁芯窗口面积较大，散热效果好，磁芯尺寸齐全，传输功率范围宽，适用于大功率场合。将两副 EE 型磁芯合并使用时，磁芯面积加倍，假设磁通摆幅和频率不变，则匝数减半，传输功率加倍。选择两副 EE55/55/21 型磁芯，单副磁芯有效面积 $A_e = 354$ mm^2，窗口面积 $A_W = 386.34$ mm^2，$A_p = 13.676\ 4$ mm^4，$A_L = 7\ 100$ nH/N^2。取最大磁通密度 $B_m = 0.2$ T。

副边匝数 N_s 由下式确定

$$N_s = \frac{U_o}{K_f f_s B_m A_e} = \frac{120}{4 \times 50 \times 10^3 \times 0.2 \times 354.00 \times 10^{-6} \times 2} = 4.24 \tag{9.25}$$

式中，K_f 为波形系数，方波时取 4；磁芯有效面积取双倍。实际中选取 $N_s = 5$ 匝，则变压器原边匝数为

$$N_p = n \times N_s = 2.50 \times 5 = 12.5 \tag{9.26}$$

实际选取 $N_p = 13$ 匝，则原副边的实际变比为 $n = 2.6$。

（2）谐振电感。谐振电感值应满足

$$\frac{1}{2}L_r I^2 = \frac{4}{3}C_{mos}U_{in}{}^2 \tag{9.27}$$

其中，I 为滞后臂开关管关断时变压器原边电流值；U_{in} 此处取输入直流母线电压最大值 $U_{in\,max}$；C_{mos} 为开关管的漏源极间结电容，可由所选开关管给出参数确定。

按照大于三分之一满载时，前后桥臂开关管均能够实现零电压开关设计。因为设计输出滤波电感上的电流波动率为 20%，所以电流纹波峰峰值 $\Delta i_{Lf} = 4$ A，在满载时

$$I = \frac{I_{omax}/3 + \Delta i_{Lf}/2}{n} = 3.33 \text{ A}$$

如取 $U_{in\,max} = 410$ V、$C_{mos} = 315$ pF，则由式（9.27）计算可得谐振电感值 $L_r = 12.7\ \mu$H。

（3）输出滤波电感。在设计移相全桥变换器的输出电感时，要求输出滤波电感电流在某一设定的最小电流时仍能保持连续，那么输出滤波电感可按如下公式计算：

$$L_f = \frac{U_o}{2(2f_s) \times I_{omin}}(1 - \frac{U_{omin}}{\frac{U_{in\,max}}{n} - U_{L_f} - U_D}) \tag{9.28}$$

在工程设计中，根据经验一般要求输出滤波电感电流脉动率为最大输出电流的 20%，即在输出满载电流 10% 的情况下，输出滤波电感电流应保持连续。如取最小输出电流为 $I_{omin} = 20 \times 10\% = 2$ （A），输入电压为最大值时，可得到最大输出滤波电感为

$$L_f = \frac{120}{2 \times 2 \times 50 \times 10^3 \times 2}(1 - \frac{120}{\frac{410}{2.6} - 0.5 - 1.2}) = 69.2\ \mu\text{H}$$

实际取 $L_f = 70\ \mu$H。

（4）输出滤波电容。输出滤波电容的容量与充电电源对输出电压峰峰值的要求有关，可以由下式计算：

$$C_f = \frac{U_o}{8L_f f_{cf}^2 \Delta U_{opp}}(1 - \frac{U_o}{\frac{U_{in}}{n} - U_{L_f} - U_D}) \tag{9.29}$$

式中，$f_{Cf} = 2f_s$ 为输出滤波电容的工作频率，由电路结构决定；ΔU_{opp} 为输出电压峰峰值，取 1 V。输入电压 U_{in} 最高时取得最大值，则 C_f 约为 100 μF。为了减小电容的等效串联电阻带来的影响，使用时一般都是两个或多个电容并联使用，考虑车载充电电源工作环境及电容存在寄生电阻等情况和电容耐压值的要求，实际使用 2 个 220 μF/250 V 的电解电容并联。

2. 控制电路设计

以 TI 公司 DSP 微控制器 TMS320F28027 为主控芯片，设计后级 DC/DC 的控制电路，其功能框图如图 9.16 所示。

控制电路是以实现全桥 ZVS PWM 变换器的移相控制为主要目标，兼顾车载充电电源对智能化以及保护特性的要求而设计的。硬件组成主要包括：充电电压、充电电流和充电电源温度采样电路；变压器原边电流采样电路；故障信号输入电路，信号指示电路以及 PWM 输出隔离驱动电路。其中，充电电压信号通过电阻分压，输入到 DSP 的引脚；输出

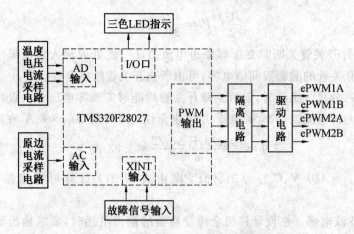

图 9.16　后级 DC/DC 控制电路功能框图

电流通过采样电阻,输入到 DSP 的引脚;对变压器原边电流采样则通过电流互感器,将变压器原边电流信号经转换输入模拟比较器引脚;隔离驱动采用光电耦合器和集成驱动芯片。

　　输入欠压、过压故障以及过流故障,要求控制器迅速做出反应,因此,将这 3 种信号进行处理后接到触发 DSP 的外部中断引脚,以便对相应的故障做出快速处理。输入过压、欠压检测电路如图 9.17 所示。当输入电压高于过压限值或低于欠压限值时,输出端将由低电平跳变为高电平,由此产生的上升沿将触发 DSP 的外部中断 XINT1,执行故障保护程序,当故障恢复时,检测电路输出恢复低电平,由此产生的下降沿将触发 DSP 的外部中断 XINT1 中断,执行过压、欠压故障恢复程序。

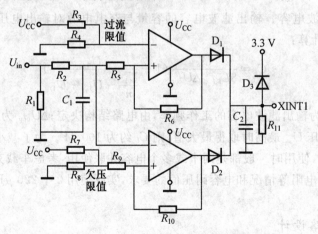

图 9.17　输入欠压、过压检测电路

　　变压器原边电流检测电路如图 9.18 所示,其中 J_1 接于变压器原边电流检测互感器,将电流转换成电压信号,当此电压信号高于过流限值时,比较器输出高电平,由此产生的上升沿将触发 DSP 的外部中断 XINT2,执行过流故障保护程序。

　　车载充电电源过热故障时间惯性比较大,对快速性要求不高,因此,可以通过温度传感器将温度转换成低于 3.3 V 的电压信号,输入 DSP 的 A/D 采样引脚来进行过热保护处

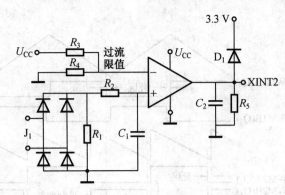

图 9.18　变压器原边电流检测电路

理。温度传感器采用 NS 公司的 LM35，其具有精度高和线性工作范围宽的优点。采用
LM35 的温度采样电路如图 9.19 所示。

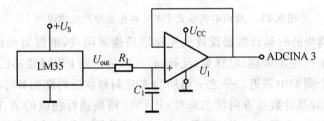

图 9.19　温度采样电路

3. 移相控制软件设计

移相全桥变换器采用峰值电流控制模式，变换器控制部分框图如图 9.20 所示。

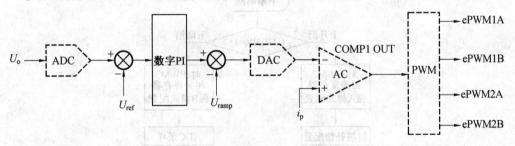

图 9.20　峰值电流模式控制部分框图

输出电压信号经 AD 转换后送到电压数字调节器，然后进行斜坡补偿计算产生峰值
电流基准信号。将此基准信号写入 DAC 值（DACVAL）寄存器转换成模拟量，该模拟量
与变压器原边电流 i_p 通过 DSP 的内部硬件模拟比较单元（AC）进行比较，产生
COMP1OUT 模拟比较事件，然后通过 ePWM 模块的相关寄存器配置，产生 PWM 信
号。移相脉冲产生的原理如图 9.21 所示。其中，t 为死区时间，φ 为移相角。
TMS320F28027 的每个 ePWM 模块由 ePWMxA 和 ePWMxB 两路 PWM 输出组成完整
的 PWM 通道，可分别提供超前桥臂开关管 Q_1、Q_2 和滞后桥臂开关管 Q_4、Q_3 的驱动信号，
而斜坡补偿信号则通过配置 ePWM3 的时基计数器来配合模拟比较器的斜坡补偿电路同

步产生。

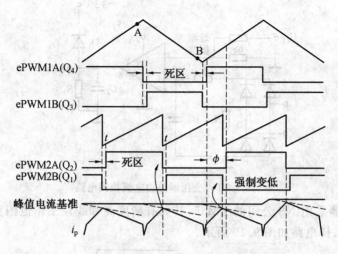

图 9.21　峰值电流模式 PWM 移相脉冲产生原理图

将 ePWM1 模块的时基计数器设置成先递增后递减模式,通过对死区模块的死区时间以及极性配置来产生定周期、定脉宽、互补、带死区的两路 PWM 驱动信号。在 ePWM1 的时基计数器每个周期中靠近二分之一周期的 A 时刻和靠近周期的 B 时刻各产生一次中断,通过检测此时时基计数器方向状态来对 ePWM2 模块进行相应的 A、B 模式配置。中断处理流程图如图 9.22 所示。当 ePWM1 的时基计数器工作在连续递增状态时(时基计数器方向状态位 CTRDIR＝1),对 ePWM2 模块做 A 模式配置。配置成 A 模式时事件流如图 9.23 所示。

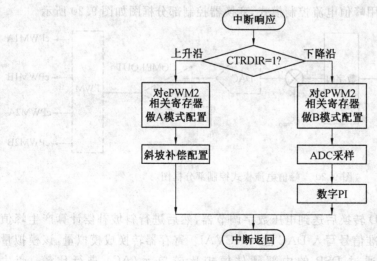

图 9.22　中断处理流程图

模拟比较事件 COMP1OUT 发生时,作用于 ePWM2 的数字比较(DC)子模块,产生 DCAEVT1 事件,将 ePWM2A 强制复位,ePWM2 模块时基计数器清零;经过死区时间 t 后,ePWM2B 置位,数字比较子模块动作流程如图 9.24 所示。当 ePWM1 的时基计数器工作在连续递减状态时做相应的 B 模式配置,如此交替便实现峰值电流模式移相控制。

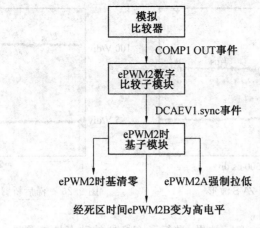

图 9.23　配置成 A 模式时事件流

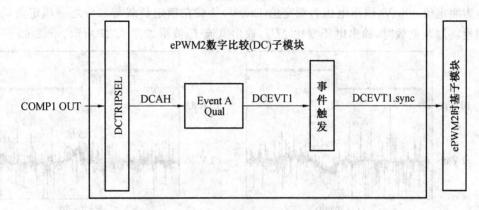

图 9.24　ePWM2 数字比较子模块动作流程

4.移相变换器及充电电源实验测试

为了保证实验测试过程中供电电源和负载稳定,实际使用了单相交流可编程电源和直流可编程负载。

软开关的实现效果是移相全桥 ZVS PWM 变换器最为关键的性能指标之一。由该变换器的工作过程可知,4 个开关管的关断过程一定是零电压关断,所以只要测试开通过程的波形即可。而移相全桥 ZVS PWM 变换器前后桥臂实现软开关的条件不同,并且在轻载条件下,实现 ZVS 困难,所以在分析软开关效果的同时说明了负载条件。

在四分之一额定负载条件下,超前桥臂实现软开关效果如图 9.25 所示。可以看出,在驱动信号出现之前,其漏源级之间电压已经下降到零,刚好实现了零电压软开关。滞后桥臂实现软开关较超前桥臂困难。因此,在超前桥臂刚好能够实现零电压软开关的负载条件下,滞后桥臂则无法实现零电压软开关。在二分之一额定负载条件下,滞后桥臂实现软开关效果如图 9.26 所示。可以看出,在负载较大时,滞后桥臂实现了零电压软开关,由此可以判断在充电电源的主要功率区间内,前后桥臂均能较好地实现零电压软开关。

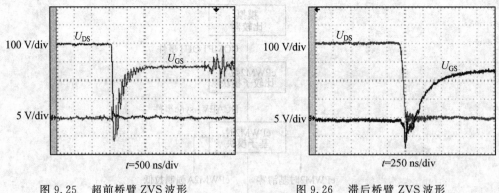

| 图 9.25 超前桥臂 ZVS 波形 | 图 9.26 滞后桥臂 ZVS 波形 |

为了检验数字控制器的实际效果,进行了变换器的动态性能测试。测试条件为:输入电压为额定值 400 V,输出电压为额定值 120 V,负载在额定负载与二分之一额定负载之间切换。加减负载时,输出电压变化 ΔU_o,输出电流 I_o 波形如图 9.27 所示。

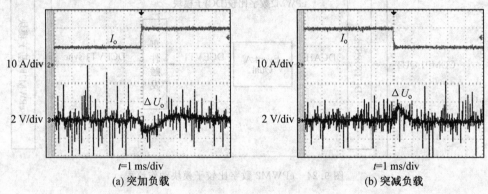

(a) 突加负载　　　　　　　　　　　　(b) 突减负载

图 9.27　负载突变实验波形

从图中可以看出,突加负载与突减负载时,输出电压变化量均小于 2 V 且调节时间小于 2 ms,系统动态性能可以满足实际要求。

电动车用动力电池在整个使用过程中电池电压波动范围较小,因此在测试过程中可以通过保持车载充电电源输出电压恒定、输出功率变化时的效率曲线来模拟电池负载充电过程中的效率曲线。

本章设计的车载充电电源样机的效率曲线如图 9.28 所示,包括前级交错并联有源功率因数校正电路的效率、后级隔离型充电变换电路的效率以及整机的效率 3 条曲线,其中,隔离型充电变换电路的输入功率通过分流器配合台式万用表测得,输出功率由电子负载测得。

从图 9.28 中可以看出,车载充电电源在主要负载范围之内的效率均在 90% 以上,其中效率大于 93% 的功率区间为[0.7 kW,2.4 kW]。在额定负载条件下,前级交错并联 APFC 电路的效率约为 97.38%,后级隔离型充电变换电路的效率约为 97.87%,整机效率约为 95.31%,可以满足车载充电电源对效率的要求。

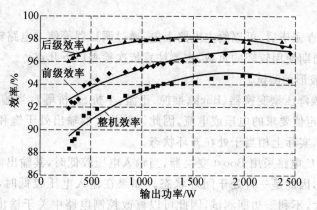

图 9.28　不同输出电流条件下的效率曲线

9.4　整机调试与电性能实验

9.4.1　整机调试

充电电源包括前级有源功率因数校正电路和后级移相全桥变换电路,在进行整机调试时,前后两级先分开调试,避免某级电路在调试过程中可能出现故障而导致另一级电路的损伤或损坏,待两级电路分别调试完成、可正常工作后再进行两级电路的联调。

1.前级有源功率因数校正电路调试

充电电源中有辅助供电电源,正常工作时,辅助电源为控制电路、驱动电路等供电。在调试时先禁止辅助电源工作,而采用外部的供电电源为控制电路供电,这样充电电源中的控制电路和主电路就是分开供电的,控制电路可以直接正常上电,而主电路可通过调压器等逐步升高输入电压。

首先,仅控制电路上电,主要注意依次检查以下几点:

(1) 检查供电电压是否正常、各类器件是否发热严重,确保控制电路中没有出现短路等异常现象。

(2) 检查控制芯片的主要管脚电压和波形是否正常,重点检查 PWM 信号输出管脚。主电路没有上电,相当于没有反馈信号,此时控制器也会输出相应的 PWM 信号,因此可以检查该信号是否可正常输出。

(3) 本例中,控制芯片直接驱动开关管,可以检查开关管端的驱动信号是否正常,通过驱动波形初步判断开关管的开关速度是否合适。

(4) 可以利用外部电压信号模拟反馈信号,检查 PWM 信号是否有变化,初步确认控制器有调节作用。

(5) 可以利用外部电压信号模拟保护采样信号(如开关管电流),检查 PWM 信号是否关闭,初步确认保护动作有效。

通过控制电路上电后的各项检查,确保控制电路能正常工作,可以完成调节、驱动、保护等功能。

控制电路检查完毕后,可以给主电路上电,通过调压器等使主电路输入电压从零开始逐渐上升,调试初期使用较轻的负载,主要注意依次检查以下几点:

(1)关键点波形的测试。

对于 Buck 族降压型变换器(Buck、推挽、正激、半桥、全桥等),当输入电压较低时,变换器无法输出给定值要求的电压或电流,因此误差放大器输出处于饱和状态,PWM 信号占空比为最大值,实际上相当于处在开环状态。

本例中 APFC 电路采用 Boost 变换器,当输入电压较低时,其输出电压也可泵升到给定值要求的电压,因此是一直处于闭环状态。如果在输入电压较低时,也输出 400 V 直流,则升压比过大,不利于初期测试,因此可以修改控制电路中关于输出电压采样处电阻分压的比值,压低变换器的输出电压(如变为 100 V 输出)。

此时可以检查输入和输出之间的关系是否和理论分析一致,检查功率器件、电感、电容等关键器件的电压电流波形是否和仿真分析的结果一致,初步判断变换器工作是否正常。

检查波形时,重点检查开关管驱动波形、漏源电压波形,确认没有可能影响驱动效果的干扰信号,漏源电压没有严重的电压尖峰,确保开关管不会损坏。本例中,开关管驱动信号的占空比是不断变化的,可以利用示波器的暂停功能捕捉波形进行观察,如果是多通道隔离示波器,则可利用一个通道观察输入交流电压波形并以其为触发信号,通过调整触发电平即可看到不同输入电压时稳定的开关管的驱动信号。

(2)闭环控制效果测试。

对于 Buck 族降压型变换器(Buck、推挽、正激、桥式等),当输入电压逐渐升高时,其输出电压也逐渐升高,当达到给定值要求的电压时,误差放大器开始退出饱和状态,控制器开始调节 PWM 信号的占空比,变换器进入闭环状态。此时注意观察输出电压、PWM 信号的占空比是否稳定。如果控制器参数不合理,输出会出现振荡,可以根据振荡情况适当调整控制器参数,并对比调整参数后的振荡情况,来判断下一步的调整方向,一般可能需要反复调整测试多次才能取得理想的效果。之后可逐渐升高输入电压,注意观察开关管漏源电压是否有较大尖峰,输出是否又出现振荡情况。

本例中 APFC 电路采用 Boost 变换器,一直处于闭环状态,因此在上一步中就需要观察输出是否稳定。电路中采用了电压电流双环控制,电压环带宽低,可以先调节电压环使其稳定,即输出电压达到给定值,之后再调节带宽较高的电流环,使输入电流跟踪正弦波形。

控制电路调整稳定后,将输出电压采样处电阻分压的比值改回正常值,使直流输出电压稳定值为 400 V,利用调压器等逐渐升高输入电压至正常值,使 APFC 电路在轻载情况下正常运行。

(3)加载及温升测试。

完成变换器在轻载条件下的调试后,可以逐步增加负载,考核变换器在重载条件下的工作情况。随负载电流的增加,开关管等器件的电压尖峰会有所增加,因此要注意观察器件的电压是否超过其允许峰值电压。在重载条件下,变换器输出的纹波会有所增加,主要观察是否超过允许值。另外,随输出功率的增大,变换器损耗也随之增大,主要的开关管、磁性器件等温度升高,因此要注意考察器件的温升,避免过高温升导致开关管等器件损坏。如果温度过高,超过预计温升,则需要重新检查原有设计,更换器件等或增加新的散热措施。如果温升正常,可以进行长时间的满载运行,考察其可靠性。

最后,主电路和控制电路共同上电,注意检查软启动效果。此时也遵循先低输入电压再逐渐升高电压、先轻载再逐渐加载的原则,先选择可以使辅助电源工作的低输入电压,检查辅助电源工作情况及在辅助电源供电条件下变换器的工作状态,主要注意变换器的软启动效果,避免出现较大的电压或电流冲击。之后,依次进行正常输入电压下的轻载实验和重载实验,检查软启动效果。

至此,变换器的调试基本完成,确保变换器基本功能的实现。在调试的过程中如果发现某些指标不达标,则可根据情况调整设计或更换器件等,最终实现指标的达标。

2. 后级移相全桥电路调试

后级移相全桥电路的调试步骤和方法基本与前级电路一致,只是其采用了数字控制器,控制器调整上略有区别。

3. 前后级联调

分别完成前后级电路的单独调试后,即将前后两级连接在一起进行联调。由于前级直接输出 400 V 直流,因此可以省略输入电压逐步上升的步骤,直接利用自身辅助电源供电,在轻载条件下进行测试,重点观察关键点波形,主要考察前后级是否存在相互影响。一般情况下,两级相互影响的可能性较小,即可进行重载和满载实验,考察整机的工作状态,包括输出的稳定性、整体温升等。

9.4.2　电性能实验

整机调试完成后或在调试过程中,需要对整机进行电性能实验,以考核整机是否到达设计指标要求,主要包括功率因数、THD、输出纹波、电源调整率、负载调整率、动态性能、变换效率等,某些指标测试需要专用仪器设备,这里简要说明一下实验方法和注意事项。

对于前级有源功率因数校正电路,主要测试其功率因数、THD、输出电压纹波。一般的可编程交流电源只有功率因数测量功能,需要使用电能质量分析仪才能同时完成功率因数、THD 的测试,或采用具有测试上述指标功能的示波器,一般而言电能质量分析仪的测试准确度更高。输出电压纹波使用示波器测试即可,主要测试满载时,电压波动是否达标,电压最小值、最大值是否在后级电路的允许范围内。

对于后级电路及整机,主要测试其电源调整率、负载调整率、动态性能、变换效率。测试电源调整率时,一般在满载条件下进行,利用可编程电源或调压器令输入电压在全输入范围内变化,测量输出电压或电流偏离正常标称值的大小。测试负载调整率时,一般在额定输入电压条件下进行,利用可编程电子负载或可变电阻令负载在空载和满载间变化,测量输出电压或电流偏离正常标称值的大小。利用可编程电子负载的负载编程功能可以方便地进行动态性能测试,一般令负载从半载突然切换到满载,或进行相反的切换过程,用示波器检查输出电压或电流的变化情况,估算变换器的动态响应时间。利用可编程交流电源或电能质量分析仪可以测试输入交流功率,利用可编程电子负载可以测试输出直流功率,进而计算出变换效率,但一般而言电子负载的输出功率测量功能较为简单,更为准确的方法是使用功率分析仪,功率分析仪具有较高带宽,可以准确测量高频成分信号的功率。

参 考 文 献

[1] 赵军. 开关电源技术的发展[J]. 船电技术,2005,5:13-17.

[2] 裴云庆,杨旭,王兆安. 开关稳压电源的设计和应用[M]. 北京:机械工业出版社, 2011.

[3] 刘凤君. 现代高频开关电源技术及应用[M]. 北京:电子工业出版社,2008.

[4] 李定宣,丁增敏. 开关稳定电源设计与应用[M]. 北京:中国电力出版社,2011.

[5] 侯清江,张黎强,许栋刚. 开关电源的基本原理及发展趋势探析[J]. 制造业自动化, 2010,32(9):160-163.

[6] 孟建辉. 开关电源的基本原理及发展趋势[J]. 通信电源技术,2009,26(6):62-65.

[7] 王英剑,常敏惠,何希才. 新型开关电源实用技术[M]. 北京:电子工业出版社,2000.

[8] 周志敏. 开关电源的分类及应用[J]. 电源技术应用,2001,4(3):65-66.

[9] 张占松,蔡宣三. 开关电源的原理与设计[M]. 北京:电子工业出版社,2006.

[10] 陈天乐. 开关电源的新技术与发展前景[J]. 通信电源技术,2014,31(2):101-102.

[11] 长谷川彰. 开关稳压电源的设计与应用[M]. 北京:科学出版社,2006.

[12] 阮新波,严仰光. 直流开关电源的软开关技术[M]. 北京:科学出版社,2000.

[13] BILLINGS K. 开关电源手册[M]. 2版. 张占松,汪仁煌,谢丽萍,译. 北京:人民邮电出版社,2006.

[14] 邢岩,蔡宣三. 高频功率开关变换技术[M]. 北京:机械工业出版社,2005.

[15] HUA G, LEE F C. Soft-switching techniques in PWM converters[J]. IEEE Transactions on Industry Electronics, 1995, 42(6): 595-603.

[16] IVENSKY G, BRONSHTEIN S, ABRAMOVITZ A. Approximate analysis of resonant LLC DC-DC converter[J]. IEEE Transactions on Power Electronics, 2011, 26(11): 3274-3284.

[17] FENG W Y,LEE F C, MATTAVELLI P, et al. A universal adaptive driving scheme for synchronous rectification in LLC Resonant converters[J]. IEEE Transactions on Power Electronics, 2012, 27(8): 3775-3781.

[18] 陈申,吕征宇,姚玮. LLC谐振型软开关直流变压器的研究与实现[J]. 电工技术学报,2012, 27(10): 163-169.

[19] FINNEY S J, WILLIAMS B W, Green T C. RCD snubber revisited[J]. IEEE Transactions on Industry Applications, 1996, 32(1):155-160.

[20] LI R T H, CHUNG H S H. A passive lossless snubber cell with minimum stress and wide soft-switching range[C] // California: IEEE Energy Conversion Congress and Exposition, 2009: 685-692.

[21] 周洁敏,赵修科,陶思钰. 开关电源磁性元件理论及设计[M]. 北京:北京航空航天

大学出版社,2014.

[22] 麦克莱曼. 变压器与电感器设计手册[M]. 4版. 周京华,龚绍文,译. 北京:中国电力出版社,2014.

[23] 林风,陆治国. 开关电源中平面变压器技术[J]. 电气应用, 2005, 24(8): 1-5.

[24] HAN Yongtao, EBERLE W, LIU Yanfei. A practical copper loss measurement method for the planar transformer in high-frequency switching converters [J]. IEEE Transactions on Industrial Electronics, 2007, 54(4): 2276-2287.

[25] 旷建军. 开关电源中磁性元件绕组损耗的分析与研究[D]. 南京:南京航空航天大学,2007.

[26] ZHANG Jun, HURLEY W G, WOLFLE W H. Design of the planar transformer in LLC resonant converters for micro-grid applications [C] // IEEE 5th International Symposium on Power Electronics for Distributed Generation Systems, 2014: 1-7.

[27] 陈乾宏,阮新波,严仰光. 开关电源中磁集成技术及其应用[J]. 电工技术学报, 2004, 19(3): 1-8.

[28] CHEN Rengang, CANALES F, YANG Bo, et al. Volumetric optimal design of passive integrated power electronics module (IPEM) for distributed power system (DPS) front-end DC/DC converter [J]. IEEE Transactions on Power Electronics, 2005, 41(1): 9-17.

[29] 薛转花. 开关电源中直流输出滤波电感的设计[J]. 现代电子技术,2006, 16: 126-128.

[30] 武健,何礼高,付国清. 电流纹波率分析与输出滤波电感的优化设计[J]. 电力电子技术,2010, 44(5): 67-69.

[31] 张兴,张崇巍. PWM整流器及其控制[M]. 北京:机械工业出版社,2012.

[32] 杨孝志,刘正之,张崇巍. 单相电压型PWM整流器交流侧电感的设计[J]. 合肥工业大学学报(自然科学版),2004, 27(1): 31-34.

[33] 陶洪山,吴燮华. 电流互感器在开关电源中的应用[J]. 电源技术应用,2003, 6(8): 413-416.

[34] 高田,景占荣,羊彦,等. 峰值电流控制模式中斜率补偿的研究[J]. 电力电子技术, 2007, 41(3): 92-95.

[35] 王志正,黄志武. DC-DC变流器电流型控制的原理与实现[J]. 机车电传动,2002, 10: 29-33.

[36] 杨汝. 峰值电流控制模式中斜坡补偿电路的设计[J]. 电力电子技术,2001, 35(3): 35-39.

[37] WU K C. 开关模式功率转换器设计与分析[M]. 陈志忠,许春艳,译. 北京:电子工业出版社,2007.

[38] 徐德鸿. 电力电子系统建模及控制[M]. 北京:机械工业出版社,2005.

[39] 周洁敏. 开关电源理论及设计[M]. 北京:北京航空航天大学出版社,2012.

[40] 梁适安. 开关电源理论与设计实践[M]. 北京:电子工业出版社,2013.

[41] 华伟. 通信开关电源的五种反馈控制模式研究[J]. 通信电源技术,2001,(2): 8-14.

[42] 袁亚飞. 电流型 DC-DC 变换器补偿网络设计[J]. 科学技术与工程,2012,12(36): 9833-9840.

[43] 蔡宣三. PWM 开关稳压电源的瞬态分析与综合(一)[J]. 电力电子,2006,(2): 47-50.

[44] 蔡宣三. PWM 开关稳压电源的瞬态分析与综合(二)[J]. 电力电子,2006,(3): 56-63.

[45] 蔡宣三. PWM 开关稳压电源的瞬态分析与综合(三)[J]. 电力电子,2006,(4): 54-59.

[46] 黄苏平. Buck 变换器环路稳定性的研究与设计[D]. 成都:西南交通大学,2014.

[47] DRIELS M. 线性控制系统工程[M]. 金爱娟,李少龙,李航天,译. 北京:清华大学 出版社,2005.

[48] 夏德钤. 自动控制理论[M]. 北京:机械工业出版社,2012.

[49] 曾孟雄,田启华,李浩平. 控制系统时频动态性能指标及关联性[J]. 三峡大学学 报,2005,27(6):546-549.

[50] 陈亚爱,张卫平,周京华. 开关变换器控制技术综述[J]. 电气应用,2008,27(4): 4-11.

[51] 周国华,许建平. 开关变换器数字控制技术[M]. 北京:科学出版社,2011.

[52] 李春燕. 基于 DSP 的电源数字控制研究[D]. 南京:南京航空航天大学,2004.

[53] 王少宁,王卫国,黄歊昌. 航天器数字电源应用概述[J]. 航天器工程,2010,19(3): 87-91.

[54] 武国平,王国璇. C8051F060 单片机在数字电源控制器中的应用[J]. 电气传动自动 化,2010,32(3):54-57.

[55] 王贤哲. 基于 DSP 的数字开关电源研究与实现[D]. 大连:大连理工大学,2013.

[56] 杨贵恒,高锐,梁华贵,等. 开关电源数字控制调制方式的分析[J]. 变流技术与电力 牵引,2008,(3):16-29.

[57] 徐小涛. 数字电源技术及其应用[M]. 北京:人民邮电出版社,2011.

[58] 史永胜,余彬,王喜锋,等. 基于 DSP 的高轻载效率数字 DC/DC 变换器[J]. 电子器 件,2015,38(2):338-342.

[59] 高锐,陈丹,杨贵恒. 开关电源的数字控制技术[J]. 通信电源技术,2009,26(3): 35-39.

[60] 王国建,王建峰. CAN 总线技术在数字电镀电源中的应用[J]. 电气传动,2012, 42(8):59-65.

[61] 贲洪奇,张继红,刘桂花,等. 开关电源中的有源功率因数校正技术[M]. 北京:机 械工业出版社,2010.

[62] 周志敏,周纪海,纪爱华. 开关电源功率因数校正电路设计与应用[M]. 北京:人民

邮电出版社,2004.

[63] 孟涛. 基于全桥结构的三相单级有源功率因数校正技术研究[D]. 哈尔滨:哈尔滨工业大学,2010.

[64] HUBER L,YUNGTAEK J, JOVANOVIC M M. Performance evaluation of bridgeless PFC Boost rectifiers [J]. IEEE Transactions on Power Electronics, 2008,23(3):1381-1390.

[65] CHOI WOO-YOUNG, KWON JUNG-MIN, KIM EUNG-HO, et al. Bridgeless Boost rectifier with low conduction losses and reduced diode reverse-recovery problems [J]. IEEE Transactions on Industrial Electronics, 2007, 54(2): 769-780.

[66] 张常玉,谢运祥. 基于 UC3852 的图腾柱 Boost PFC 电路的研究[J]. 电源世界, 2006,(4):52-54.

[67] LI Yong, TAKAHASHI T. A digitally controlled 4-kW single-phase bridgeless PFC circuit for air conditioner motor drive applications [C] // Power Electronics and Motion Control Conference,2006:1-5.

[68] 王晗,杨喜军,杨兴华,等. 部分有源PFC技术的理论分析与实验研究[J]. 变频器世界,2008,(10):45-50.

[69] WANG CHIEN-MING. A new single-phase ZCS-PWM boost rectifier with high power factor and low conduction losses [J]. IEEE Transactions on Industrial Electronics,2006, 53 (2):500-510.

[70] TSAI HSIEN-YI, HSIA TSUN-HSIAO, DAN Chen. A novel soft-switching bridgeless power factor correction circuit [C] // European Conference on Power Electronics and Applications,2007:1-10.

[71] WU TSAI-FU, TSAI JIUN-REN, CHEN YAOW-MING, et al. Integrated circuits of a PFC controller for interleaved critical-mode boost converters [C] // IEEE Applied Power Electronics Conference and Exposition,2007:1347-1350.

[72] TSAI JIUN-REN, WU TSAI-FU, WU CHANG-YU, et al. Interleaving phase shifters for critical-mode boost PFC [J]. IEEE Transactions on Power Electronics,2008, 23(3):1348-1357.

[73] LU Bing. A novel control method for interleaved transition mode PFC [C] // IEEE Applied Power Electronics Conference and Exposition, 2008:697-701.

[74] BADIN A A, BARBI I. Unity power factor isolated three-phase rectifier with split DC-bus based on the scott transformer [J]. IEEE Transactions on Power Electronics, 2008, 23(3):1278-1287.

[75] 张喻. 三相功率因数校正技术研究[J]. 电能质量管理,2007,9(1):31-33.

[76] 郑文兵,肖湘宁. 单开关三相高功率因数/低谐波整流器的研究[J]. 电网技术, 1999,23(1):33-37.

[77] LI Zhanlong, TANG Yupeng. Simulated study of three-phase single-switch PFC

converter with harmonic injected[C] // IEEE International Power Electronics and Motion Control Conference,2006：1416-1420.

[78] 邓超平，刘晓东，凌志斌，等. 三相单开关零电流 Cuk 型功率因数校正器的研究 [J]. 中国电机工程学报,2004,24(4)：74-79.

[79] 杨成林，陈敏，徐德鸿. 三相功率因数校正(PFC)技术的综述(1)[J]. 电源技术应用,2002,5(8)：412-417.

[80] 鲁志本，贲洪奇. 基于并联技术的三相功率因数校正方法研究[J]. 电源技术应用,2009,12(7)：7-11.

[81] 刘远福. 电源功率半导体器件的热设计[J]. 通信电源技术 2006,23(3)：51-52.

[82] 何文志，丘东元，肖文勋，等. 高频大功率开关电源结构的热设计[J]. 电工技术学报, 2013,28(3)：185-193.

[83] 陈义龙. 浅析高频开关电源的热设计[J]. 电源技术应用,2003,6(1)：20-22.

[84] 刘一兵. 功率半导体器件散热技术的研究[J]. 湖南工业大学学报,2007,21(4)：77-79.

[85] 张忠海. 电子设备中高功率半导体器件的强迫风冷散热设计[J]. 电子机械工程, 2005,21(3)：18-22.

[86] 刘选忠，杨栓科. 模块式电源分册[M]. 沈阳：辽宁科学技术出版社,1999.

[87] 李高宝. 电力电子设备自然冷却热设计[J]. 质量与可靠性,2006,11(2)：30-33.

[88] 吕召会. 某型电源热设计及其分析[J]. 电子机械工程,2010,26(6)：11-14.

[89] 吴晓岚. 开关电源的几种热设计方法[J]. 电源世界,2005,5：28-31.

[90] 严超，黄成军. 强制风冷的电源设备散热设计[J]. 科技信息,2007,24：23-24.

[91] 马永昌. 热管技术的原理应用与发展[C] // 中国电工技术学会电力电子学会第十一届学术年会,2008.

[92] 李辉. 一种应用于实际工程的强迫风冷散热设计方法探析[J]. 机电信息,2013,12(9)：144-145.

[93] 郝国欣. 功率半导体器件的散热设计方法[J]. 电子工程师,2005,31(11)：17-19.

[94] 吴晓亮. 热管散热在大功率电源系统中的运用[J]. 河北省科学院学报,2011,28(1)：39-43.

[95] 张立. 现代电力电子技术[M]. 北京：科学出版社,1992.

[96] 丘东元，张波，韦聪颖. 改进式自主均流技术的研究[J]. 电工技术学报,2005,20(10)：41-47.

[97] CHENG D K，LEE Y，CHEN Yi. A current-sharing interface circuit with new current-sharing technique[J]. IEEE Transaction on Power Electronics, 2005, 20(1)：35-43.

[98] 李秋实. 开关电源并联数字均流技术的研究[D]. 哈尔滨：哈尔滨工业大学,2008.

[99] 郑耀添. 并联均流技术在高频开关电源中的应用研究[J]. 微电子学与计算机,2006,23(6)：169-171.

[100] 程荣仓，刘正之，詹晓东，等. 基于自主均流法模块并联的小信号分析[J]. 电力

电子技术,2001,2:36-38.

[101] 邓双澜,王正国. 自主均流法在开关变换器并联系统中的研究[J]. 通信电源技术,2007,24(2):41-42.

[102] LI Peng, LEHMAN B. A Design method for paralleling current mode controlled DC-DC converters[J]. IEEE Transaction on Power Electronics,2004,19(3):748-756.

[103] 申翔. 大功率开关电源并联均流系统的研究[D]. 合肥:合肥工业大学,2007.

[104] 黄天辰,郭宇龙,董士英,等. 电源并联系统的均流技术研究[J]. 自动化技术与应用,2013,(32):77-81.

[105] ZHOU Xunwei, XU Peng ,LEE F C. A novel current-sharing control technique for low-voltage high-current voltage regulator module applications[J]. IEEE Transactions on Power Electronics,2000,15(6):748-756.

[106] IRVING B T, JOVANOVIC M M. Analysis, design, and performance evaluation of Droop Current-Sharing Method[C] // IEEE Applied Power Electronics Conference and Exposition,2010:235-241.

[107] JORDAN M. UC3907 load share IC simplifies parallel power supply design[J]. Unitrode Application Note, 1999:129.

[108] SHIEH J J. Analysis and design of parallel-connected peak-current-mode-controlled switching DC/DC power supplies[J]. IEEE Transactions on Power Application, 2004, 150(4):434-442.

[109] 黄天辰,齐京礼,楼建安,等. 电源并联系统的数字化控制技术研究[J]. 电源技术,2014,38(1):159-161.

[110] 高玉峰,胡旭杰,陈涛. 开关电源模块并联均流系统的研究[J]. 电源技术 2011,35(2):210-21.

[111] 吴国忠. 开关电源并联系统的数字均流技术[J]. 电源技术应用,2003,6(1):35-37.

[112] 韦聪颖,张波. 开关电源并联运行及其均流技术[J]. 电气自动化,2004,26(2):13-17.

[113] 马骏,杜青,罗军,等. 一种开关电源并联系统自动均流技术的研究[J]. 电源技术,2011,35(8):969-972.

[114] 贾江涛. 蓄电池充放电系统的并联均流技术研究[D]. 武汉:武汉理工大学,2012.

[115] 高承博,赵龙章. 一种新型开关电源的并联均流技术的实现方法[J]. 通信电源技术,2009,26(6):35-39.

[116] 胡雪莲,王雷,陈新. 基于 CAN 总线的并联 DC/DC 变换器数字均流技术[J]. 电力电子技术,2007,41(3):67-69.

[117] 任爱芝. 基于最大电流方法的数字均流总线设计[J]. 火力与指挥控制,2013,38(8):100-104.

[118] 何宏. 开关电源电磁兼容性[M]. 北京:国防工业出版社,2008.

[119] 刘云清，佟首峰. 开关电源的可靠性设计研究[J]. 通信电源技术，2005，22(2)：34-37.

[120] 聂世刚. 加固计算机用开关电源的可靠性设计[J]. 可靠性设计与工艺控制，2006，24(2)：21-26.

[121] 吕方超. 开关电源的可靠性分析[J]. 电源技术，2014，(6)：1127-1129.

[122] 徐小宁. 开关电源可靠性设计研究[J]. 电气传动自动化，2009，31(3)：27-31.

[123] 俞绍安. 星载开关电源可靠性设计[J]. 电源技术应用，2006，(9)：17-25.

[124] 郭宇. 努力提高开关电源的可靠性[J]. 电源世界，2010，11(11)：54-55.

[125] 李国宏. 电子设备三防设计的理论及应用[J]. 电源技术应用，2010，(6)：57-60.

[126] 胡晓军. 航天产品开关电源可靠性设计探讨[J]. 质量与可靠性，2007，(5)：13-16.

[127] 徐张英，龚祖华，韩朋乐. 提高开关电源可靠性电路的研究[J]. 电源世界，2013，14(3)：21-23.

[128] 周志敏，周纪海，纪爱华. 开关电源实用技术——设计与应用[M]. 北京：人民邮电出版社，2007.

[129] 高赐威，张亮. 电动汽车充电对电网影响的综述[J]. 电网技术，2011，35(2)：127-131.

[130] 陈文明，黄如海，谢少军. 交错并联 Boost PFC 变换器设计[J]. 电源学报，2011，4：63-67.

[131] REDL R，BALOGH L，EDWARDS D W. Optimal ZVS full-bridge DC/DC converter with PWM phase-shift control：analysis，design considerations，and experimental results[C] // IEEE Ninth Annual IEEE Applied Power Electronics Conference and Exposition，1994(1)：159-165.

[132] 刘福鑫，阮新波. 加钳位二极管的零电压全桥变换器改进研究[J]. 电力系统自动化，2004，18(17)：65-69.

[133] DENG Junjun，LI Siqi，HU Sideng，et al. Design methodology of LLC resonant converters for electric vehicle battery chargers[J]. IEEE Transactions on Vehicular Technology，2014，63(4)：1581-1592.

[134] 杨荫福，段善旭，朝泽云. 电力电子装置及系统[M]. 北京：清华大学出版社，2006.